FIETSINFR

CYCLE INFRASTRUCTURE

Fietsinfrastructuur

STEFAN BENDIKS, AGLAÉE DEGROS

nai010 uitgevers

Cycle Infrastructure

STEFAN BENDIKS, AGLAÉE DEGROS

nai010 publishers

VOORWOORD

6

FOREWORD

INTRODUCTIE

10

INTRODUCTION

ROUTES

Arnhem Nijmegen 28
Cambridge 36
Kopenhagen 44
Lissabon 52
Londen 60
Parijs 68
RAVeL 76
Vancouver 84
Wenen 92
Wuppertal 100

26

ROUTES

Arnhem Nijmegen 28
Cambridge 36
Copenhagen 44
Lisbon 52
London 60
Paris 68
RAVeL 76
Vancouver 84
Vienna 92
Wuppertal 100

INNOVATIES

Bike City 136
De California Cycleway 138
De conversation lane 140
De cycle strip 142
De fietsappel 144
Het fiets–ecoduct 146
Het nationale platform
 'Fiets filevrij' 148
Het fietstransferium 150
De fietsvriendelijke
 Biomall 152
Het fietsvriendelijke
 verkeerslicht 154
Flex parking 156
De getransformeerde
 parkeergarage 158
De Hovenring 160
De interactieve fietsroute 162
De iShop 164
De mobile fietsenstalling 166
Het onzichtbare fietspad 168
Het Parkweg-profiel 170
De snelbinder 172
Het sociale Fietspad 174
Het stadsbalkon 176
Verplichte fietsdrager
 voor taxi's 178
De Zacke 180

134

INTERVIEWS

Arnhem Nijmegen 110
Kopenhagen 116
Londen 122
Wuppertal 128

108

BIJLAGEN

Noten 184
Over de auteurs 190

182

INTERVIEWS

Arnhem Nijmegen 110
Copenhagen 116
London 122
Wuppertal 128

INNOVATIONS

Bike City 136
California Cycleway 138
Conversation lane 140
Cycle Strip 142
Bike Apple 144
Bicycle–ecoduct 146
**National Fiets Filevrij
 Platform** 148
Cyclists' Park-and-Ride 150
Cyclist-friendly Bio-mall 152
**Cyclist-friendly
 Traffic Lights** 154
Flex-Parking 156
**Transformed Indoor
 Car Park** 158
Hovenring 160
Interactive Cycle Route 162
iShop 164
Mobile Bicycle Shed 166
Invisible Cycle Path 168
parkway Profile 170
Snelbinder 172
Social Cycle Path 174
Urban Balkony 176
**Compulsory Bicycle Carriers
 for Taxis** 178
Zacke 180

APPENDICES

Endnotes 184
About the Authors 190

Voorwoord

MIKAEL COLVILLE-ANDERSEN

Foreword

MIKAEL COLVILLE-ANDERSEN

Wie nog onlangs de film *Back to the Future* heeft gezien, is misschien hetzelfde opgevallen als mijn zoontje van 10. Terwijl de aftiteling liep, vroeg hij mij wanneer deze film was gemaakt. In 1985, zei ik. Hij dacht even na en begon toen te lachen.

'Die professor is net 30 jaar naar de toekomst gevlogen. Dat is dus 2015. Maar dat is zo'n beetje *nu*. Waar zijn die vliegende auto's?'

Goede vraag, knul. In de hele vorige eeuw leken de vliegende auto's eraan te komen. Elk moment. Daar kon je vergif op innemen, qua vervoer. Althans, zo is ons voorgespiegeld door de journalistiek, literatuur, cinema en televisie, al sinds de uitvinding van de automobiel. Het wordt tijd om op een ander paard te wedden. De oplossing voor de moderne stedenbouw en het herstellen van onze ooit leefbare steden ligt in een simpele, effectieve negentiende-eeuwse technologie. De omwenteling die onze samenleving aan het begin van de vorige eeuw sneller en effectiever heeft hervormd dan enig andere uitvinding in de geschiedenis, staat klaar om het nog eens dunnetjes over te doen.

De fiets is terug

Het is verbazingwekkend hoe explosief de belangstelling voor de fiets als vervoermiddel over de gehele wereld de laatste jaren is gegroeid. Terwijl we ons moeizaam een weg banen door het duistere en dichte oerwoud van de techniek, op zoek naar oplossingen, stond een van de belangrijkste oplossingen al 125 jaar pal voor onze neus.

Hoewel in veel steden de fiets als vervoermiddel niet helemaal uit het zicht is verdwenen sinds de opkomst van de autocultuur, was dat in de meeste steden toch wel het geval. In Nederland en Denemarken werd de infrastructuur voor de fiets eind jaren zeventig langzaam weer opgebouwd, maar in de dertig daaropvolgende jaren kwam er niemand langs in die landen om

If you've recently seen the film *Back to the Future* you may have noticed the same thing as my 10-year-old son. As the credits rolled at the end of the film he asked when the film was made. 1985, I told him. He thought for a moment and then laughed.

'The Professor just flew 30 years into the future. That's 2015. That's like *now*. Where are the flying cars?'

Good question, kid. Throughout the last century, the appearance of flying cars has been imminent. Just around the corner. The surest bet in transportation. Or so we've been promised in journalism, literature, film and television since the invention of the car.

It's time to put your money on another horse. The key to modern urban planning and rebuilding our once liveable cities is simple and effective nineteenth-century technology. The game-changer that transformed human society more quickly and more effectively than any other invention in human history at the turn of the last century is ready to do it all over again.

The Bicycle is Back

It's extraordinary to see how interest in the bicycle as transport has exploded around the world in recent years. We've been stumbling through the dark and dense tech jungle, looking for solutions, and one of the main answers has been sitting there right in front of us for 125 years.

While many cities did not completely lose sight of the bicycle as transport after the advent of the car culture, a great number did. The Netherlands and Denmark slowly starting rebuilding their bicycle networks in the late 1970s. Nobody came knocking

inspiratie op te doen. Intussen gingen de Nederlanders en de Denen stug door, met vallen en opstaan, maar uiteindelijk kwamen ze toch tot een indrukwekkend niveau van *best practice*. Nu komt de rest van de wereld wel kijken, om in beide landen inspiratie op te doen over hoe je fietsverkeer in de stad opzet. Men is gretig om te investeren in een fietsinfrastructuur om van de enorme, inherente voordelen, zowel maatschappelijk als op het terrein van vervoer, te kunnen genieten.

Sommige opkomende fietssteden hebben een voorsprong in deze bloeitijd van de fietscultuur 2.0. Zij veranderen de status-quo en zijn hard op weg naar een modernere toekomst voor onze steden.
Er is zelfs een hele rits politici die de daad bij het woord voegen. Neem nu deze boude uitspraak die de burgemeester van Parijs Bertrand Delanoë in 2012 deed: 'Het is een feit dat er voor auto's geen plek meer is in de grote steden van nu.'
Dat is een nieuw-eeuwse uitspraak die onderstreept dat we op weg zijn naar een beslissende paradigmaverschuiving wat betreft onze kijk op de stad. Die wordt niet langer gezien als louter doorgangsroutes voor auto's, maar eerder als een bloeiende, leefbare, menselijke ruimte.
Aan het begin van de vorige eeuw was de fiets een fantastisch symbool van vooruitgang en moderniteit. Hij bevrijdde de vrouw en de arbeidersklasse, verhoogde de mobiliteit en verbeterde zelfs de genenpoel op het platteland. En nu, in de eerste jaren van weer een nieuwe eeuw, vervult de fiets nogmaals zijn rol als niet alleen een symbool van verandering maar als een praktische, rationele vorm van transport in het stadsleven. De fiets is domweg het bruikbaarste stuk gereedschap in onze stedelijke gereedschapskist om het stedelijk landschap mee te hervormen.
Het aanleggen van een veilige infrastructuur voor fietsers is de juiste aanpak voor onze steden. Als je op een fiets het snelst van A naar B kunt, zullen mensen gaan fietsen.

on their doors seeking inspiration for more than 30 years. The Dutch and the Danes quietly went about their work. Making mistakes and fixing them and finally reaching an impressive level of Best Practice. Now the world is knocking. Seeking inspiration from both countries about how to plan for urban cycling. Keen to reap the massive, inherent societal and transport benefits of investing in bicycle infrastructure.

Certain 'Emerging Bicycle Cities' are ahead of the curve here in the blossoming days of Bicycle Culture 2.0. They are changing the status quo and moving quickly towards a more modern future for our cities.
Indeed, a long line of politicians are talking the talk, as well as walking the walk. Consider this bold statement from the Mayor of Paris, Bertrand Delanoë in 2012: 'The fact is that cars no longer have a place in the big cities of our time.'
A New-Century statement that highlights the fact that we are moving towards an all-important paradigm shift in how we regard our cities. They are no longer regarded merely as transport corridors for cars but rather as thriving, liveable, human spaces. At the turn of the last century, the bicycle was a fantastic symbol of progress and modernity. It liberated women and the working classes. It improved mobility and even improved the gene pool in rural areas. Here in the early years of a new century, the bicycle is once again fulfilling its role not only as a symbol of change but as a practical, rational form of transport for urban living. It is simply the most effective tool in our urban toolboxes for transforming the urban landscape.

Providing safe infrastructure for bicycle users is the way forward for our cities. If you make the bicycle the fastest way from A to B, people will cycle. Homo sapiens always seek out the fastest route. That is why, for example, Copenhageners cycle.

Homo sapiens zoekt altijd de snelste route. Daarom fietsen bijvoorbeeld de inwoners van Kopenhagen. In opiniepeilingen geeft de meerderheid van hen altijd als voornaamste reden voor het nemen van de fiets dat de fiets snel en gemakkelijk is. Punt uit. Dat veronderstelt natuurlijk dat het gebruik van de auto in de stad minder aantrekkelijk en lastiger wordt gemaakt en van alle ideeën over hoe je dat moet doen, kun je een lijvige catalogus samenstellen. Wat betreft infrastructuur wordt er veel gesproken over veiligheid en efficiëntie, en terecht. Dit boek tilt de discussie naar een hoger niveau. Het overstijgt deze kwesties. Het onderzoekt ruimtelijke integratie, beleving en sociaaleconomische waarde en biedt daarmee een ruimer arsenaal van aspecten die een rol spelen bij het ontwerpen van de benodigde infrastructuur.

We moeten vooruit. Er is geen weg terug. Wie wil er nu terug naar een eeuw waarin de verkeerskunde helemaal om de auto draait? Ik niet.

Ik wil florerende, gezonde steden.

Dit boek gaat over een infrastructuur voor de fiets. Het is echter niet alleen maar een boek vol mooie voorbeelden van fietspaden. Het is een integraal deel van een grotere routekaart. Een belangrijke bladzijde in een groeiende, wereldwijde handleiding. Het biedt een glimp van het verleden en de sleutel tot de toekomst van onze steden.

Mikael Colville-Andersen
CEO – Copenhagenize Design Co.
Kopenhagen, Denemarken

The majority always reply in surveys that the main reason they cycle is because the bicycle is quick and convenient. Period. This of course presupposes making the car less attractive and more difficult to use in our cities and the catalogue of ideas for how to do that is a weighty volume. Regarding infrastructure, there is much talk of safety and efficiency, and rightly so. This book takes it to the next level. Moving beyond these issues. Exploring spatial integration, experience and socio-economic value. An extended set of aspects for designing the necessary infrastructure.

We must move forward. There is no way back. Who wants to return to a century of car-centric traffic engineering? Not me.

I want thriving, healthy cities.

This is a book about bicycle infrastructure. It's not, however, merely a book highlighting good examples of cycleways. It is an integral part of a greater road map. An important page in a growing, global instruction manual. It will provide you with a glimpse of the past and the key to the future of our cities.

Mikael Colville-Andersen
CEO – Copenhagenize Design Co.
Copenhagen, Denmark

Introductie

Introduction

De fiets maakt wereldwijd een comeback. Hij wordt beschouwd als een duurzaam vervoersmiddel dat een bijdrage kan leveren aan de ambities om CO_2-emissies en geluidsoverlast in onze steden terug te dringen. Ook erkent men in steeds bredere kringen dat de fiets een belangrijke rol kan spelen in de strijd tegen verkeerscongestie in de stad en de regio. Een fiets neemt in vergelijking met de auto immers beduidend minder verkeers- en parkeerruimte in beslag. Met name in compacte stedelijke gebieden kan hierdoor de leefbaarheid verbeteren en kan de openbare ruimte beter afgestemd worden op de verschillende gebruikers. Dit bevordert een attractieve, compactere, stedelijke ontwikkeling met wonen, werken en voorzieningen op fietsafstand. Zo bereidt het goede oude stalen ros onze maatschappij voor op een postfossiel tijdperk.

Onlangs stelde een artikel uit het dagblad *Le Monde*: 'Ne pas faire de vélo, c'est dangereux pour la santé'.[1] Ook in landen waar fietsen niet gewoon is, groeit dus het besef dat fietsen niet gevaarlijk is, maar juist ziekten als obesitas, die resulteren uit een tekort aan lichaamsbeweging, kan helpen voorkomen. De fiets is niet alleen herontdekt als een gezond, maar ook als een goedkoop alternatief voor traditionele vormen van openbaar vervoer. Met de fiets blijven woonwijken en werklocaties verzekerd van bereikbaarheid, tegen schappelijke investeringen. Dit is met name interessant in tijden waarin publieke middelen beperkt zijn.
Naast deze enigszins praktische aspecten – fietsen is duurzaam, gezond en goedkoop – komt er recentelijk bij dat fietsen ook steeds meer verbonden is aan een zekere leefstijl. Het is hip om op de *fixie* naar de universiteit te gaan, met de bakfiets naar de winkel, op de *whike* naar het strand en met de *e-bike* naar het werk.
Met de opkomst van de e-bike verbreedt het potentieel van de fiets zich enorm.[2] Niet alleen worden nieuwe specifieke doelgroepen van bijvoorbeeld ouderen en minder sportieve fietsers bereikt, maar vooral wordt het voor een brede groep gebruikers mogelijk langere afstanden

Regarded as a sustainable mode of transport that can contribute to current ambitions to reduce both CO_2 emissions and noise pollution in our cities, the bicycle is making a comeback- world-wide. In addition, increasingly broad swaths of the public are now realising that bicycles have an important role to play in combatting traffic congestion at both the urban and regional levels, as they occupy significantly less traffic and parking space than automobiles. It is especially in highly concentrated urban areas that this can improve liveability and make it easier to adapt the public space to its different users. This can in turn promote a more attractive and compact form of urban development, with housing, work and facilities all within cycling distance. As a result, the good old iron horse could be just what society needs to prepare it for a post-fossil-fuel period.

In an article in the French daily, *Le Monde*, it was recently asserted that: 'Ne pas faire de vélo, c'est dangereux pour la santé.'[1] Even in countries where cycling is not widespread, people increasingly are realising that cycling is not dangerous to health, but that it indeed can help prevent obesity and other illnesses caused by insufficient exercise. The bicycle has been rediscovered not only as a healthy, but also as a low-cost, alternative to traditional forms of public transport. Through its use, residential areas and work locations can remain assured of their accessibility, all for moderate investment: something particularly attractive in times characterised by limited public funds. Aside from practical aspects such as the sustainability, health benefits and cheapness of cycling, it has in recent years come to form part of a certain lifestyle: it is now considered hip to travel to university on a *fixie*, to the store with a *cargo bicycle*, to the beach on a *whike* and to work on an *e-bike*. With the rise of the e-bike, the potential for the use of the bicycle is increasing dramatically.[2] Not only is it reaching new specific target groups, e.g., older cyclists and those for whom cycling is more a means of

(of steilere hellingen) per fiets af te leggen. De fiets werkt zich daarmee ineens op tot een interessant vervoersalternatief voor het woon-werkverkeer van boven de acht kilometer, een afstand die nu nog nauwelijks door forensen gefietst wordt.

De voordelen die de fiets te bieden heeft, waren nooit actueler en relevanter dan nu. Bovendien staan we, sinds de ontwikkeling van de safety bicycle meer dan honderd jaar geleden, op een punt van ongeëvenaarde technologische innovaties van de fiets zelf. Het is dan ook hoog tijd voor innovatie op het gebied van de fietsinfrastructuur. De ontwikkeling van een nieuw type snelle fietsinfrastructuur is een voorbeeld hiervan. Niet alleen in Nederland, maar ook in verschillende Europese steden zoals Kopenhagen en Londen worden zogenoemde fietssnelwegen of Cycle Highways ontwikkeld.

LESSEN UIT DE AUTOSNELWEG

Het begrip fietssnelweg refereert aan de autosnelweg: een gescheiden wegennet, met ongelijkvloerse kruisingen, voor een bepaald type voertuigen. Vergelijkbaar met de opkomst van de autosnelwegen toen, heeft ook de ontwikkeling van fietssnelwegen nu de potentie om de ruimtelijke ordening nadrukkelijk te beïnvloeden. Met de aanleg van de eerste autosnelwegen in de jaren dertig van de vorige eeuw werd de voorwaarde gecreëerd voor nieuwe ruimtelijke en sociaal-economische structuren: de suburbanisatie kwam op gang. Door de combinatie van een nieuw vervoersmiddel (de auto) met een nieuwe infrastructuur (de snelweg) werd het mogelijk op steeds grotere afstand te wonen, werken, winkelen en recreëren. Dichtheden namen af en vervoersstromen namen toe. Belangrijke (sub)urbane functies werden direct gerelateerd aan de snelweg, waardoor nieuwe ruimtelijke en economische typologieën zijn ontstaan, zoals de shopping mall.[3]

transport than a sport activity, but, above all, it is enabling a wide range of users to travel longer distances or up steeper gradients by bicycle. In the form of the e-bike, the bicycle is suddenly acquiring the status of an attractive alternative for home-to-work travel exceeding 8 km, a distance for which the conventional bicycle is seldom used. The advantages offered by the bicycle have never been more current and relevant than at the present moment. In addition, at no time since the development of the 'safety bicycle' more than a century ago, has the bicycle undergone such technological innovation as it is now – it is high time for innovation in the field of the cycle infrastructure. The development of a new type of rapid cycle infrastructure is an example of this. Not just in the Netherlands, but in a number of European cities, such as Copenhagen and London, so-called cycle highways are being created.

LESSONS FROM THE MOTORWAY

The term, cycle highway, is an obvious reference to the motorway for cars: a separate network of roads with flyover junctions, for one type of vehicle. Comparable to the advent of the motorway, the development of cycling expressways now has the potential to have a far-reaching effect on spatial planning. With the laying of the first motorways in the 1930s, the prerequisite for new spatial and socio-economic structures was created: suburbanisation was set in motion. Through the combination of a new means of transport (the automobile) with a new infrastructure (the motorway), it became possible for the places where one lived, worked, shopped and sought recreation to be further and further apart. Densities decreased and streams of transport increased. Important (sub)urban functions became directly related to the motorway, giving

De snelweginfrastructuur vormde de oorsprong van een nieuw type landschap, gekenmerkt door grote afstanden tussen de stedelijke activiteiten, samengesteld uit grote open ruimten, billboards en parkeerterreinen: 'There *is* an order along the sides of the highway. Varieties of activities are juxtaposed on the Strip: service stations, minor motels, and multi-million-dollar casinos.'[4]

De vraag is op welke manier de fietssnelwegen nu op hun beurt (positief) invloed kunnen hebben op de ruimtelijke ordening. Kan de fietssnelweg de (beleving van de) aangrenzende ruimte beïnvloeden, zoals de autoweg dat deed (bijvoorbeeld in Las Vegas)? Zal de fietssnelweg nieuwe typologieën met zich meebrengen, zoals de autosnelweg de shopping mall met zich meebracht?
Een vergelijking tussen het (beginnend) netwerk van de autosnelwegen in de jaren vijftig en de fietssnelwegen van nu toont interessante overeenkomsten: voorheen losse routes beginnen in de meest verstedelijkte gebieden netwerken te vormen.
Natuurlijk zijn er ook belangrijke verschillen tussen fiets- en auto-infrastructuur. Een

—— autosnelwegen / **motorways 1950**
—— rijkswegen / **national roads 1950**

—— fietssnelwegen / **cycle highways 2013**
—— landelijke fietsroutes / **national cycle routes 2013**

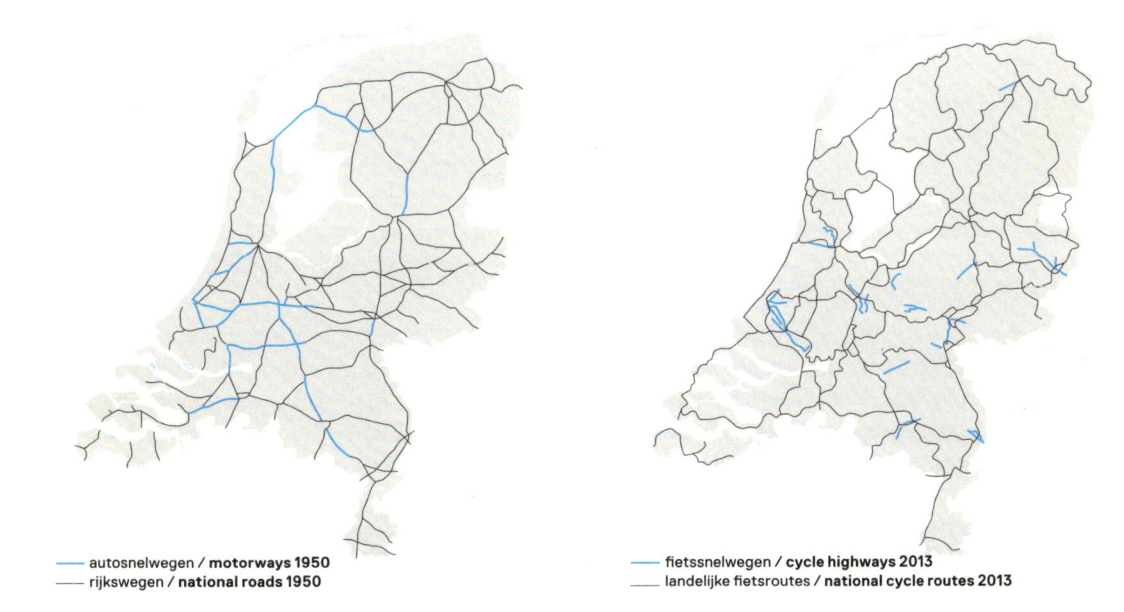

rise to new spatial and economic typologies, e.g., the shopping mall.[3] The motorway infrastructure formed the basis of a new type of landscape, comprised of large open spaces, billboards and car parks and featuring large distances between urban activities: 'There *is* an order along the sides of the highway. Varieties of activities are juxtaposed on the Strip: service stations, minor motels, and multi-million-dollar casinos.'[4]

The question is: in what manner can such cycle highways now (positively) influence spatial planning? Can the cycle highway influence (how we experience) the adjacent space, as the motorway did (e.g., in Las Vegas)? Will the cycle highway introduce new typologies, just as the motorway led to the creation of the shopping mall?
A comparison of the (incipient) network of motorways in the 1950s with today's cycle highways reveals intriguing similarities: hitherto separate routes begin to form networks in the most urbanised areas. Naturally, there are also significant differences between cycle infrastructures and those for automobiles. One distinguishing feature of

onderscheidend kenmerk van fietsinfrastructuur is dat deze veel gemakkelijker inpasbaar is in het stedelijk weefsel en de landschappelijke structuren. Fietsen stoten immers geen CO_2 uit, produceren geen fijnstof en maken geen lawaai. De gematigde snelheid van de fietser, maar ook de ruimte die de fietsinfrastructuur zelf in beslag neemt, bieden meer kans tot integratie binnen bestaande stedelijke of landschappelijke structuren. Fietsroutes kunnen slim gebruikmaken van restruimtes en andere structuren mede- of hergebruiken. De fietser zit ook niet opgesloten in de cocon van de auto en heeft veel meer mogelijkheid tot interactie met de omgeving. Oogcontact hebben met de medeweggebruiker, ieder moment af of uit kunnen stappen en een (laatste) stuk lopen zijn privileges van de fietser die de automobilist niet kent.

Is het dan überhaupt opportuun om van fietssnelwegen te spreken? De principes van de autosnelweg zijn in de praktijk voor fietsroutes namelijk niet alleen moeilijk haalbaar, ook past het begrip niet bij het potentieel van de fiets als laagdrempelig, flexibel en sociaal vervoersmiddel. De in Vlaanderen gebruikte term *velostrada* daarentegen voelt eerder als de geïntegreerde en gelaagde infrastructuur, die een snelle fietsroute zou kunnen zijn. Een soort fietsvariant van de Franse *route nationale* – een type weg waar goede doorstroming samengaat met ruimtelijke integratie en beleving, en die een sociale en economische meerwaarde heeft voor de directe omgeving.

DE VERKEERSKUNDIGE EISEN

Als we willen dat (snelle) fietsinfrastructuur een breed positief effect heeft op de ruimtelijke ordening en de ruimtelijke kwaliteit van haar omgeving, hoe moeten we deze dan ontwerpen? Er bestaan reeds verschillende sets van criteria voor het ontwerpen van fietsroutes.

the cycle infrastructure is that it is much easier to insert into both the urban fabric and landscape structures, as bicycles do not emit CO_2, and produce neither fine particles nor noise. The moderate speed of the cyclist, as well as the moderate amount of space occupied by the cycle infrastructure, offer greater opportunities for integration within existing urban and landscape structures. Cycle routes can make smart use of residual space and make joint use or reuse of other structures. Further, as cyclists are not enclosed in the cocoon of the automobile, they are in a much better position to interact with their environment. Having eye contact with fellow cyclists, being able to get off at any moment and travel a (last) stretch on foot are all cyclists' privileges that are unavailable to motorists.

The question arises as to whether it is even appropriate to speak of cycle highways, as, in practice, the principles of the motorway are not only difficult to harmonise with cycle routes, but the concept itself does not particularly rhyme with the bicycle's potential as an easily accessible, flexible and socially responsible mode of transport. On the other hand, the term *velostrada* in use in Flanders feels more like the integrated and layered infrastructure which a rapid cycle route could be: a kind of cyclists' variant of the French *route nationale* – a type of road on which good circulation is combined with spatial integration and attention to the user's experience, with a social and economic added value for its immediate context.

TRAFFIC-RELATED REQUIREMENTS

How must (rapid) cycle infrastructures be designed if they are to have a wide-ranging positive effect on the spatial planning and quality of their environment?

Nederland telt vijf vooral verkeerskundige eisen. Londen hanteert er zeven. De Nederlandse eisen aan fietsinfrastructuur worden als volgt door de stichting CROW gesteld:[5]

1. Samenhang: Fietsinfrastructuur vormt een aaneengesloten, verbindend geheel dat logisch aansluit op de plaats van herkomst en bestemming van de fietser.
2. Directheid: Fietsinfrastructuur biedt fietsers een zo kort mogelijke route tussen herkomst en bestemming, rekening houdend met alle factoren die de reistijd beïnvloeden.
3. Aantrekkelijkheid: Fietsinfrastructuur is zodanig vormgegeven, ingericht, verlicht en beschut dat fietsen aantrekkelijk en sociaal veilig is.
4. Verkeersveiligheid: Fietsinfrastructuur waarborgt de verkeersveiligheid van fietsers en overige weggebruikers, bijvoorbeeld door scheiding tussen auto- en fietsverkeer.
5. Comfort: Fietsinfrastructuur maakt een vlotte en comfortabele doorstroming van het fietsverkeer mogelijk, bijvoorbeeld door een vlak en stroef wegdek en minimale hellingen.

Deze eisen leiden in de praktijk tot efficiënte, veilige en comfortabele fietsroutes. Ze gaan echter onvoldoende in op de brede potentie van snelle fietsinfrastructuur voor de directe leefomgeving en het feit dat fietsroutes anders dan autosnelwegen geen autonome superstructuren zijn. Voor het ontwerpen van de fietsinfrastructuur van morgen moeten er daarom ook criteria geformuleerd worden die meer expliciet ingaan op de relatie tussen de infrastructuur en haar omgeving. Het begrip omgeving refereert daarbij aan zowel de ruimtelijke als de sociaal-economische context.

A number of sets of criteria for designing cycle routes already exist. In the Netherlands, five traffic-related requirements are primarily involved. In London, they are seven in number. The CROW Institute has formulated the Dutch requirements for cycle infrastructures as follows:[5]

1. Cohesion: The cycle infrastructure forms a continuous whole, logically connected to one's point of departure and one's destination.
2. Directness: The cycle infrastructure provides cyclists with as short a route as possible between point of departure and destination, while taking account of all factors having an effect on travel time.
3. Attractiveness: The cycle infrastructure is designed, furnished, illuminated and protected in such a manner as to make cycling attractive and socially safe.
4. Traffic Safety: The cycle infrastructure ensures the traffic safety of cyclists and other road users, e.g., by means of a separation of automobile and cycle traffic.
5. Comfort: The cycle infrastructure enables cycle traffic to circulate smoothly and comfortably, e.g., by means of a flat and robust pavement, and a minimum of inclines.

These requirements yield efficient, safe and comfortable cycle routes. They however fail to sufficiently develop the wide-ranging potential of a rapid cycle infrastructure for its immediate context or to take account of the fact that, in contrast to motorways, cycle routes are not autonomous superstructures. To design the cycle infrastructure of tomorrow, criteria must therefore also be formulated which more explicitly treat the relationship between the infrastructure and its context, with the term, *context*, being used both in the spatial and socio-economic sense.

BOULEVARD, *PARKWAY, AUTOBAHN* EN STEENWEG

Om te ontdekken welke aanvullende criteria nodig zijn om fietssnelwegen tot integrale en geïntegreerde *velostrada* te maken, loont een kijk op een aantal *best practice* infrastructuren uit het verleden, waarbij het ontwerp verder reikt dan het oplossen van louter (verkeers)technische aspecten.

De boulevard

Met de aanleg van boulevards introduceerde Haussmann in Parijs niet alleen een nieuw infrastructureel netwerk, maar creëerde hij ook een nieuw soort publieke ruimte die tot vandaag de dag bepalend is voor de identiteit van de stad.[6] Oorspronkelijk om militaire redenen – troepen moesten zo snel mogelijk bij opstandelingen kunnen komen – ontwierp Haussmann rond 1850 een netwerk van boulevards die radicaal door de middeleeuwse textuur van de stad heen sneden. De nieuwe assen werden strategisch gepositioneerd, rekening houdend met een goede ruimtelijke integratie van de bestaande monumenten en de hoogwaardige vormgeving van de publieke ruimte. De ingrepen beperkten zich echter niet alleen tot de fysieke structuur, maar ze gaven bovendien een belangrijke sociaal-economische impuls aan de stad. De nieuwe Haussmanniaanse gebouwen langs de boulevards hielpen de vastgoedsector op gang en boden ruimte voor commerciële activiteiten.[7]

BOULEVARD, PARKWAY, *AUTOBAHN*, MAIN ROAD

To discover what additional criteria are needed to make cycle highways integral and integrated *velostrade*, it is useful to take a look at a number of best-practice infrastructures from the past whose design went further than just solving (traffic-related) technical aspects.

The Boulevard

With the construction of his boulevards in Paris, Haussmann introduced to the city not just a new infrastructural network, but created, as well, a new type of public space that today continues to be crucial to the city's identity.[6] Originally with a military purpose in mind – to enable troops to put down rebellions as rapidly as possible – Haussmann designed, ca. 1850, a network of boulevards which cut radically through the city's mediaeval texture. The new axes were strategically positioned, and were intended to attain both good spatial integration of the existing monuments and a high-quality arrangement of the public space. Haussmann's interventions were however not limited to the city's physical structure, but also gave it a substantial socio-economic impulse. The new Haussmannian buildings lining the boulevards helped to revitalise the real property sector and provided space for commercial activities.[7]

De Ringstrasse
Nog een stap verder dan de boulevards in Parijs reikt de Ringstrasse in Wenen. Gelijktijdig met de aanleg van een ringweg voor het accommoderen van het groeiend verkeer met de tram (en later de auto) als nieuwe vervoersmodi, zijn de belangrijkste publieke gebouwen en de publieke ruimte aangelegd. De Ringstrasse zorgt voor de verbinding tussen deze gebouwen. Door deze integrale aanpak ontstond vanaf 1858 niet alleen de draaischijf voor de verschillende soorten stedelijk verkeer, maar ook het representatieve en functionele hart van Wenen. Dankzij de conceptie van de Ringstrasse als complete stedelijke ruimte ontstond in Wenen een beeldbepalend ensemble van verkeersring en publieke voorzieningen zoals musea, theater, stadhuis, parlement, universiteit, maar ook cafés, casino's en parken.

De *parkway*
Ook de parkways van Olmsted in Boston gaan verder dan het oplossen van een vervoersvraagstuk. Ze ontsluiten niet alleen de nieuwe openbare parkruimte, maar door de vergaande integratie in het landschap bieden de parkways de gebruiker ook een breed scala aan ruimtelijke ervaringen. Het tracé van de Emerald Necklace werd ontworpen op basis van natuurlijke elementen in plaats van rationele structuren. De parkway volgt de rivier, takt aan bij een collectieve tuin en splitst soms de rijstroken om plaats te maken voor ecologische bassins voor waterretentie. Wederom werd de infrastructuur niet uitsluitend als verkeersas ontwikkeld. De

The *Ringstraße*
Vienna's *Ringstraße* went a step further than Haussmann's boulevards. The city's most important public buildings and the appurtenant public spaces were constructed simultaneously with the laying of a new ring road, or *Ringstraße*, intended to connect them and accommodate the city's increasing traffic load, which now featured the tram (later supplemented by the automobile), as a new mode of transport. From 1858 onward, this integral approach not only yielded a hub for the various types of urban traffic, but resulted, as well, in a new representative and functional heart for the city. The conception of the *Ringstraße* as a complete urban space ultimately led to a visually defining combination of traffic ring and public facilities, e.g., museums and theatres, the town hall, parliament and university, and cafés, casinos and parks.

The Parkway
Olmsted's Boston parkways also went further than just solving a traffic-related problem. They not only provided access to the city's new public park area, but, by means of the parkways' far-reaching integration in the landscape, also gave the user a wide spectrum of spatial experiences. In determining the route of the Emerald Necklace, Olmsted employed natural elements, rather than rational structures, as a basis. The parkway follows the river and branches onto a collective garden, with

slingerende routes door het parklandschap bieden de gebruiker ook een veelvoud aan belevingen in nauw contact met de natuur.[8]

De *Autobahn*
Het lijkt op een autonoom systeem gedomineerd door technische eisen als bochtstralen, rijvlakbreedtes en hellingspercentages, maar de *Reichsautobahnen* die ingenieur Fritz Todt en landschapsarchitect Alwin Seifert samen ontwierpen, waren niet uitsluitend aangelegd voor de efficiënte verplaatsing van de militaire voertuigen en later de auto's. Ze functioneerden ook als propagandamiddel om de nationale trots te versterken en het Duitse volk letterlijk zijn mooie Heimat te laten ervaren. Ontworpen als *romantic deviant paths* bieden de Autobahnen tot vandaag panoramische uitzichten over het landschap, zoals bij de Kasseler Berge op de A5. Elders zijn tracés zodanig gekozen dat een snelwegrestaurant aan een meer komt te liggen, zoals bij de A8 langs de Chiemsee. De intentie van de ontwerpers was om een 'levendige indruk van de schoonheid van het landschap' te geven. De beleving stond bij de twee genoemde voorbeelden zelfs boven aspecten als comfort, verkeersveiligheid en directheid.[9]

De steenweg
Op een meer banale en ongeplande manier dan bij de boulevards of de Ringstrasse geeft tegenwoordig het secundaire wegennetwerk structuur aan een verspreid stedelijk landschap.

its traffic lanes sometimes splitting to make room for ecological basins for water retention. Here too, the infrastructure was not designed purely as a traffic axis. In addition, the routes which meander through the park landscape provide the user with a multiplicity of experiences in direct proximity to nature.[8]

The *Autobahn*
Although one's first association with the German motorways may be an autonomous system dominated by such technical requirements as curve radii, roadway widths and incline percentages, the *Reichsautobahnen* which engineer Fritz Todt and landscape architect Alwin Seifert together designed, were not laid exclusively for the purpose of the efficient transfer of military vehicles, and subsequently automobiles. They also functioned as propaganda to boost national pride and to enable Germans to experience their beautiful *Heimat*. Conceived as "romantic deviant paths", the *Autobahnen* today still offer panoramic views of the landscape, such as that from the A5 near the *Kasseler Berge*. At other locations, routes were selected in such a way as to ensure that a motorway restaurant would be located beside a lake, as in the case of the A8 beside the *Chiemsee*. The designers' intention was to provide 'a living impression of the beauty of the landscape.' Thus, in both of the latter cases, the users' experience had an even higher priority than aspects such as comfort, traffic safety and directness.[9]

Secchi en Vigano beschreven in 1991 aan de hand van de Veneto het fenomeen van de 'diffuse stad', dat ook in het Ruhrgebied en de Vlaamse Ruit de verwevenheid van infrastructuur en ruimtelijke ontwikkeling bepaalt. De Belgische steenwegen zoals de N4 hebben een bijzondere sociaal-economische waarde voor hun omgeving.[10] Het zijn de dragers van voorzieningen en alle soorten commerciële functies. De grens tussen publiek en privaat domein, tussen weg en gebouw, is daarbij vloeiend. Het ene domein gaat in het andere over. De infrastructuur is op een hedendaagse, pragmatische manier geïntegreerd in hun context.

De boulevards van Parijs, de Ringstrasse in Wenen, de parkways in Boston, de Duitse Autobahn en de Belgische steenwegen zijn voorbeelden van infrastructuren die zich op een positieve manier verhouden tot hun omgeving. Ze belichten stuk voor stuk aspecten zoals de ruimtelijke integratie van infrastructuur, de beleving van de gebruiker, en de sociaal-economische meerwaarde van infrastructuur.

RUIMTELIJKE POTENTIES

Van boulevard, Ringstrasse, parkway, Autobahn en steenweg valt te leren dat de verkeerskundige eisen alleen niet toereikend zijn om de volledige potentie van infrastructuur te activeren. Een vertaling van de lessen van de aanleg van autowegen naar het ontwerp van fietsinfrastructuur leidt tot de propositie om drie 'ruimtelijke potenties' toe te voegen aan de eerder beschreven vijf verkeerskundige eisen:
6. Ruimtelijke integratie
7. Beleving
8. Sociaal-economische waarde

The Main Road
In a more banal, and less planned, manner than seen with the Parisian boulevards or the *Ringstraße*, the secondary road network today gives structure to a diffuse urban landscape. Using the example of the Italian region of Veneto, Secchi and Vigano in 1991 described the phenomenon of the 'diffuse city,' which, also in such areas as the *Ruhrgebiet* and the *Vlaamse Ruit*, is responsible for the interwoven nature of infrastructure and spatial development. The Belgian main roads, e.g., the N4, have a special socio-economic value for their contexts as bearers of facilities and a wide range of commercial functions.[10] They have contributed to a blurring of the borders between public and private, and between road and building; one domain blends into the other, and the infrastructure is integrated into their contexts in a contemporary, pragmatic manner.

Paris' boulevards, Vienna's *Ringstraße*, Boston's parkways, the German *Autobahn* and the Belgian main roads are all examples of infrastructures that relate positively to their contexts. From each, lessons can be learnt with regard to aspects such as the spatial integration of the infrastructure, the user's experience and the socio-economic added value of the infrastructure.

TYPES OF SPATIAL POTENTIAL

The Boulevard, *Ringstraße*, parkway, *Autobahn* and main road all teach us that, to activate the full potential of infrastructure, more is needed than just traffic-related requirements. Transposing the lessons learnt from designing motorways to the designing of cycle infrastructures prompts us to propose the addition of three types of

Ruimtelijke integratie

Fietsinfrastructuur is zorgvuldig geïntegreerd in de ruimtelijke context, zodat een geheel kan ontstaan tussen de fietsroute in zowel de stedelijke als de landelijke omgeving.

De Ciclovia Belém-cais do Sodré in Lissabon is een goed voorbeeld van een fietsroute die is geïntegreerd in een gelaagde stedelijk context. Op bepaalde plekken ligt het asfalt van de fietsroute als een tapijt op de oude bestrating. Op andere plekken is het bestaande asfalt, links en rechts van de rijbaan, juist weggehaald om het basalt als een archeologische laag zichtbaar te maken. Het fietspad is bedacht als een integraal onderdeel van het stedelijke weefsel.

De Dunsmuir en Hornby Separated Bike Lanes in Vancouver zijn goede voorbeelden van de inpassing van vrijliggende fietsroutes in een andere stedelijke conditie, die van de autovriendelijke Noord-Amerikaanse grid-structuur. Rijbanen en parkeerplekken worden hier opgeheven in het voordeel van de fietsroute. Met kleinschalige, slimme maatregelen worden de fietsroutes geïntegreerd in het straatprofiel en daarmee de grid-structuur van de stad.
In bovenstaande twee voorbeelden wordt de fietsinfrastructuur één met het stedelijke weefsel. De infrastructuur is bedacht als een duurzaam integraal ontwerp dat het potentieel van het stedelijk weefsel benut. De fietsinfrastructuur hergebruikt bestaande elementen: de bestaande rijbanen in Vancouver of de stedelijke gelaagdheid in Lissabon.

Beleving

Fietsinfrastructuur biedt de fietser (en ook anderen, zoals omwonenden en voetgangers) een positieve beleving. Dit betreft niet alleen de inrichting en de esthetiek van de fietsroute zelf, maar ook de perceptie van de omgeving.

De California Cycleway, gebouwd aan het einde van de negentiende eeuw, bewijst dat het belevingsaspect van de fietsinfrastructuur niet nieuw is. De verhoogde fietssnelweg die

'spatial potential' to the five traffic-related requirements mentioned before:
6. Spatial Integration
7. The User's Experience
8. Socio-economic Value

Spatial Integration

Cycle infrastructures are carefully integrated into their spatial context, with the aim of attaining a unity between the cycle routes in both the urban and rural contexts.

Lisbon's Ciclovia Belém-cais do Sodré is a good example of a cycle route that has been integrated into a layered urban context. At some spots on the cycle route, the asphalt overlays the old pavement like a carpet. At other spots, the existing asphalt has in fact been removed to the left and right of the carriageway in order to make an archaeological basalt layer visible. The cycle path was conceived as an integral component of the urban fabric.

The Dunsmuir and Hornby separated bike lanes in Vancouver are good examples of the insertion of detached cycle routes in a contrasting urban situation, namely that of the car-friendly North American grid structure. Here, carriageways and parking spots have been removed in order to optimise the cycle route. With the help of small-scale smart measures, the cycle routes have been integrated into the street profile and, as a result, into the city's grid structure.

In both of the latter examples, the cycle infrastructure has become one with the urban fabric. The cycle infrastructure is conceived as a sustainable integral design that makes use of the potential of the urban fabric. It reuses existing elements: in the case of Vancouver, the existing carriageways, in that of Lisbon, the historic urban layers.

Pasadena rechtstreeks met Los Angeles verbond, liep deels door de natuur, deels boven de bebouwde omgeving en werd 's nachts met gloeilampen verlicht. De houten constructie was een hybride tussen een functionele fietsroute en een jaarmarktattractie, zoals een rollercoaster. Fietsers betaalden een tol om er te kunnen rijden. Al zwevend boven het landschap konden zij genieten van een comfortabele rit met een weids uitzicht op de omgeving.
Het Rijnwaalpad, tussen Arnhem en Nijmegen, is een goed hedendaags voorbeeld van een fietsroute die werd ontworpen met aandacht voor de beleving van de gebruiker. De route loopt over de Snelbinder, een fietsbrug die is opgehangen aan een bestaande spoorbrug over de Waal. De brug is een herkenningspunt op de route en biedt de fietser een bijzondere ervaring. Fietsend over de Snelbinder heeft men door glazen geluidsschermen zicht op de passerende treinen boven de rivier en op de boten beneden op de rivier.

Zowel het Rijnwaalpad als de California Cycleway toont een fietsinfrastructuur die er niet alleen is om A en B met elkaar te verbinden, maar ook om van de reis een ervaring te maken. Er is gedacht aan de gebruiker, en dan niet alleen aan zijn comfort en veiligheid, maar ook aan zijn belevenis. De beleving van fietsinfrastructuur is hierbij vanuit twee kanten te benaderen: de beleving van de omgeving vanuit de fietsroute (in het verlengde van Kevin Lynch' *The View from the Road* over de dynamische beleving van de automobilist) en de beleving van de fietsroute vanuit de omgeving.[11]

Sociaal-economische waarde
Fietsinfrastructuur creëert een meerwaarde voor haar omgeving op sociaal en economisch vlak. De route houdt rekening met voorzieningen en (commerciële) ontwikkelingen. Dit vraagt om het betrekken van bewoners en gebruikers, en om innovatieve vormen van communicatie en beheer.

The User's Experience
A cycle infrastructure provides cyclists (and others, e.g., pedestrians and those living nearby) with a positive experience, not just with regard to the design and aesthetic of the cycle route itself, but to how the context is perceived as a whole, as well.
The California Cycleway, laid at the end of the 19th century, is proof that the concept of user experience of cycle infrastructures is nothing new. The elevated cycle expressway, which directly connected Pasadena and Los Angeles ran in part through a natural area, in part above a built-up area, and was illuminated at night by electric light bulbs. Its wooden construction was a hybrid between a functional cycle route and a fair attraction, along the lines of a rollercoaster. Cyclists paid a toll to use the expressway. Suspended above the landscape, they were able to enjoy a comfortable ride with an expansive view of the surrounding area.
The *RijnWaalpad*, a cycle expressway between Arnhem and Nijmegen, is a good present-day example of a cycle route whose design takes account of the user's experience. The route runs over the *Snelbinder*, a cycle bridge suspended from an existing railway bridge over the River Waal. The bridge, which forms a landmark along the route, offers the cyclist a special experience: a view (through glass baffle plates) of the trains going by above the river and of the boats below.

Both the *RijnWaalpad* and the California Cycleway exhibit a cycle infrastructure designed not just to take cyclists from A to B, but to make their journey enjoyable. Account was taken of users, and not just of their comfort and safety, but of their experience, as well. How the user experiences a cycle infrastructure should be approached from two standpoints: experiencing the route's surroundings from the perspective of the route (by extension, allied to Kevin Lynch's concept of the motorist's

Bij de herinrichting van de Nørrebrogade in Kopenhagen tot Cycle Super Highway experimenteerden de ontwerpers samen met de winkeliers om de leefbaarheid te vergroten en de aanwezige commerciële activiteiten te versterken. Het fietspad werd verplaatst naar een autorijbaan, waardoor ruimte vrijkwam voor voetgangers, terrassen en extra etalageruimte. Door deze configuratie eerst tijdelijk in de praktijk te testen, lukte het stapsgewijs de betrokkenen mee te krijgen in een tamelijk extreme en specifieke inrichting, die uiteindelijk niet alleen het verkeer, maar ook de economische positie van de winkels en horeca in de straat verbeterde. In Wuppertal heeft een lokale burgerbeweging het initiatief genomen om een oude spoorlijn te transformeren naar een fiets- en wandelroute. Het project Nordbahntrasse bracht de burgers bij elkaar rond een infrastructuurproject. Ze ontbosten viaducten, begonnen met het bestraten van de route, organiseerden filmvoorstellingen en feesten in de tunnels en verzamelden miljoenen aan privaatfondsen. Later zijn bij de aanleg van de route veel werkzaamheden uitgevoerd in het kader van sociale werkgelegenheids- en opleidingstrajecten.

De aanleg van fietsinfrastructuur heeft in beide gevallen niet alleen een positieve invloed op de verkeerssituatie, maar schept ook sociale en economische meerwaarde voor de directe omgeving. Fietsroutes kunnen dus werken als katalysator voor economische ontwikkeling, werkgelegenheid en coproductie door burgers – een waardevol argument om draagvlak voor infrastructuurprojecten te creëren.

Kortom, verder kijken dan de technocratische dimensie van de infrastructuur, ook bij de aanleg van fietsroutes, biedt grote kans voor ruimtelijke kwaliteit. Naast de verkeerskundige eisen is het gelijktijdig en gelijkwaardig meenemen van de bovengenoemde potenties (ruimtelijke integratie, beleving en sociaal-economische waarde) een voorwaarde voor het ontwerp van integrale en betekenisvolle fietsinfrastructuur.

dynamic experience in his *The View from the Road*), and experiencing the route from the perspective of its surroundings.[11]

Socio-economic Value
A cycle infrastructure creates added value for its context from both a social and economic standpoint. The route takes account of facilities and (commercial) developments. This requires involving residents and users, as well as innovative forms of communication and management.

In transforming Copenhagen's *Nørrebrogade* into a cycle super highway, the designers experimented, in partnership with local shopkeepers, with improving the relevant area's liveability and strengthening its commercial sector. The cycle path was transferred to an automobile carriageway, yielding additional space for pedestrians, cafés and extra shop-window space. By testing the configuration under real conditions, it gradually became possible to gain the support of all concerned parties for a quite extreme and specific plan, which ultimately brought positive effects not only for traffic, but for the economic position of the shops and restaurant-hotel-catering sector on the *Nørrebrogade*, as well.

In Wuppertal, an action committee took the initiative in transforming an old railway line into a cycling and walking route. The *Nordbahntrasse* infrastructural project galvanised the public, many of whom cleared trees from flyovers, started paving the route, organised film showings and parties in the tunnels and collected private contributions amounting to millions of euros. Subsequently, many of the tasks for laying the route were realised in the contexts of social employment-provision and training projects.

In both of the above cases, constructing a cycle infrastructure not only had a positive effect on traffic, but also generated social and economic added value for the relevant

1 'Niet fietsen is gevaarlijk voor de gezondheid', Razemon 2012.
2 'In 2012 werden 171.000 fietsen met elektrische trapondersteuning verkocht', NOS 2013. Van alle elektrische voertuigen zijn 99% fietsen en maar 1% auto's; Goudappel Coffeng 2013.
3 In 1956 voor het eerst uitgevoerd door de architect Victor Gruen.
4 Venturi/Scott Brown/Izenour 1998, p. 20.
5 CROW 2004, p. 356.
6 Stadsarchitect baron Georges-Eugène Hausmann (1809–1891) was prefect van het departement van de Seine van 1853 tot 1870.
7 Castex/Depaule/Panerai 1997, p. 13-59.
8 Tatom 2006, p. 186-187.
9 Vahrenkamp 2006, p. 5-9.
10 Artgineering 2007.
11 Lynch 1958.

areas, thus demonstrating that cycle routes can act as catalysts for economic development, employment and co-production on the part of citizens – a strong argument for creating support bases for infrastructural projects.
Put succinctly, looking further than just the technocratic dimension of infrastructure, including cycle routes, presents a great opportunity for improving spatial quality. Including the above-mentioned types of spatial potential (spatial integration, the user's experience and socio-economic value) simultaneously with, and as equals beside traffic-related requirements, is a prerequisite for the design of integral and meaningful cycle infrastructure.

1 'Not cycling is injurious to your health!', Razemon 2012.
2 '171,000 Electrically Assisted Pedal Cycles (EAPC) were sold in 2012,' NOS 2013. EAPCs account for 99% of all electrically driven vehicles, electric cars for only 1%: Goudappel Coffeng 2013.
3 Executed for the first time by architect Victor Gruen in 1956.
4 Venturi/Scott Brown/Izenour 1998, p. 20.
5 CROW 2004, p. 356.
6 Urban architect and planner Baron Georges-Eugène Haussmann (1809–1891) was prefect of the *Département* of the Seine from 1853 until 1870.
7 Castex/Depaule/Panerai 1997, pp. 13–59.
8 Tatom 2006, pp. 186–187.
9 Vahrenkamp 2006, pp. 5–9.
10 Artgineering 2007.
11 Lynch 1958.

Leeswijzer

Dit boek wil inspireren tot een integrale benadering van (snelle) fietsinfrastructuur en een kwaliteitssprong bevorderen in deze nieuwe ontwerpopgave. Hiervoor wordt de lezer in drie stappen meegenomen; van de status-quo, via een aantal *making-of's*, naar het *what's next*.
De 'Routes' geven een beeld van de stand van zaken in Europa en Noord-Amerika aan de hand van tien *good practice* fietsroutes. De routes worden geportretteerd in kaart en beeld, en beschreven aan de hand van drie hoofdstukken: de context van de route, de route zelf en specifieke ontwerpoplossingen en details.
De 'Interviews' geven voor een aantal van de routes een kijkje in de keuken van de mensen die direct betrokken waren bij de conceptie en uitvoering van de fietsroutes. Zij vertellen over de *making-of*, geven achtergrondinformatie over proces en ontwerp en reflecteren op wat goed gelukt is en wat anders of beter zou kunnen.
De 'Innovaties' pakken deze voorzet op en kijken vooruit op de toekomst van de fietsinfrastructuur aan de hand van innovatieve en inventieve oplossingen van gisteren, vandaag en morgen. De innovaties vormen zo een preview van oplossingen voor actuele en toekomstige ontwerpvraagstukken, zoals het fietsparkeren, de integratie met andere vervoersmodi en de inzet van ICT.

A Note to the Reader

It is hoped that this book will contribute to inspiring an integral approach to (rapid) cycle infrastructure and to promoting a quality leap with regard to this new design task. To this end, the reader is led through three steps, beginning with the *status quo*, and, via a number of *making ofs*, concluding with *what's next*.
The Routes are intended to provide a picture of the present situation in Europe and North America, employing ten *good practice* cycle routes as examples. With the help of both maps and photos, each route is described in the course of three chapters, devoted respectively to: the context of the route, the route itself and specific design solutions and details.
The Interviews provide, for a number of the routes, behind-the-scenes information about those directly involved with their conception and realisation. They discuss the *making of*, provide background information concerning both process and design and reflect on what has turned out well and where there is room for improvement.
With these initial steps as their point of departure, the *innovations* envisage the future of cycle infrastructures with the help of innovative and inventive solutions from yesterday, today and tomorrow. In this way, the *innovations* are intended to function as a preview of solutions for current and future design issues, namely, the parking of bicycles, their integration with other modes of transport and the role of IT.

De '5+3 criteria' voor fietsinfrastructuur worden door het boek heen gebruikt om de voorgestelde routes en innovaties te karakteriseren en te waarderen wat betreft samenhang, directheid, aantrekkelijkheid, verkeersveiligheid, comfort, ruimtelijke integratie, beleving en sociaal-economische waarde. Deze criteria zijn als acht segmenten op een schijf weergegeven. De grootte van het segment geeft aan welk niveau (een, twee of drie) de route met betrekking tot het desbetreffende criterium bereikt. Bij de innovaties zijn de segmenten 'aan' of 'uit' en geven aan op welke aspecten de innovatie bijzonder relevant en interessant is. Deze ruime kijk op de criteria voor fietsinfrastructuur wil het ontwikkelen van een duurzame infrastructuur in synergie met het territorium bevorderen. Pas door een integrale aanpak kan de fietsinfrastructuur zichzelf overstijgen en structuur geven aan het stedelijke landschap.

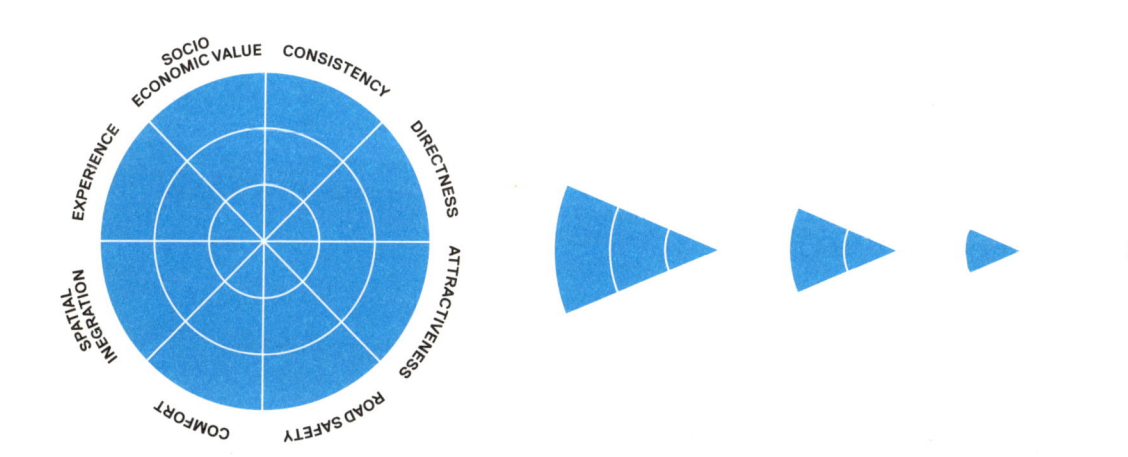

The 5+3 Criteria for cycle infrastructure are used throughout the book to characterize and position the routes and innovations in relation to the following aspects: consistency, directness, attractiveness, road safety, comfort, spatial integration, user experience and socio-economic value. Together, they form the eight segments of a full circle. The size of each segment refers to the level (one, two or three) a route achieves in relation to the respective criterion. For the innovations, the segments are either 'on' or 'off' and indicate which aspects are particularly relevant and interesting. Broadening the perspective in this way aims to make it possible to develop sustainable infrastructure in synergy with its context. An integral approach is essential to enable cycle infrastructure to rise above its immediate situation and achieve a structuring effect on the urban landscape.

Routes

Routes

RIJNWAALPAD
Nico Nijenhuis

Leeftijd: 45
Beroep: IT-consultant
Type gebruiker: woon-werkverkeer
Frequentie: gemiddeld drie keer per week

Ik pak eigenlijk altijd de fiets, maar dankzij het RijnWaalpad wordt de reisafstand verkort en voel ik mij veiliger. De fietser heeft over het algemeen voorrang, ook waar je voorheen smalle wegen moest delen met auto's die 80 kilometer per uur reden. Ik verheug me op de dag dat de route helemaal klaar is.

RIJNWAALPAD
Nico Nijenhuis

Age: 45
Occupation: IT consultant
Type of user: commuter
Frequency: on average, three times per week

Actually, I always journey by bike, but thanks to the RijnWaalpad, the distance I have to cycle is shorter, and I feel safer on it. For most of the route, cyclists have the right of way, even where you used to have to share narrow roads with cars doing 80 km per hour. I can't wait till it's all complete.

RijnWaalpad

ARNHEM-NIJMEGEN

Het RijnWaalpad is een van de eerste fietssnelwegen in Nederland en waarschijnlijk de beste. Maar het RijnWaalpad is meer dan een fietsroute. Het is een mobiliteitsstrategie voor de bereikbaarheid op regionale schaal. De focus van fietssnelwegen als het RijnWaalpad ligt op woon-werkverkeer en het verleiden van de automobilist om te gaan fietsen. Dit vraagstuk speelt ook elders in Nederland een rol. Het RijnWaalpad is dan ook deels gefinancierd uit rijksmiddelen voor filebestrijding. Snelheid en directheid zijn de kernkwaliteiten van het RijnWaalpad. Dit moet de route aantrekkelijk maken voor de fietser. Andere aspecten zoals de beleving en voorzieningen langs de route zijn (vooralsnog) ondergeschikt.

RijnWaal Path

ARNHEM-NIJMEGEN

The RijnWaal Path was one of the first cycle superhighways to be constructed in the Netherlands and is probably the best. It is however more than just a cycle route: it also represents an accessibility strategy at a regional level. The focus of cycle expressways, such as the RijnWaal Path, is on improving commuter traffic and encouraging car drivers to cycle. But the aim of reducing traffic jams by means of cycling is not limited to the Arnhem-Nijmegen City Region, and the RijnWaal Path was indeed partly financed with funds from the national government's anti-traffic-jam programme. Speed and directness are the core qualities of the RijnWaal Path, the idea being that this will make the route more attractive to cyclists. Other aspects, for instance the cyclist's experience and facilities along the route, are secondary, for the time being.

DE CONTEXT

Zoals in heel Nederland wordt ook in Arnhem en Nijmegen veel gefietst. De Stadsregio Arnhem-Nijmegen is een verstedelijkt gebied met een relatief hoge dichtheid aan bevolking, werkgelegenheidsgebieden en voorzieningen.[1] De twee grote steden liggen op minder dan vijftien kilometer afstand van elkaar. Gezien dit verstedelijkingspatroon met korte afstanden tussen woon- en werkgebieden is het potentieel voor (met name elektrisch ondersteund) fietsen groot.

De volgende jaren groeit de regio nog met ongeveer dertigduizend inwoners. De mobiliteitsbehoefte blijft dan ook toenemen.[2] Tot 2020 wordt de meeste mobiliteitsgroei verwacht in de relaties tussen de stadsranden en vooral op verplaatsingen tussen vijf en twintig kilometer.[3] De snelweg A325 tussen Arnhem en Nijmegen is vandaag al een fileknelpunt. Naast de autowegen lopen ook de spoorwegen tegen hun maximum capaciteit aan.[4] De bereikbaarheid en daarmee de economische positie van de stadsregio staat onder druk.

Het inzetten op fietsen met name voor het woon-werkverkeer is een van de maatregelen om druk van wegen en spoor weg te nemen en de stadsregio in de toekomst bereikbaar te houden. Dit is vooral interessant voor middellange afstanden, waar in vergelijking met kortere ritten het aandeel van de fiets ten opzichte van auto en trein snel afneemt.[5]

DE ROUTE(S)

Het RijnWaalpad loopt over het grondgebied van meerdere gemeenten. De stadsregio heeft, als overkoepelend bestuursorgaan, logischerwijs de leiding genomen over het project. De route moet de (auto)mobilist verleiden om de fiets te nemen. Bij het RijnWaalpad gaat het concreet over het substitueren van autoritten op de parallel lopende A325 tijdens spitsuren. Met deze aanpak staat het RijnWaalpad niet op zichzelf. Volgens de methode 'Fiets filevrij' worden naast het RijnWaalpad in Nederland op dit moment meer dan twintig andere snelfietsroutes ontwikkeld.[6] De nadruk ligt hierbij op snelheid en directheid. Bij de tracékeuze wordt waar mogelijk uitgegaan van de meest rechte lijn tussen kernen en andere bestemmingen, zoals treinstations. Het RijnWaalpad bestaat deels uit opgewaardeerde bestaande fietsroutes, deels uit nieuw aangelegde trajecten. Vrijliggende fietspaden en fietsstraten wisselen elkaar af. De lengte van de route is 15,8 kilometer met een breedte van vier meter. Over de hele lengte van de route is verlichting voorzien. De totale kosten van het project bedragen 17 miljoen euro, waarvan 5 miljoen euro gesubsidieerd wordt vanuit het Rijk.[7] Het RijnWaalpad is het eerste gerealiseerde deel van een toekomstig regionaal netwerk van snelfietsroutes voor woon-werkverkeer.[8] Dit hoogwaardige netwerk is aanvullend op de al bestaande recreatieve en utilitaire basisnetwerken voor fietsen.

CONTEXT

In Arnhem and Nijmegen, like everywhere else in the Netherlands, cycling is common. Arnhem-Nijmegen City Region is an urbanized area with a relatively high density in terms of population, employment areas and facilities.[1] The two cities are separated by less than 15 km. Given the urbanization pattern here, typically featuring short distances between home and work, the potential for cycling (and especially electrically assisted cycling) is great. In the coming years, the region's population is expected to grow by some 30,000, resulting in a furtherfurther increase in its mobility requirement.[2] Between now and 2020, most mobility growth is expected to be found between the peripheries of the two cities, in particular journeys of 5 to 20 km.[3] A case in point is the A325 motorway between Arnhem and Nijmegen, which is already a traffic bottleneck. Aside from the motorways, rail transport here is also approaching maximum capacity.[4] The accessibility and, consequently, the economic position of the city region is under threat. Placing the emphasis on cycling, especially for commuter traffic, is one of the measures being employed to relieve the pressure on roads and railway and, in so doing, keep the city region accessible in the future. The idea is particularly attractive for distances of intermediate length, where the proportion of cycle trips, compared to those by car and train, is decreasing faster than for shorter trips.[5]

ROUTE(S)

The RijnWaal Path traverses the territories of a number of different municipalities. As an overarching administrative organ, the city region has logically assumed a supervisory position over the project as a whole. While, generally speaking, the route is intended to encourage drivers of motor vehicles to switch to cycling, its concrete task is to replace car journeys on the parallel A325 during rush hour. It is not alone in taking this approach. Using the 'Fiets filevrij' (cycle congestion-free) method, more than twenty cycle superhighways, in addition to the RijnWaal Path, are presently being developed in the Netherlands,[6] all of which typically emphasize speed and directness. In designing a route, the aim is to realize the straightest possible line between urban cores and other destinations, e.g. train stations. The RijnWaal Path consists partly of upgraded existing cycle routes, and partly of newly laid trajectories. Separated cycle paths and cycle streets alternate. The fully illuminated route is 4 m in width and has a total length of 15.8 km. The total cost of the project is € 17 million, 5 million of which is being contributed by the national government.[7] The RijnWaal Path forms the first portion of a projected regional network of cycle superhighways for commuter traffic.[8] The high-quality network is intended as a supplement to the existing recreational and functional basic cycling networks.

Arnhem
Presikhaaf

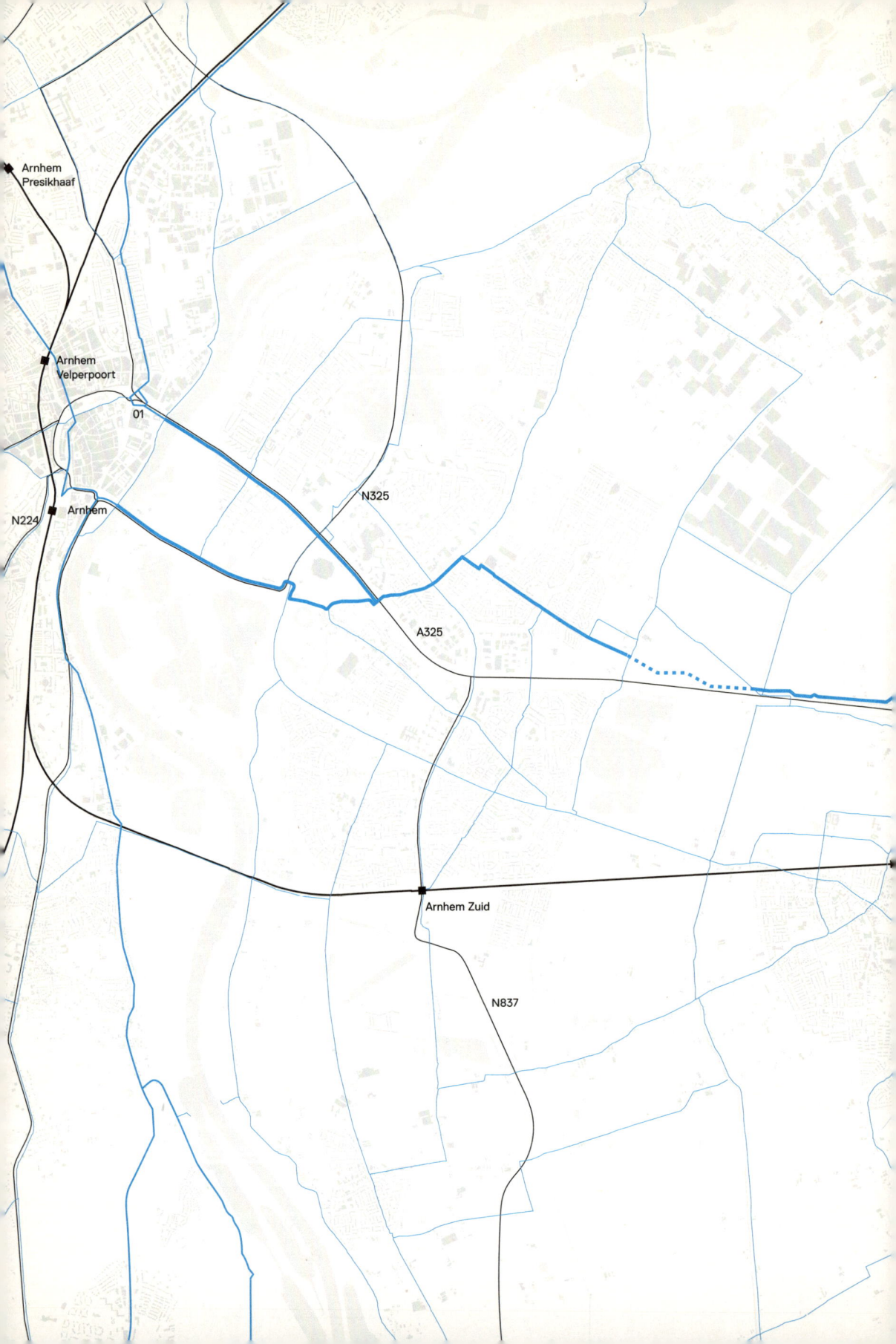

Arnhem
Velperpoort

01

N224 Arnhem

N325

A325

Arnhem Zuid

N837

Rijnwaalpad /
RijnWaalpath, ARNHEM-NIJMEGEN

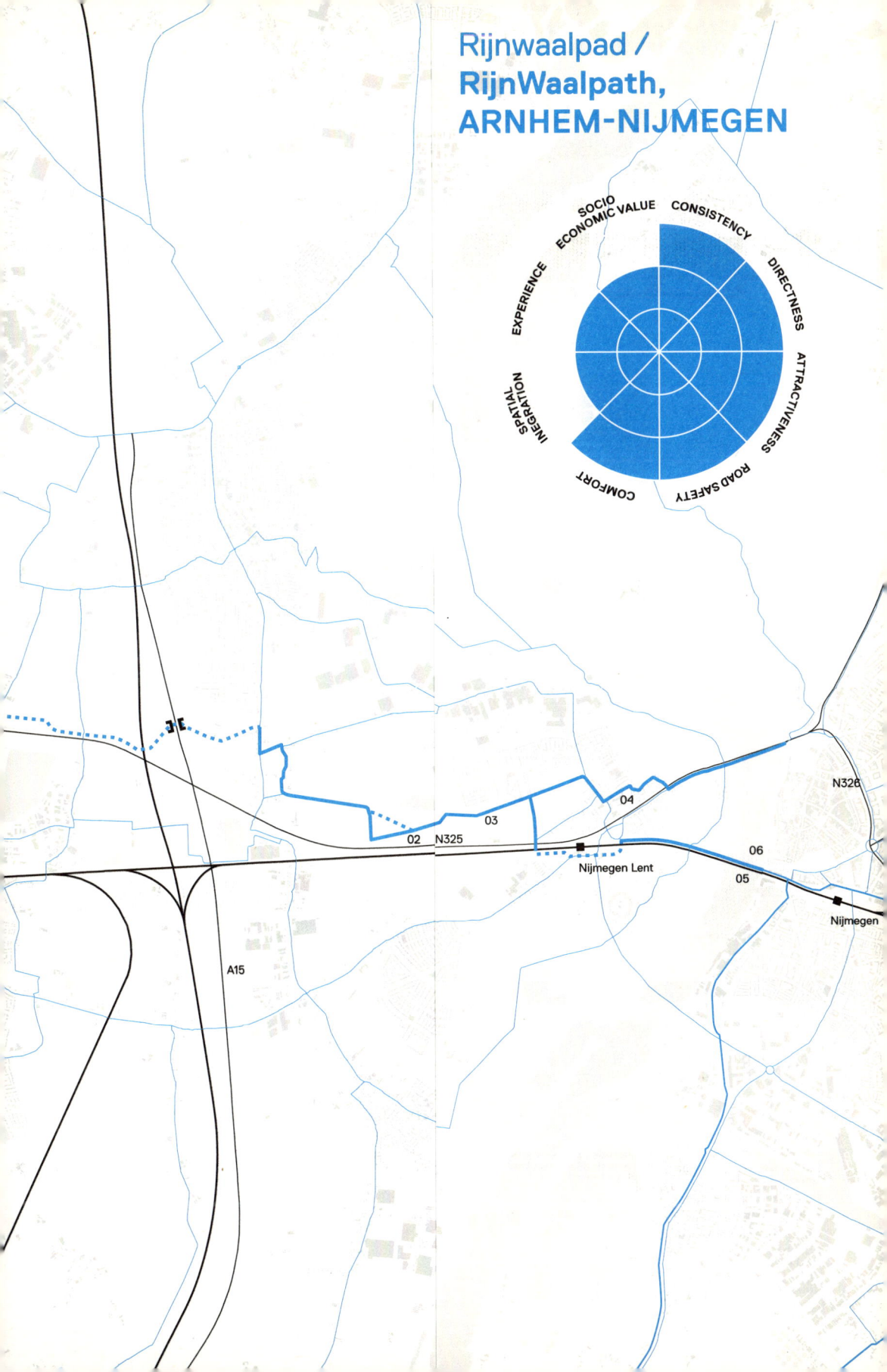

SOCIO ECONOMIC VALUE
CONSISTENCY
DIRECTNESS
ATTRACTIVENESS
ROAD SAFETY
COMFORT
SPATIAL INEGRATION
EXPERIENCE

02 N325
03
04
Nijmegen Lent
06
05
Nijmegen
N326
A15

HET ONTWERP

Voor het RijnWaalpad is een reeks ontwerpuitgangspunten vastgesteld, rekening houdend met het snelle karakter van de verbinding: zo kort mogelijk, zo gestrekt mogelijk, zo vlak mogelijk en overal voorrang.[9] Om de route aantrekkelijk en herkenbaar te maken, is verder een aantal bijkomende voorzieningen benoemd, zoals rust- en servicepunten, schuilgelegenheden, openbare verlichting en fietsparkeervoorzieningen. De bijkomende voorzieningen zijn echter nog niet consequent in het routeontwerp meegenomen. Kenmerkend voor de route zijn enkele opmerkelijke (verkeers)technische oplossingen en pr-acties.

Het standaardprofiel

De standaardbreedte bij tweerichtingsfietsverkeer is vier meter, bij eenrichtingsfietsverkeer tweeënhalve meter. Naast het rode asfalt zijn groene bermen van tweeënhalve meter breedte voorzien, met bomen en verlichting. De bermen moeten voor de inpassing van de route in het landschap zorgen en de herkenbaarheid van de route versterken.

De fietsstraat

Fietsstraten worden toegepast waar het vrijliggende standaardprofiel niet mogelijk is. De Schoolstraat is een voorbeeld van een omgebouwde woonstraat, waar de fietser nu voorrang heeft. Het profiel is versmald naar vijf meter met bomen en vlakken voor langsparkeren. De aanleg van de fietsstraat is niet alleen een verbetering voor de fietser. Door de begeleidende maatregelen als laanbeplanting en de aanleg van parkeerplekken is het ook een verbetering voor de buurt.

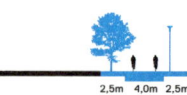

DESIGN

A range of design guidelines has been established for the RijnWaal Path, which take account of a desire for rapid connections: as short as possible, as expansive as possible, and as level as possible, with right of way for the cyclist everywhere on the route.[9] To make the route attractive and recognizable, a number of additional facilities have been included in the plan, such as rest and service areas, shelter facilities, public lighting and bicycle parking facilities. However, these facilities have not as yet been consistently included in the route's overall design. The project features a number of unusual, traffic-related technical features and PR exercises.

Standard Profile

The standard width for two-way cycle traffic is 4 m, for one-way cycle traffic, 2.5 m. In addition to the route's red asphalt surface, it also features green verges, 2.5 m in width, with trees and lighting. The verges ensure the route's integration in the landscape and intensify its recognizability.

Cycle Street

Cycle streets are used where the separated standard profile is not feasible. Schoolstraat is an example of a converted residential street, in which cyclists now have the right of way. The street's profile was narrowed to 5 m, with trees and areas for adjacent parking also being provided. The laying of this cycle street signifies not only an improvement from the cyclist's perspective; the neighbourhood also benefits from accompanying measures such as avenue plantings and the construction of parking areas.

De berenkuil

De 'berenkuil' is een verkeersplein met verschillende niveaus voor auto's en fietsers. De snelfietsroute loopt verlaagd door de kuil in het midden van de rotonde. Dit concept (ook de berenkuiloplossing genoemd) is ook op andere plekken in Nederland toegepast, zoals Eindhoven, Houten en het origineel in Utrecht. Met het aansluiten van een volgende snelfietsroute op het RijnWaalpad zal de berenkuil in de toekomst een knooppunt van snelfietsroutes worden.

De snelbinder

Deze opmerkelijke fietsbrug is als het ware opgehangen aan een bestaande spoorbrug over de rivier de Waal. De snelbinder maakt constructief en kostentechnisch slim gebruik van de bestaande constructie. De brug is tevens een herkenningspunt langs de route.

Naamgeving en logo

De voor een snelfietsroute wat trage naam RijnWaalpad komt voort uit een prijsvraag waarbij bewoners van de stadsregio op verschillende ingezonden namen konden stemmen. Verder is voor de route ook een eigen logo ontworpen in de vorm van een fietsketting.

De in theorie strikte ontwerpuitgangspunten zijn in de praktijk flexibel toegepast om op korte termijn tot resultaat te komen. Zowel het sterke concept achter de ontwerpuitgangspunten als de pr-acties hebben bijgedragen de interne samenwerking en het draagvlak bij de bevolking te verbeteren.

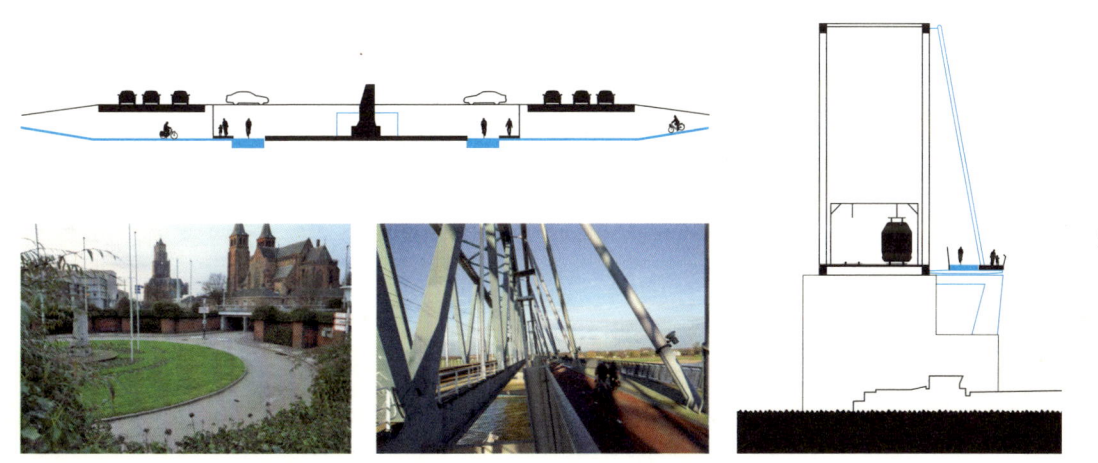

Bear-pit

The 'bear-pit' is a roundabout with different levels for cars and cyclists, with the rapid cycle route running at a lowered elevation through the pit in the middle of the roundabout. The same concept (also known as 'the bear-pit solution') is in use elsewhere in the Netherlands as well, for instance in Eindhoven, Houten and Utrecht (where it was first introduced). With the addition of a subsequent rapid cycle route on the RijnWaal Path, the bear-pit will form a hub for cycle superhighways in the future.

Snelbinder

This unusual cycle bridge is 'suspended' from an existing railway bridge over the River Waal. In both constructive and economic terms, the Snelbinder makes intelligent use of the existing construction. At the same time, the bridge serves as a useful recognition point along the route.

Name and Logo

The somewhat sluggish sounding name (in Dutch) for a rapid cycle route, RijnWaalpad, was the result of a competition in which residents of the city region could choose from various names submitted. A special logo has also been designed for the route – in the form of a bicycle chain.

The, in theory, strict design guidelines for the RijnWaal Path have, in practice, been applied flexibly to make it possible to achieve results in the short term. Both the strong concept behind the project and the PR activities that have been employed have contributed to improving internal cooperation and the support of the public.

CAMBRIDGE
Jonathan Headland

Leeftijd: 45
Beroep: software engineer
Soort gebruiker: recreatief
Gebruiksfrequentie: redelijk vaak

Omdat de route heel goed is aangelegd, haal je met gemak snelheden van 30 kilometer per uur. Dan moet je wel goed opletten om wandelaars en joggers te ontwijken, en vooral mensen met honden!

Je kunt de route echt gebruiken als een fietssnelweg. Hij staat alleen niet als zodanig aangegeven.

CAMBRIDGE
Jonathan Headland

Age: 45
Occupation: Software Engineer
Type of user: Recreational
Frequency of use: Fairly frequently

Because the route has been very well made you can easily get up to speeds of 30 km/h, however you then have to be careful to avoid people walking and jogging- in particular the dog walkers!

The route can be used like a cycle superhighway, it's just not marked out like one.

Busway Cycleway

CAMBRIDGE

De misschien wel beste fietsroute van Engeland is een bijproduct van een openbaarvervoerproject. Het onderhoudspad van een vrijliggende busbaan in Cambridge is geüpgraded tot een opmerkelijk hoogwaardige fietsverbinding. Hiermee is de Busway Cycleway een interessante variant op het in Engeland vaak toegepaste dubbelgebruik van busbanen voor fietsen. De parallelliteit van bus en fietsroute biedt mogelijkheden voor multimodaliteit en toekomstige ruimtelijke en programmatische ontwikkelingen langs de route. Voor enkele conflictpunten bij dit huwelijk tussen busbaan en fietsroute zullen echter nog innovatieve oplossingen gevonden moeten worden.

Busway Cycleway

CAMBRIDGE

What is perhaps the best cycle route in England was a by-product of a public transport project. The maintenance path of a separated bus lane in Cambridge was upgraded into an unusually high-quality cycle connection. The resulting Busway Cycleway represents an interesting variant of the dual use of bus lanes for both buses and bicycles widely employed in England. The use of parallel bus and cycle routes opens the door to possibilities for multimodality and future spatial and programmatic developments along the route. Innovative solutions are, however, still needed for some conflict points in this marriage of bus lane and cycle route.

DE CONTEXT

Het fietsgebruik in Cambridge is voor Engelse maatstaven enorm hoog. Cambridgeshire is met zijn 612.000 inwoners de snelst groeiende regio van het Verenigd Koninkrijk.[1] Met 121.000 inwoners is Cambridge de belangrijkste stad van de *county*. Op 48 minuten met de trein van Central London gelegen is Cambridgeshire aangeduid als groeigebied. Naast de universiteiten is er veel kennisgerelateerde industrie in en rond Cambridge gevestigd. Het landschap is vlak, ligt niet meer dan enkele meters boven de zeespiegel en wordt hoofdzakelijk gebruikt voor landbouw.

Cambridge heeft te kampen met slechte bereikbaarheid van de historische kern. Het centrum wordt afgesneden van de omliggende wijken door een concentrische ringweg. Het verbinden van de wijken buiten de ring en de omliggende groeikernen met het centrum is dan ook een speerpunt van de Cambridge 'central area access strategy'.[2] Om de bereikbaarheid te verbeteren, wordt ingezet op duurzame vormen van transport namelijk, naast de trein, vooral op de bus en de fiets. 23 procent van alle ritten naar werk en opleiding wordt vandaag met de fiets gedaan. Bij ritten langer dan een mijl is dit echter nog maar 2 procent.[3] Op langere afstanden is in Cambridgeshire voor de fiets nog veel te winnen.

DE ROUTE

De Cambridgeshire Guided Busway verbindt de groeikernen rond Cambridge met het centrum en, via het treinstation, met Londen. De busbaan werd geopend in augustus 2007 op een oude, sinds de jaren 1990 ongebruikte spoorlijn, die parallel maar op enige afstand van de overbelaste A14 motorway ligt. De geleide bus verbindt Huntingdon en St. Ives met Cambridge, en haakt aan op drie Park & Ride-voorzieningen, drie treinstations, twee ziekenhuizen en een wetenschapspark.

Voor onderhoud en veiligheid was naast de betonnen geleiderails de aanleg van een onderhoudspad verplicht. De County Council, als eigenaar van de busbaan en de fietsroute, maakte van de nood een deugd en legde het onderhoudspad als hoogwaardige fiets- en voetgangersroute aan.[4] In plaats van een minimale goedkopere verharding is uiteindelijk op de gehele lengte gekozen voor een harde toplaag van zwart asfalt. De breedte van de route varieert tussen drie en vier meter, behalve bij Histon, waar door ruimtegebrek de breedte twee meter is. De route is behalve voor fietsers ook te gebruiken voor voetgangers en deels zelfs voor ruiters.[5] Op het wegdek is bewust geen scheiding aangebracht tussen de verschillende gebruikers. De 25 kilometer lange route is onderdeel van het nationale fietsnetwerk, als National Route 51.[6]

CONTEXT

The extremely high level of bicycle use in Cambridge, by English standards, is largely attributable to the city's level terrain, comparatively mild weather and its compact city centre. With its 612,000 residents, Cambridgeshire is the fastest growing region in the UK and has officially been designated a growth area.[1] Cambridge itself (pop. 121,000), located 48 minutes from central London by train, is the county's largest city. In addition to its universities, many knowledge-based businesses are located in and around it. Its level landscape, never more than a few metres above sea level, is used primarily as farmland. Cambridge is faced with the problem of a poorly accessible city centre. Its centre is cut off from the surrounding districts by a concentric ring road. Connecting the districts outside the ring and the surrounding growth cores with the centre is indeed a central aspect of Cambridge's Central Area Access Strategy.[2] A primary tool in improving the core's accessibility is working toward sustainable transport – in addition to rail transport – by bus and bicycle. A substantial 32 per cent of Cambridge's residents cycle to work; however, the same figure for the county drastically drops to the national average of 2 per cent.[3] Thus, in Cambridgeshire, there is still a lot of progress to be made, concerning longer distances, outside the city.

ROUTE

The Cambridgeshire Guided Busway connects the growth cores around Cambridge with the city centre and, via the train station, with London. The busway, located on an old railway (in disuse since the 1990s) which runs parallel to, but clearly separated from the congested A14 motorway, was opened in August 2007. The guided busway connects Huntingdon and St Ives with Cambridge, and connects three park & ride facilities, three train stations, two hospitals and a science park. For the sake of maintenance and safety, in addition to the existing concrete guide rails, construction of a maintenance path was a prerequisite. The county council, as owner of the busway and cycle route, made a virtue of necessity and constructed a maintenance path in the form of a high-quality cycle and pedestrian route.[4] Rather than a minimum-standard lower-cost surfacing, they opted for a hard top layer of black asphalt for the entire length of the route. The route's width varies between three and four metres, except at Histon, where, due to a shortage of space, it is only two metres wide. Aside from cyclists, the route is also intended for pedestrians and, for certain stretches, even horse riders.[5] Intentionally, no demarcation concerning the route's different users has been introduced to the road surface itself. The 25-km-long route forms part of the national cycle network, as National Route 51.[6]

St. Ives

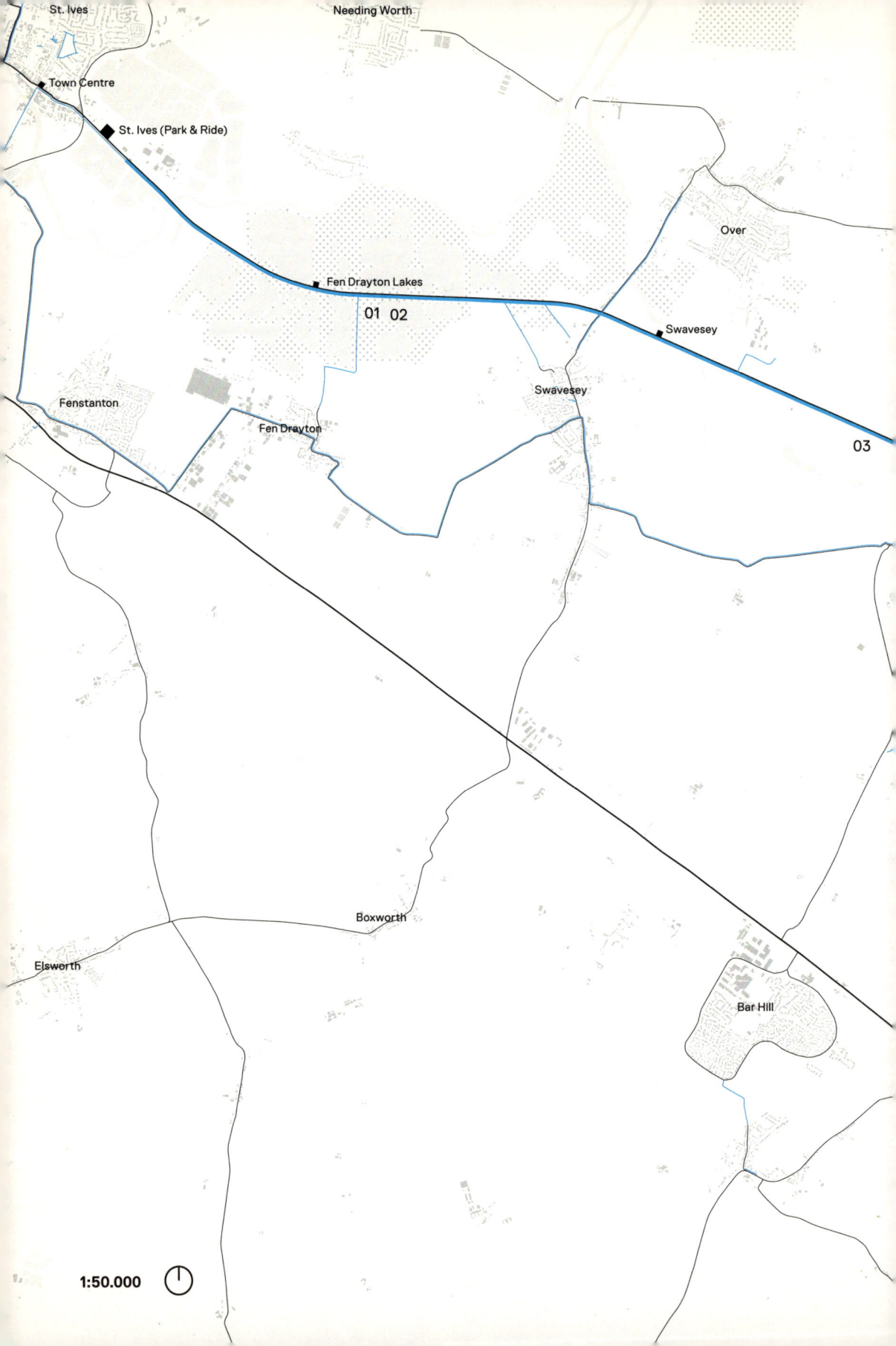

Needing Worth

Town Centre

St. Ives (Park & Ride)

Over

Fen Drayton Lakes

01 02

Swavesey

Swavesey

03

Fenstanton

Fen Drayton

Boxworth

Elsworth

Bar Hill

1:50.000

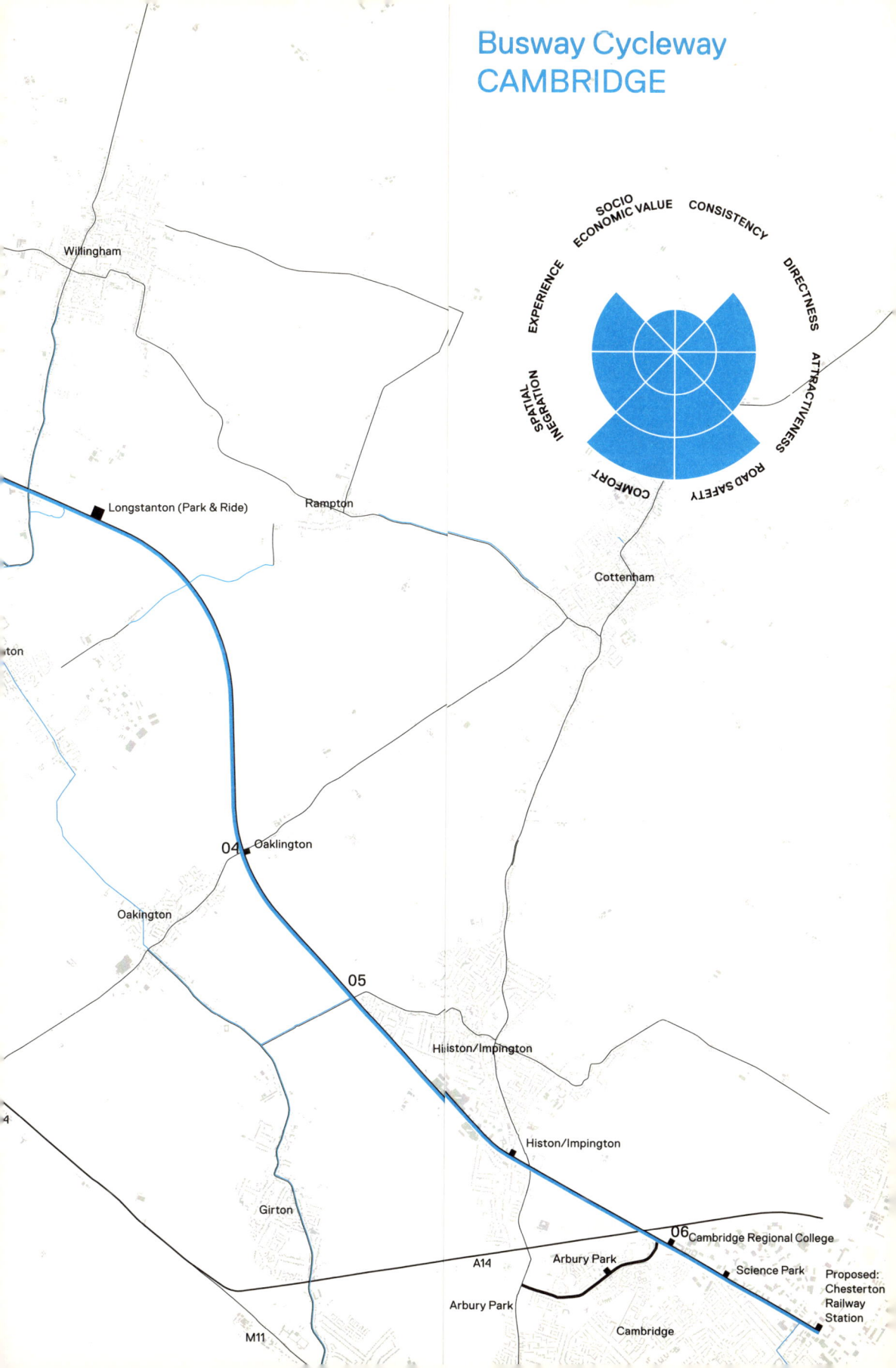

Busway Cycleway
CAMBRIDGE

SOCIO ECONOMIC VALUE
CONSISTENCY
DIRECTNESS
ATTRACTIVENESS
ROAD SAFETY
COMFORT
SPATIAL INTEGRATION
EXPERIENCE

Willingham
Longstanton (Park & Ride)
Rampton
Cottenham
Oaklington
04
Oakington
05
Histon/Impington
Histon/Impington
Girton
A14
Arbury Park
06 Cambridge Regional College
Arbury Park
Science Park
Cambridge
Proposed: Chesterton Railway Station
M11

HET ONTWERP
De Busway Cycleway is het bijproduct van een openbaarvervoerproject en geen geplande hoogwaardige fietsroute. Om het fietspotentieel van het onderhoudspad naast de busbaan te activeren, zijn enkele basisprincipes toereikend. Voor een aantal problemen moeten nog specifieke oplossingen worden gevonden.

Parallelliteit
Het direct naast elkaar leggen van busbaan en fietsroute biedt mogelijkheden tot multimodaliteit. De overstap van fiets naar bus en vice versa is hierdoor makkelijk, bijvoorbeeld bij regen. De bushaltes zijn voorzien van overdekte fietsenstallingen. Het meenemen van de fiets in de bus is echter niet mogelijk.

Recht op overpad
De onderhoudsweg langs de busbaan is voor fietsers, voetgangers en ruiters opengesteld op basis van een recht op overpad. Dit is een (juridisch) middel om het onderhoudspad beperkt toegankelijk te maken voor fietsers, voetgangers en andere gebruikers. Voor onderhoud aan de busbaan moet de fietsroute namelijk altijd kunnen worden afgesloten.

Extra 'schrik-ruimte'
De breedte van het pad hangt af van de ligging ten opzichte van de busbaan. Waar de busbaan op enige afstand van de route ligt, is deze drie meter breed. Waar de busbaan direct aan de route grenst, is deze vier meter breed.

DESIGN
Rather than being a planned high-quality cycle route, the Busway Cycleway was a by-product of a public transport project. In activating the cycling potential of the maintenance path beside the busway, a few basic principles proved sufficient. For a number of problems, though, specific solutions are still being sought.

Parallel Routes
Placing busway and cycle route directly beside one another provides opportunities for multimodality. Switching from bicycle to bus and vice versa (for instance in the rain) is easy and convenient. Each bus stop is provided with a roofed bicycle shed; however, it is not possible for cyclists to take their bicycles onto the bus.

Right of Way
The maintenance path along the busway is accessible to cyclists, pedestrians and horse riders on a right-of-way basis – a legal way to limit access to the maintenance path, giving the county council at all times the option to close off the cycle route in order to carry out maintenance to the busway.

'An Extra Metre'
The path's width depends on its location in respect of the busway. Where the busway is some distance from the route, the latter is 3 m wide. Where the busway is directly adjacent to the route, it is 4 m wide.

Oversteken
De techniek van de geleide bussen maakt een onderbreking van de opstaande rand van de rijbanen alleen op rechte stukken mogelijk. Dit bepaalt de plekken waar makkelijk gelijkvloers oversteken mogelijk is. Op meerdere aansluitingen met onderliggende wegen en fietsroutes moet de fiets echter over de rails heen getild worden.

Overstromingen
In het noordelijkste traject, bij het natuurgebied Fen Drayton, wordt de route enkele keren per jaar overstroomd. Anders dan de busbaan, is het fietspad hier om milieuredenen niet verhoogd aangelegd. Bij overstroming wordt de route met hekken afgesloten: een poging om te voorkomen dat fietsers de ondergelopen delen op de busbaan afleggen.

Verlichting
Op last van de natuurbescherming is langs de route in het buitengebied geen verlichting toegepast.[7] Dit beperkt het gebruik van de route sterk, met name in de donkere wintermaanden. Recentelijk is tussen Cambridge en St Ives LED verlichting geïnstalleerd – mogelijk een voorbode van veranderd beleid op dit punt.

Door toeval is in Cambridge een van de beste fietsroutes van Engeland ontstaan. Het succes van de route zal in de toekomst verdere aanpassingen noodzakelijk maken, zoals verlichting, ophoging van de route in de overstromingsgebieden en meer barrièrevrije oversteken. De geplande woningbouwontwikkelingen langs de route zullen dit proces versnellen.

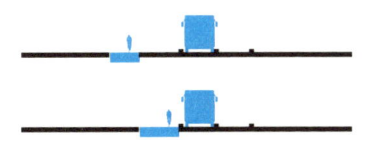

Crossing
Due to the technical peculiarities of the guided buses, an interruption of the raised edge of the lanes is only possible on straight portions. This in turn determines the spots where it is possible to cross on a level surface. At several connections to underlying roads and cycle routes, it is necessary for cyclists to lift their bicycles over the rails.

Floods
In the northernmost trajectory, near the Fen Drayton area of natural beauty, the route undergoes flooding typically more than once a year. In contrast to the busway, the cycle path is not elevated here for reasons of nature preservation. When flooding occurs, the route is closed off by means of gates, in an attempt to prevent cyclists from switching to the busway for the flooded stretches.

Lighting
Conservationists have succeeded in preventing the use of lighting along the route in outlying areas.[7] This drastically limits the use of the route, especially in the dark winter months. PV LED studs were, however, recently introduced from Cambridge to St Ives – potentially signalling a change in policy.

By chance, one of England's best cycle routes has been built in Cambridge. The route's success will, in future, necessitate making additional modifications, for instance lighting, elevating the route in the areas susceptible to flooding and increasing the number of locations where barrier-free crossing is possible. The planned housing developments along the route are expected to speed this up.

KOPENHAGEN
Nielsine Otto

Leeftijd: 24
Beroep: student
Soort gebruiker: woon-werkverkeer
Gebruiksfrequentie: dagelijks

In het algemeen is het een veel fijnere straat geworden voor zowel voetgangers als fietsers, omdat de auto's minder ruimte hebben gekregen. De brug aan het eind van de straat is een erg populaire hangplek voor jongeren geworden.

COPENHAGEN
Nielsine Otto

Age: 24
Occupation: Student
Type of User: Commuter
Frequency: Everyday

Generally it has become a much nicer street to use, both as pedestrian and cyclist, as the cars have been given less space. The bridge at the end of the street has become one of the most popular public spaces for young people to hang out at.

Nørrebrogade en Groene Route

KOPENHAGEN

Fietsen in Kopenhagen is hot! De stad doet er alles aan om de fietser te verwennen en maakt duidelijke beleids- en ontwerpkeuzes om het fietsen ten opzichte van het autoverkeer te bevorderen. Er wordt geëxperimenteerd en geïnnoveerd, met inhaalstroken, groene golven en voorzieningen langs de route. Ondanks de soms radicale oplossingen ontbreekt het niet aan aandacht voor de context en een integrale aanpak. Het fietsroutenetwerk omvat aan de ene kant groene vrijliggende routes, die tegelijkertijd functioneel en recreatief van aard zijn, en aan de andere kant Cycle Super Highways, die geïntegreerd zijn in grote bestaande verkeersassen en gericht op de fietsforens.

Nørrebrogade and Green Route

COPENHAGEN

Cycling in Copenhagen is hot! The city is doing everything it can to please cyclists and is making clear policy and design choices in order to promote the bicycle as an alternative to the car. It is experimenting and innovating, with passing lanes, 'green waves' and facilities along the route. Despite the radical nature of some of the solutions proposed, an integral approach and attention to the context are never lacking. The cycle network encompasses, on the one hand, dedicated green cycle routes that are both functional and recreational in nature, and, on the other, Cycle Superhighways, integrated into large existing traffic hubs and focused on the needs of the commuting cyclist.

DE CONTEXT

Vandaag wordt in Kopenhagen gemiddeld 36 procent van de verplaatsingen naar werk en onderwijs met de fiets afgelegd.[1] In de binnenstad was het fietsaandeel in alle ritten in 2012 zelfs 52 procent. Het relatief lage aandeel in het autoverkeer hangt mede samen met de goede ruimtelijke structuur van Kopenhagen, die voortkomt uit het zogenaamde Vingerplan, dat na de Tweede Wereldoorlog ontwikkeld werd. Het plan hield in dat de groei van de stad gebundeld werd in vingers langs radiale spoorwegen.[2] Dit bewaarde tot vandaag een netwerk van groene ruimtes dat het stedelijke weefsel tot aan de rand van het vooroorlogse centrum penetreert.

Het fietsaandeel in de dagelijkse ritten in Kopenhagen was echter al tijdens en direct na de oorlog hoog. Ondanks dat het aandeel in de volgende decennia van opkomende welvaart sterk verminderde, zijn de bestaande fietspaden niet even massaal afgebroken als in veel andere steden. Dit bevorderde de revival van fietsen in de jaren zeventig, gestimuleerd door de oliecrisis, de economische recessie en de opkomst van de milieubeweging. Vanaf de jaren tachtig is er sprake van een actief stedelijk fietsbeleid.[3] Fietsen staat politiek hoog op de agenda. Zo was het fietsbeleid in 2005 een speerpunt in de verkiezingscampagne. Zelfs voor de korte en middellange termijn worden extreem ambitieuze politieke doelstellingen gehandhaafd.[4]

DE ROUTE(S)

Kenmerkend voor het fietsnetwerk in Kopenhagen zijn naast de voor Kopenhagen typische fietspaden twee verschillende type routes: de Grønne Cykelruter of Groene Routes[5] en de Cykelsuperstier of Cycle Super Highways[6]:

De groene routes zijn functioneel en recreatief. Het zijn vrijliggende fietspaden, gescheiden van autoverkeer, waardoor de fietser minder luchtvervuiling en geluidshinder ondervindt. De routes zijn ruim van opzet en gerelateerd aan groengebieden met voorzieningen voor sport en recreatie. Het totale netwerk van groene routes omvat honderdtien kilometer. Vandaag is 42 kilometer ervan gerealiseerd, waaronder de groene route Nørrebro. De route volgt een verdwenen spoorlijn en heeft een lengte van negen kilometer. Langs de route zijn parken en pleinen gesitueerd. De route takt aan op stedelijke voorzieningen, zoals metrostations, winkelcentra, bibliotheken en scholen.

De Cycle Super Highways gaan over het versterken van bestaande fietsroutes, meestal langs grote uitvalswegen. De doelgroep zijn forensen.[7] De Cycle Super Highways komen voort uit de ontbrekende directheid van bestaande (groene) fietsroutes.[8] Ondanks de naam zijn de Cycle Super Highways meestal geen nieuwe, vrijliggende routes, maar geüpgradede bestaande fietspaden, zoals de Farumruten. Onderdeel hiervan is de al getransformeerde Nørrebrogade, een belangrijke invalsweg voor auto's, bussen en fietsen, door een multicultureel district van de stad.[9] Op een lengte van twee kilometer bevinden zich langs de route meer dan driehonderd winkels, cafés en restaurants.

CONTEXT

In Copenhagen today, an average of 36 per cent of all journeys to work, school or university is made by bicycle.[1] And in the city centre, cycling accounted for 52 per cent of all trips made in 2012. The relatively low proportion of car traffic is in part attributable to the high quality of Copenhagen's spatial structure, a product of the so-called Finger Plan, developed after the Second World War. The plan envisaged urban growth concentrated in the form of fingers along radial railways.[2] This ensured the preservation to the present day of a network of green spaces that projects into the urban fabric and extends up to the rim of the pre-war centre.

The percentage of all journeys made by bicycle in Copenhagen was, however, already high during and immediately following the war. And despite the sharp decrease in the role played by cycling in the subsequent decades of rising affluence, the existing cycle paths were never removed in great numbers, in contrast to many other cities. This helped promote the revival of cycling in the 1970s, stimulated by the energy crisis, the economic recession and the advent of the environmental movement. From the 1980s onwards, an active policy concerning urban cycling was in place.[3] Today, cycling is high on the political agenda in Denmark, and even formed a policy issue in the 2005 elections. Extremely ambitious political objectives are being implemented with regard to cycling, even for the short and middle terms.[4]

ROUTE(S)

In addition to its characteristic cycle paths, Copenhagen's cycle network is further typified by two different kinds of route: the grønne cykelruter, or green cycle routes[5] and the cykelsuperstier, or Cycle Superhighways[6]: The green cycle routes are both functional and recreational. They are separated from motor traffic, resulting in less air and noise pollution for the cyclist. In addition, they are generously proportioned and run through green areas with sport and recreational facilities. Of their planned combined length of 110 km, 42 km have so far been realized. The green cycle route running through Copenhagen's Nørrebro district follows the route of a former railway, is 9 km in length, and has parks and squares situated along it. It connects to urban facilities such as underground stations, shopping centres, libraries and schools.

The Cycle Superhighways are intended as a way to strengthen existing cycle routes. Their target group is commuters from outside the city.[7] The Cycle Superhighways were conceived as an answer to the lack of directness of existing cycle routes, including green routes.[8] The Cycle Superhighways are not usually new, dedicated routes, but upgraded existing cycle paths, for instance the Farumruten. One of these is the already transformed Nørrebrogade, an important approach road for cars, buses and cyclists, which runs through a multicultural district of Copenhagen.[9] More than 300 shops, cafés and restaurants are located along a 2-km stretch of the cycle route.

01 Solbjerg Kirkegård

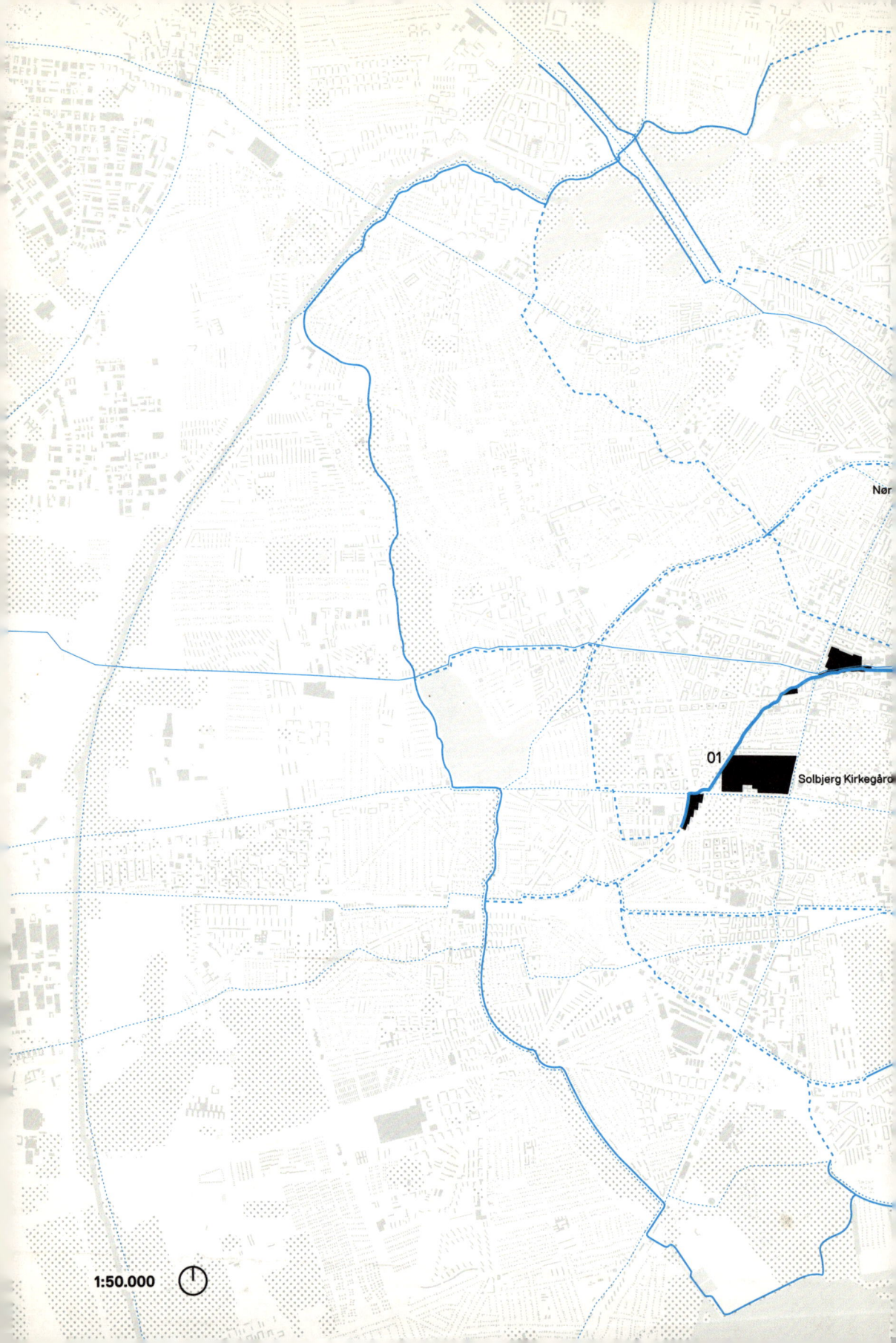

1:50.000

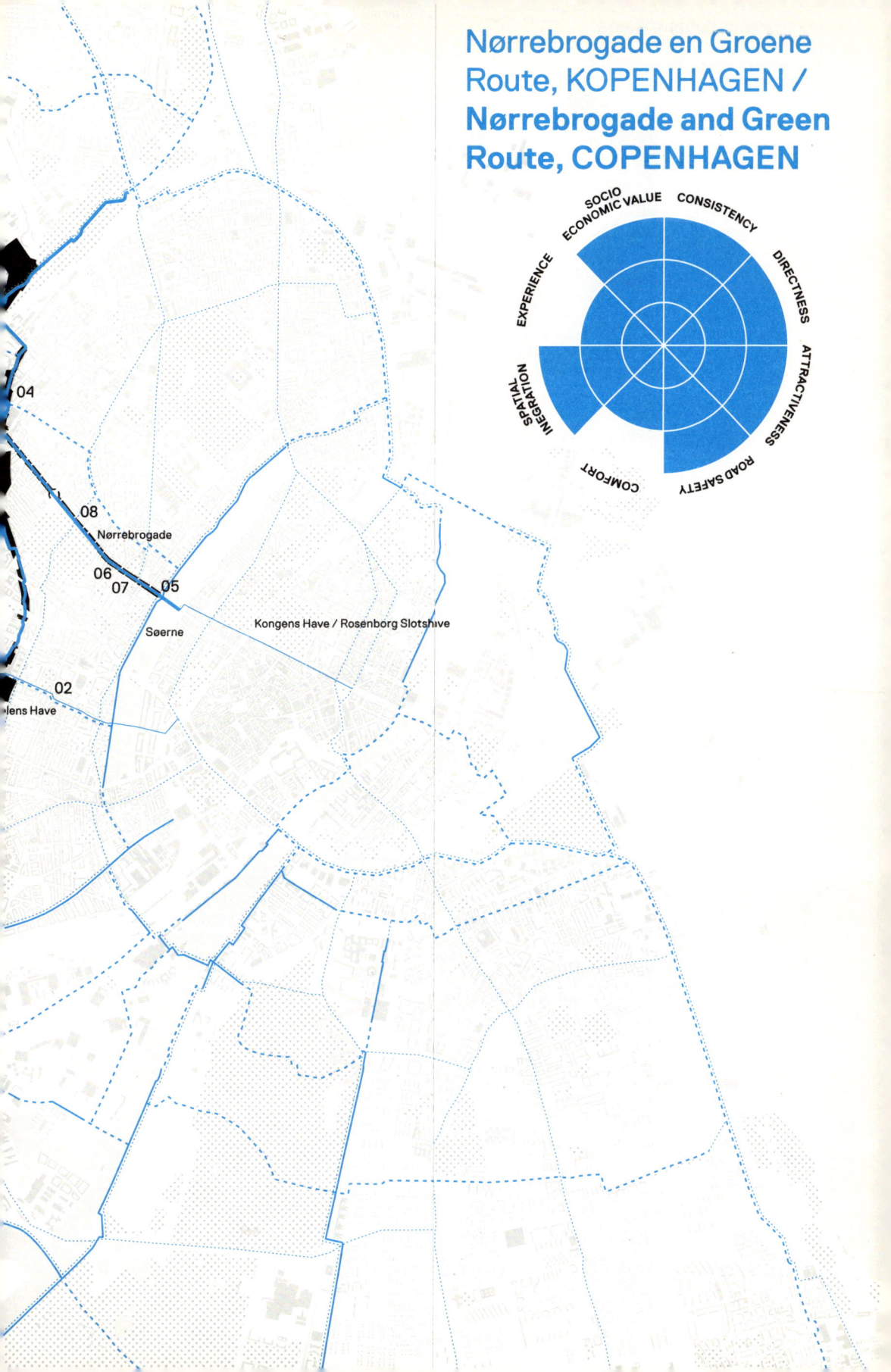

Nørrebrogade en Groene Route, KOPENHAGEN / **Nørrebrogade and Green Route, COPENHAGEN**

SOCIO ECONOMIC VALUE
CONSISTENCY
DIRECTNESS
ATTRACTIVENESS
ROAD SAFETY
COMFORT
SPATIAL INTEGRATION
EXPERIENCE

04
08
Nørrebrogade
06 07 05
Søerne
Kongens Have / Rosenborg Slotshve
02
ens Have

HET ONTWERP
Fietsroutes worden in Kopenhagen integraal benaderd.[10] De consequente keuze om fietsen te bevorderen staat niet op zichzelf, maar is een middel om het stedelijke leven als geheel te verbeteren. Enkele voorbeelden zijn:

Fietspad voor dummy's
Er word alles aan gedaan om fietsen simpel te houden. Fietsroutes gaan mee met de rijrichting van de auto. Om een duidelijke scheiding aan te brengen tussen de stromen is het wegprofiel getrapt uitgevoerd, met hoogteverschillen tussen rijbaan, fietspad en trottoir.

4-second-head-start
Bij stoplichten krijgen fietsers minimaal vier seconden voorsprong op de automobilist. Naast het verhogen van veiligheid heeft deze voorkeursbehandeling van de fietser nog een ander effect: het zet de automobilist in de file bij ieder stoplicht aan het denken.

Voetsteun voor fietsers
Voor stoplichten langs Cycle Super Highways zijn voetsteunen en handrails geplaatst zodat de wachtende fietser geen voet aan de grond hoeft te zetten. Praktisch of overbodig – de boodschap van de stad aan de fietser is duidelijk: je bent belangrijk voor ons!

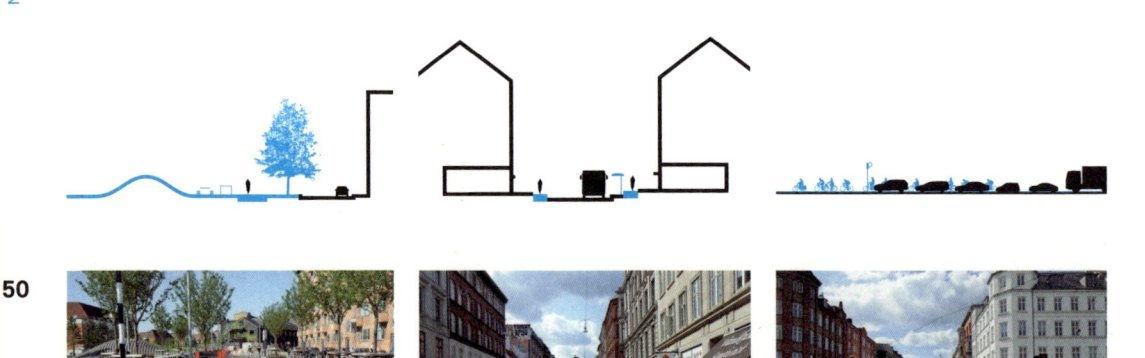

DESIGN
In Copenhagen, cycle routes are part of an integral approach.[10] The city's choice to promote cycling is not an end in itself, but rather a means to improve urban life as a whole. Some examples are:

Cycle Tracks for Dummies
No effort is spared to keep cycling simple. Cycle routes have the same direction of travel as the adjacent cars. To achieve a clear demarcation of the different traffic flows, the road profile is executed in a stepped fashion, with differences in height between roadway, cycle path and pavement.

4-second Headstart
At traffic lights, cyclists are given a headstart on car drivers of at least 4 seconds. In addition to increasing safety, such preferential treatment has yet another effect: it gives car drivers in traffic jams food for thought at every traffic light.

Footrests for cyclists
Traffic lights along Cycle Superhighways have footrests and handrails so that waiting cyclists do not need to place a foot on the ground. Regardless of whether such measures are practical or superfluous – the city's message to cyclists is clear: you are important to us!

De groene golf
Voor de fiets – niet voor de auto. De verkeerslichten zijn in sommige straten tijdens de spitsuren afgestemd op een fietssnelheid van twintig kilometer per uur: daardoor legt een fietser op het drukste moment van de dag de Nørrebrogade af in minder dan acht minuten.

Nørrebro verkeersexperiment 1
Bij de transformatie van de Nørrebrogade is geëxperimenteerd met de herindeling van de beperkte straatruimte. De ruimte voor auto's is verminderd ten gunste van bussen, fietsen en voetgangers. Een van de experimenten bestaat uit het afsluiten van een gedeelte van de weg voor auto's. Hierdoor ontstond ruimte voor gescheiden busbanen en het scheiden van de bushaltes van het trottoir. Het fietspad loopt achter de bushalte langs, waardoor conflicten tussen fietsers en busreizigers vermeden worden.

Nørrebro verkeersexperiment 2
Een ander experiment is het verbreden van de stoep ten gunste van de aanliggende winkels en horecavoorzieningen. Het voormalige fietspad werd met banken, bomen en fietsparkeervoorzieningen heringericht als voetgangersgebied, dat de winkels zich deels kunnen toe-eigenen. Het fietspad is verplaatst naar een voormalige rijbaan voor auto's.

Innovaties worden in Kopenhagen getest als lokale en tijdelijk begrensde experimenten. Extreme en specifieke oplossingen kunnen op die manier snel in de praktijk worden getest en stapsgewijs verbeterd. Dit bevordert de acceptatie bij burgers alsook bij de verschillende betrokken diensten en instanties.

Green Waves
For the bicycle – not for the car! During rush hours, the traffic lights in some streets are calibrated for a bicycle speed of 20 km/h making it possible to cycle the length of Nørrebrogade in less than eight minutes at the busiest time of the day.

Nørrebro Traffic Experiment 1
In transforming Nørrebrogade, experiments were carried out to reallocate the limited street space available. The space for cars was reduced in favour of buses, cyclists and pedestrians. One of the experiments involved closing off a portion of the road to cars. This provided space for dedicated bus lanes and separating bus stops from the pavement. The cycle path ran behind the bus stop, to prevent conflicts between cyclists and bus passengers.

Nørrebro Traffic Experiment 2
Another experiment involved widening the pavement for the adjacent shops, cafes and restaurants. The space of the former cycle path was redesigned as a pedestrian area, which shops could regard as their own to an extent, and which was provided with benches, trees and bicycle parking facilities. The cycle path was moved to a former carriageway for cars.

In Copenhagen, such innovations are tried out as local experiments for a limited period of time. In this way, extreme and specific solutions can be tested in real-life situations and improved step-by-step. This promotes acceptance by the public as well as the various services and authorities involved.

CICLOVIA BELÉM–CAIS DO SODRÉ

LISSABON
Antonio Pedro

Leeftijd: 37
Beroep: stedenbouwkundige
Soort gebruiker: recreatief / woon-werkverkeer
Gebruiksfrequentie: dagelijks

CICLOVIA BELÉM–CAIS DO SODRÉ

Op allerlei plekken langs de route kun je stoppen voor een kopje koffie, of een museum bezoeken, maar het mooiste van de route is het panoramische uitzicht over de rivier! Er zijn zoveel redenen te bedenken om deze route te gebruiken.

Het wegdek is niet zo goed en de route wordt vaak onderbroken... Prima voor recreatieve doeleinden maar minder geschikt wanneer je haast hebt.

LISBON
Antonio Pedro

Age: 37
Occupation: Urban planner
Type of user: Recreational/Commuter
Frequency: Everyday

There are also lots of places to stop for a coffee, or to go to a museum, but the best thing about the route is the panoramic view across the river! There are lots of motivations to use the route.

The pavement is not so nice and there are many interruptions… For recreation it's really good but it's not when you are in a hurry.

Ciclovia Belém–cais do Sodré

LISSABON

De Ciclovia Belém–cais do Sodré is de eerste echte fietsroute van Lissabon. Er wordt nog nauwelijks gefietst in Portugal – een van de hoofddoelen was dan ook om fietsen als een nieuwe, aantrekkelijke vervoerswijze neer te zetten. Om de route bijzonder te maken, is deze ontworpen door een landschapsarchitect en niet door de stadsdienst zelf. Er is ingezet op een integrale benadering van de opgave, met aandacht voor de kwaliteit van de publieke ruimte, de gelaagdheid van de context en de ruimtelijke integratie. Het resultaat is een herkenbare route met sterke identiteit, juist door de subtiele aanpak en het beperkte budget.

Ciclovia Belém–cais do Sodré

LISBON

Ciclovia (cycle route) Belém–cais do Sodré was Lisbon's first genuine cycle path. As cycling is still in its infancy in Portugal, one of the main goals of the route was to project cycling as a new, attractive mode of transport. To make the route special, it was decided to have it designed not by the municipal services themselves, but by a landscape architect. An integral approach to the task was opted for, with much emphasis on spatial integration, the stratification of the context and the quality of the public space. This resulted in a recognizable route with a strong identity, specifically due to the subtlety of the approach and the project's limited budget.

DE CONTEXT

Fietsen heeft geen traditie in Portugal.[1] In Lissabon wordt momenteel weinig en dan vooral recreatief gefietst. De stad telt vandaag circa 560.000 inwoners. Dat is 100.000 minder dan twintig jaar geleden. In de agglomeratie Lissabon leven daarentegen vandaag meer dan 2,9 miljoen mensen en de verwachting is dat de bevolking de volgende jaren sterk zal toenemen.[2] Het openbaar vervoer bestaat vooral uit trein, metro, enkele nieuwe en oude tramlijnen, die de laatste jaren door busverbindingen vervangen worden. Langs de rivier, in het district Parque das Nações, is voor de Expo '98 een groot nieuw infrastructuurknooppunt aangelegd. De Ciclovia Belém–cais do Sodré zou in toekomst makkelijk verlengd kunnen worden tot het knooppunt.

De topografie van de stad is zeer heuvelachtig. De bijnaam van Lissabon is de 'stad van de zeven heuvels'. Vanuit de zeespiegel strekt Lissabon zich uit tot op meer dan tweehonderd meter hoogte. De historische binnenstad is dicht bebouwd en de morfologie is gekenmerkt door smalle, steile straten. Toch heeft het bestuur de ambitie om een netwerk van fietsroutes op de schaal van de stad te ontwikkelen en hiermee vooral het woon-werkverkeer te bevorderen. Om deze fietspaden herkenbaar te maken ten opzichte van andere wegen, wordt standaard rood asfalt toegepast.

DE ROUTE

De Ciclovia Belém–cais do Sodré onderscheidt zich positief van de standaardfietspaden in de stad: het is vlak en het is niet van rood asfalt. De route loopt 7,2 kilometer langs de rivier Tejo tussen Sodré en de Belém-toren, voorbij historische monumenten, pleinen en oude havenstructuren. Het Ciclovia-project moet het waterfront verder (toeristisch) ontsluiten en fietsen als een nieuwe aantrekkelijke vervoerswijze in Lissabon introduceren.[3] Gezamenlijke opdrachtgever was de Haven- en de Groendienst van de stad.[4] Het stadsbestuur had hoge ambities voor de Ciclovia Belém–cais do Sodré en besloot deze te laten ontwerpen door een bureau voor landschapsarchitectuur.[5] Zij overtuigden de opdrachtgever van een integrale aanpak, rekening houdend met de historische gelaagdheid van het gebied en met aandacht voor de kwaliteit van de openbare ruimte.

Door het beperkte budget van één miljoen euro is ervoor gekozen om vooral aan de bestrating te werken en maximaal gebruik te maken van bestaande structuren, zoals de riolering.[6] Een detail dat hierop inspeelt zijn speciale betonnen afscheidingen met gaten, waardoor het fietspad op de autoweg kan afwateren.

Sinds 2009 wordt de Ciclovia Belém–cais do Sodré goed gebruikt door wandelaars, joggers, inlineskaters en vooral recreatieve, maar inmiddels ook steeds meer functionele fietsers.

CONTEXT

Cycling is not widespread in Portugal.[1] In Lisbon, the little cycling done is mainly for recreational purposes. The city's population is currently ca. 560,000; that is 100,000 less than 20 years ago. In contrast, Greater Lisbon has more than 2.9 million inhabitants, a figure expected to increase in the coming years.[2] Public transport in Lisbon consists primarily of rail transport and an underground, as well as a few new and old tram lines (some of which have been replaced by bus connections in recent years). For Expo '98, a large new infrastructural hub was constructed along the river, in the Parque das Nações district. In the future, Ciclovia Belém–cais do Sodré could easily be extended to this hub. Nicknamed 'the city of seven hills,' Lisbon has an extremely hilly topography, and rises to a height op more than 200 m above sea level. The historic city centre has a high density, with the morphology characterized by steep, narrow streets. Nevertheless, the municipality has the ambition to develop a network of cycle paths at the urban level, with the primary purpose of promoting travel from home to work by bicycle. To distinguish them from other roads, all cycle lanes are laid with red asphalting.

ROUTE

Ciclovia Belém–cais do Sodré is a positive exception to the standard cycle paths in the city: it is flat and does not feature the generic red asphalt. The route runs for 7.2 km along the River Tejo between Sodré and the Belém Tower, past historic monuments, squares and old harbour structures. The Ciclovia project aims to increase the accessibility of the waterfront, primarily for tourists, and to introduce cycling as a new and attractive mode of transport for Lisbon.[3] The project's joint clients were the city's harbour and green authorities.[4] The municipal government had high hopes for the route, and decided to have it designed by a firm of landscape architects.[5] They in turn convinced their client of the advisability of an integral approach, which would take account of the historic stratification of the area in question and devote sufficient attention to the quality of the public space. Due to a limited budget of € 1 million, it was decided to work primarily on the paving and make optimum use of existing structures, for instance the sewerage system.[6] A salient detail here is formed by specially designed perforated concrete partitions that make it possible to drain the cycle path onto the road.

Since 2009, Ciclovia Belém–cais do Sodré has been popular among walkers, joggers, in-line skaters and above all, 'recreational' cyclists, who are increasingly being joined by 'functional' ones.

1:50.000

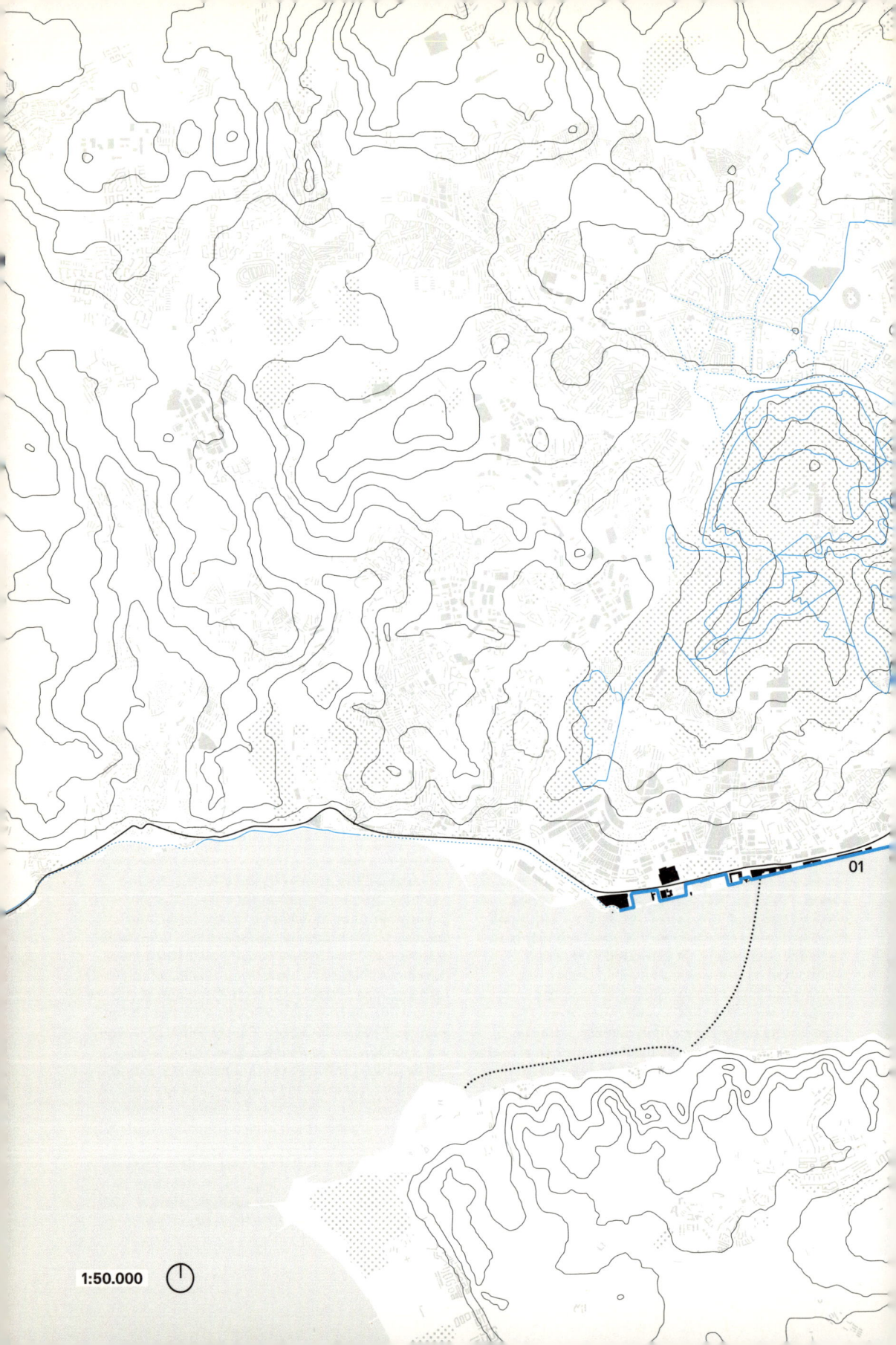

01

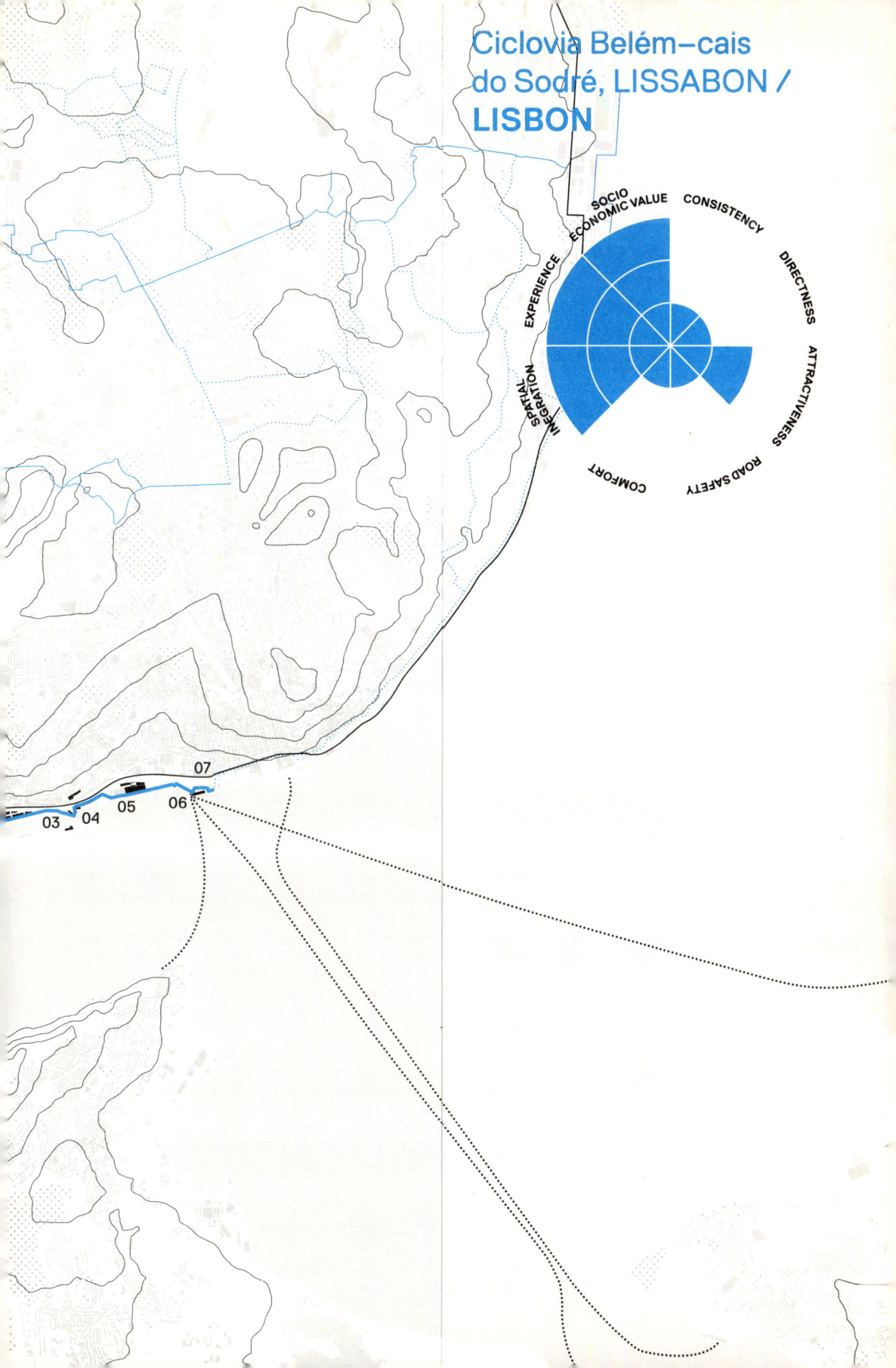

Ciclovia Belém–cais do Sodré, LISSABON / **LISBON**

SOCIO ECONOMIC VALUE · CONSISTENCY · DIRECTNESS · ATTRACTIVENESS · ROAD SAFETY · COMFORT · SPATIAL INTEGRATION · EXPERIENCE

03 04 05 06 07

HET ONTWERP
Aandacht voor de publieke ruimte, het zichtbaar maken van de historische gelaagdheid en het hergebruik van de al aanwezige materialen basalt, kalksteen en asfalt, waren de uitgangspunten van het ontwerp – dit alles binnen een beperkt budget.

Er is één continue route gemaakt met verschillende locatiespecifieke profielen:
- door nieuw asfalt aan te brengen op bestaande bestrating: soms tussen oude treinsporen of tussen nieuwe trottoirbanden;
- door asfalt weg te halen en de onderliggende bestrating bloot te leggen;
- door het aanbrengen van een betonnen rand op bestaande autowegen als rijbaanafscheiding;
- door het aanbrengen van wegenverf, betonnen of stalen markeringen op bestaande bestrating.

Continuïteit word bereikt door het toepassen van één vormentaal op alle deeltrajecten. Een voorbeeld hiervoor zijn de verschillende stippen.[7]

Asfalttapijt
Het extra zwarte asfalt van de fietsroute ligt als een tapijt op de oude bestrating. De zijkanten van het asfalt zijn strak afgesneden, waardoor de indruk van een loper ontstaat. Door de detaillering van de rand lijkt het alsof het bestaand asfalt links en rechts van de rijbaan weggehaald is. Het basalt daaronder wordt als een archeologische laag zichtbaar gemaakt.

Grafisch wegdek
Op het zwarte asfalt zijn in wegenverf symbolen, woorden en zelfs gedichten aangebracht.[8] Ze markeren gevaarlijke verkeerssituaties, verwijzen naar (historische) monumenten of versterken de beleving van bijzondere plekken.[9] De grafische behandeling van het wegdek in zwart-op-wit refereert aan de traditionele Portugese Calçada.[10]

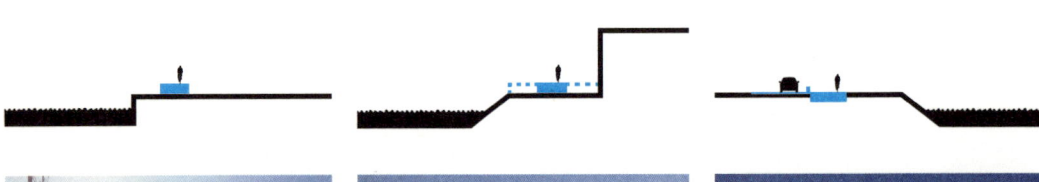

DESIGN
Paying attention to the public space, making the city's historic stratification visible and reusing the materials already present – basalt, limestone and asphalt – formed the basis of the design: all within a limited budget.

A single continuous route was created, with different location-specific profiles:
- by applying new asphalt to the existing surface: sometimes between old railway tracks or between new kerbs;
- by removing asphalt and exposing the underlying paving;
- by adding a concrete edge to existing roads to separate the lanes;
- by applying road paint and concrete or steel markings to the existing surface.

Continuity is achieved by using the same formal idiom for all the component trajectories. An example of this is the different dots used.[7]

Asphalt Carpet
The extra-black asphalt of the cycle path lies like a strip of carpet on the old paving. The sides of the asphalt have been cut off sharply, which makes it look as if it was rolled out. Due to the detailing of the edge, it looks like the existing asphalt left and right of the roadway have been removed. The underlying basalt below is revealed as an archaeological layer.

Graphic Road Surface
Symbols, words and even poems have been applied to the black asphalt using road paint.[8] They indicate potentially dangerous traffic situations, refer to historic monuments or intensify the experience at special spots.[9] The graphic treatment of the road surface in black-and-white is also a reference to the Portuguese calçada tradition.[10]

Fietspad-Graffiti
Niet alleen het wegdek is grafisch bewerkt, ook aanliggende gebouwen. Zwarte wanden met witte tekeningen verwijzen naar het asfalt. Dit is een strategie om graffitiartiesten uit te dagen ook iets te doen met het asfalt. Inmiddels verschenen op het fietspad Pac-mans die de middenstippen opeten.

De stencils
Voor het aanbrengen van de grafische elementen op het wegdek zijn stencils gebruikt. Deze zijn overgedragen aan de stad in de hoop dat ze die zullen gebruiken voor toekomstige herstelwerkzaamheden.[11] Eén stencil is gestolen en daarmee zijn op meerdere gebouwen langs de route en elders in de stad figuren aangebracht.

De Ciclovia Belém–cais do Sodré is een herkenbare route met sterke identiteit, dit juist doordat het ontwerp subtiel ingaat op de verschillende ruimtes en historische lagen van de route.

Cycle-path Graffiti
Not only the road surface has been treated graphically, but the adjacent buildings as well. Black walls with white markings refer to the asphalt: a strategy intended to challenge graffiti artists to do something with the asphalt as well. Playful Pac-Man figures eating the dots in the middle of the cycle path have now appeared.

Stencils
The stencils used to apply these graphic elements to the road surface were handed over to the city in the hope that they will be used for future repair work.[11] One of these stencils was stolen and since then, figures have been applied to several buildings along the route, and elsewhere in the city.

Ciclovia Belém–cais do Sodré is a recognizable route with a strong identity – the result of a design that takes subtle account of the different spaces and historic strata comprising the route.

LONDON
Jack Thurston

Leeftijd: 40
Beroep: journalist
Soort gebruiker: recreatief / woon-werkverkeer
Gebruiksfrequentie: dagelijks

De routes zijn wel handig als navigatiemiddel. Ze zijn goed zichtbaar, blauw, en doorlopend, want ze hebben een duidelijk begin en eind. Althans, op macroniveau. Op microniveau zijn ze niet doorlopend: de route kan opeens verdwijnen en daarmee verdwijnt ook de bescherming!

LONDON
Jack Thurston

Age: 40
Occupation: Journalist
Type of user: Recreational/Commuter
Frequency: Everyday

The routes can be a useful navigation aid. They are visible, blue, and continuous, in the sense that they have a start and an end. They are continuous on a macro scale but on the micro scale they are not - the route can suddenly disappear and the protection disappears too!

Cycle Superhighways

LONDEN

Maar weinig mensen durfden in Londen te fietsen. De Cycle Superhighways brachten hier verandering in. De twaalf geplande fietsroutes die, zoals op een wijzerplaat, vanuit de periferie naar het centrum leiden, zijn vooral ook een communicatiemiddel om fietsen als alternatief voor de auto in beeld te brengen. De routes verlopen bewust, voor de forens goed zichtbaar, langs belangrijke uitvalswegen. De keuze voor felblauw als kleur voor de rijbaan versterkt de zichtbaarheid en de herkenbaarheid. De fietsroutes maken vaak dubbel gebruik van busbanen. Ze verminderen files en zijn een economisch interessant middel om de City bereikbaar te houden.

Cycle Superhighways

LONDON

Until recently, few were brave enough to cycle in London. The cycle superhighways, however, have changed this situation. The twelve planned routes, which will lead from London's periphery to its centre in a clock-face configuration, are, last but not least, a means of communication to propagate cycling as an alternative to the car. The routes will intersect important exit roads, which will be clearly indicated. The choice of bright blue as a colour for the paths increases visibility and recognizability. The cycle routes often use existing bus lanes. They contribute to reducing traffic jams and are an economically attractive way to keep the city accessible.

DE CONTEXT

Het fietsen in Londen begint letterlijk bij nul. Tot 2005 werd minder dan één procent van alle ritten met de fiets gedaan.[1] Het openbaar vervoer in de vorm van trein, bus en metro heeft met 39 procent een groot aandeel in de modal split, zelfs meer dan de auto met 35 procent. Londen is een metropool met een sterke economische en functionele oriëntatie op het centrum. Dit weerspiegelt zich in de vervoersstromen, die radiaal gericht zijn op het centrum. Op de uitvalswegen in de City heeft dit tot een verkeersinfarct geleid. Mede hierdoor neemt het aandeel fietsers op deze wegen recentelijk sterk toe.[2]

Als snel en efficiënt middel om de congestie in het centrum te verminderen en vooral om verkeersruimte voor openbaar vervoer vrij te maken, is in 2003 de Congestion Fee ingevoerd. In het vervolg kwamen er meer gescheiden busbanen. Omdat het traditioneel is toegestaan om op busbanen te fietsen, heeft dit indirect geleid tot meer ruimte voor fietsers. De Cycle Superhighways manifesteren dit dubbelgebruik en maken het zichtbaar in het straatbeeld. De Congestion Fee en de Cycle Superhighways zijn alle twee projecten van een dienst: Transport For London (TfL). Men zou kunnen zeggen dat de Cycle Superhighways een collateraal effect zijn van de Congestion Fee.

DE ROUTE(S)

In 2008 vatte Ken Livingstone, toen burgemeester van London, het plan om twaalf nieuwe doorgaande fietsroutes aan te leggen die radiaal naar het centrum van de stad leiden. Doel van dit ambitieuze plan was om dagelijks 120.000 extra fietsritten te genereren. Maar ook vooral om de beleving en het imago van fietsen in Londen te verbeteren. Hiervoor was oorspronkelijk een totale investering van 166 miljoen pond voorzien.[3] De twaalf routes zouden binnen vier jaar gerealiseerd zijn. Tot 2012 waren vier Cycle Superhighways uitgevoerd.[4] De gefaseerde uitvoering van de twaalf routes is echter niet alleen een praktische noodzaak, maar wordt ingezet om te leren van eerdere routes en deze kennis te kunnen gebruiken in de daaropvolgende projecten. Daarom zijn de eerste routes ook bewust gekozen met een grote variatie aan tracés en profielen: enkele en dubbelzijdige routes, vrijliggende paden en suggestiestroken, op hoofdroutes (in beheer van TfL) en op lokale straten (in beheer van de verschillende boroughs).

De vier gerealiseerde routes hebben een totale lengte van circa veertig kilometer. Belangrijk onderdeel van het project Cycle Superhighway is naast de routes zelf, scholing van fietsers en het goed werkende verhuursysteem Cycle Hire.

CONTEXT

Cycling in London literally starts from scratch. Prior to 2005, less than 1 per cent of all trips were made by bicycle.[1] Public transport in the form of the train, bus and underground, with its 39 per cent, accounts for much of the modal split, even more than the car's 35 per cent. London is a metropolis with a strong economic and functional orientation toward its centre. This is reflected in its traffic streams, which are radially directed toward the centre. In the city's exit roads, this can lead to gridlock. Recently, this situation has contributed to a sharp increase in the proportion of cyclists on these roads.[2]

In 2003, the congestion fee was introduced as an effective and fast way to reduce congestion in the city centre and, even more importantly, to make more space available for public transport. As a result, more separate bus lanes were introduced. Due to a tradition of letting cyclists ride on bus lanes, this indirectly resulted in more space for cyclists. The cycle superhighways emphasize this dual use and make it clearly visible in the street profile. Both projects, the congestion fee and the cycle superhighways, originated in the same local government body: Transport for London (TfL). One could say that the latter is more or less a collateral effect of the former.

ROUTE(S)

It was in 2008 that the then mayor of London, Ken Livingstone, first announced plans to construct twelve new express cycle routes that would lead radially to the city centre. The goal of this ambitious project was to generate 120,000 additional cycle trips per day, and perhaps even more importantly, to improve the experience and image of cycling in London. For realization of the plan, a total investment of £166 million was originally anticipated.[3] The twelve routes were initially expected to be completed within four years. As of 2012, four cycle superhighways had been realized.[4] The phased execution of twelve routes is however not just a practical imperative, but has consciously been opted for, giving the opportunity to learn from the first routes implemented and apply the knowledge thus gleaned in the subsequent projects. This is also why the first routes to undergo construction were consciously chosen to be in highly contrasting locations and with varied profiles: single and two-sided routes, separated paths and suggestion lanes, on main routes (administered by TfL) and in local streets (administered by the different boroughs). The four routes thus far realized have a total combined length of ca. 40 km. Additional important components of the cycle superhighways project are, aside from the routes themselves, training for cyclists and the relatively well-functioning rental system, Cycle Hire.

1:50.000

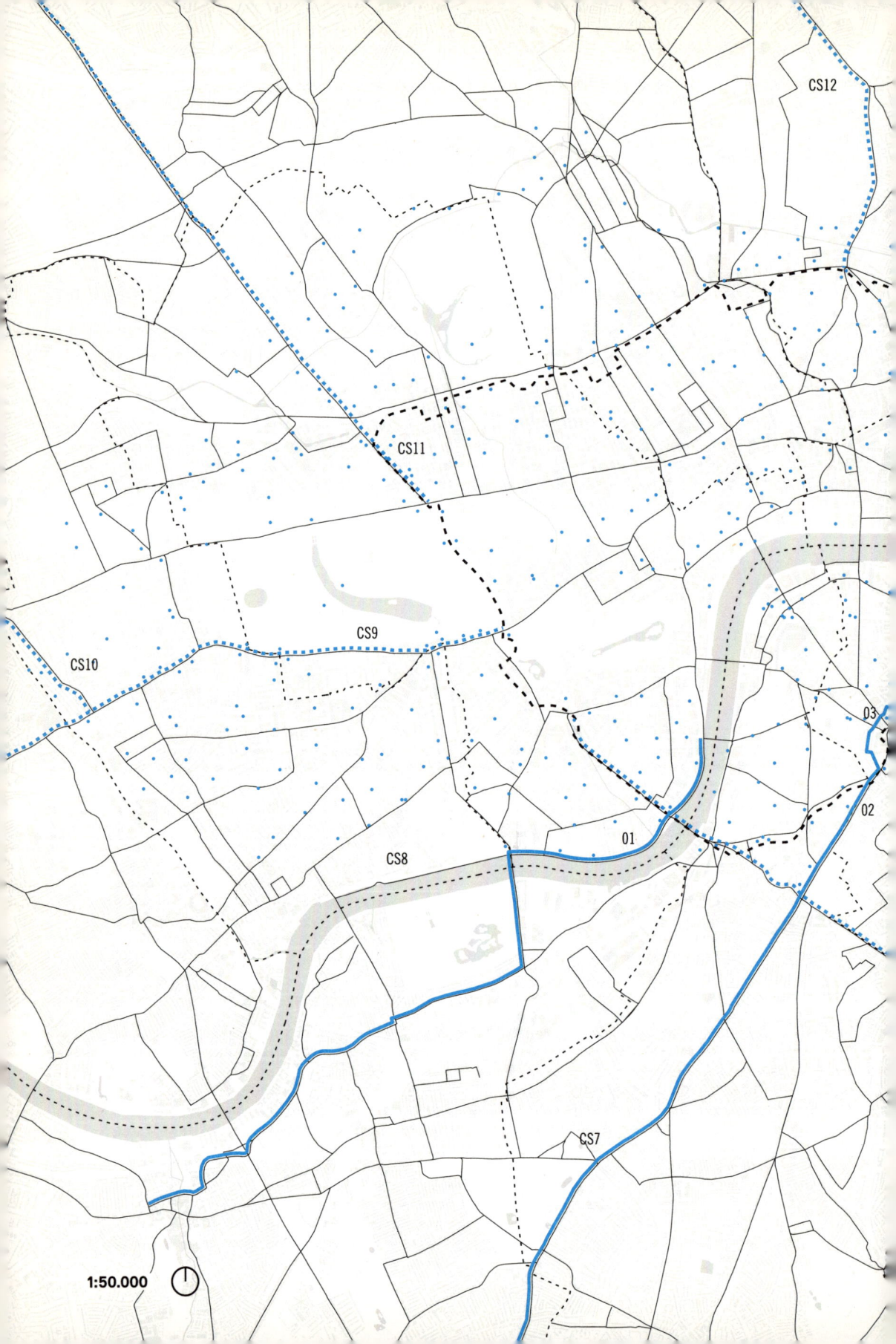

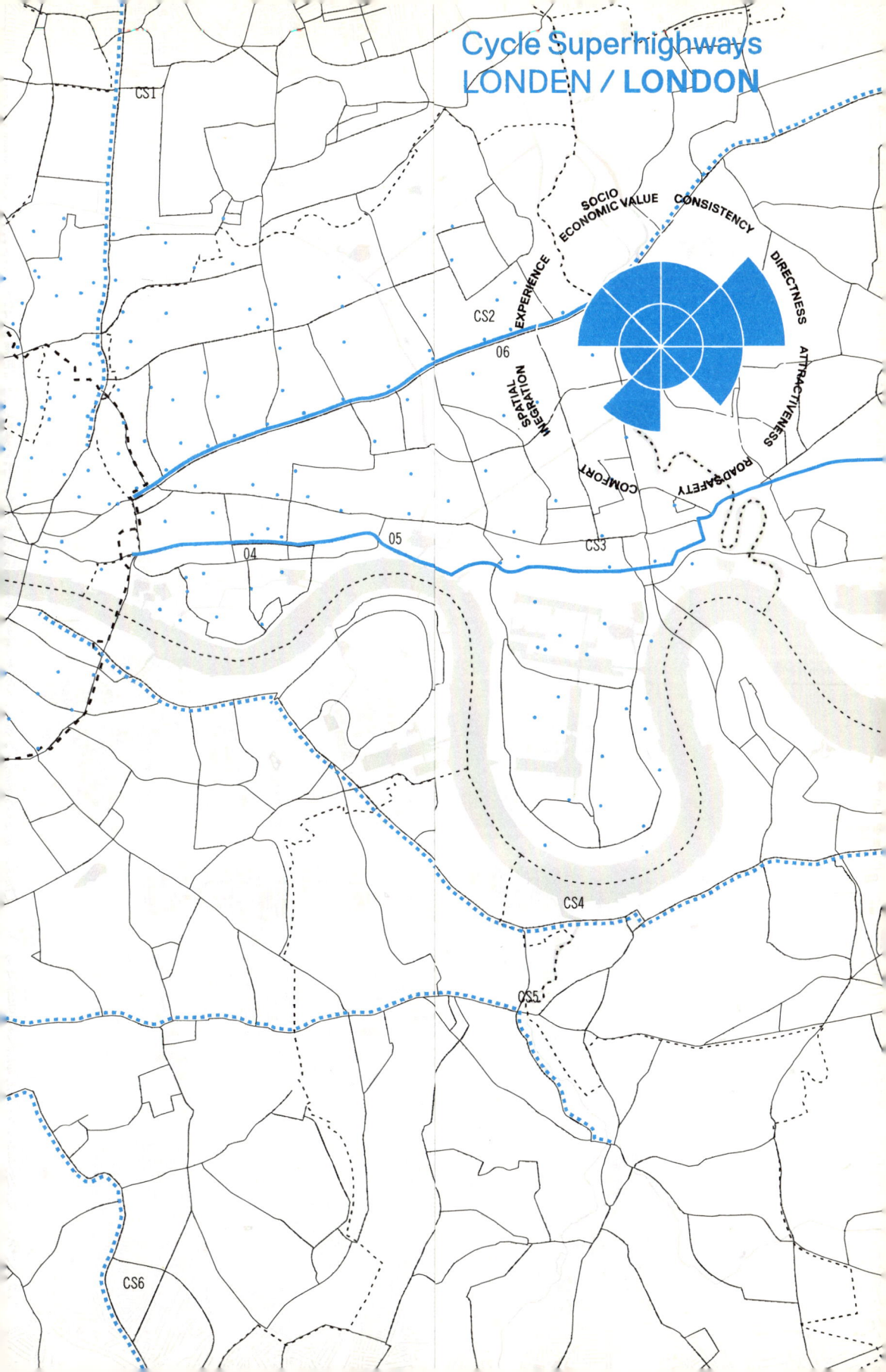

Cycle Superhighways
LONDEN / LONDON

HET ONTWERP
Bij de eerste Cycle Superhighways is sprake van een bepaald opportunisme bij de uitwerking van de routes. Er worden geen strikte ontwerprichtlijnen over bijvoorbeeld ligging van de fietspaden en kruispuntinrichtingen gehanteerd. De minimale rijbaanbreedte is 1,5 meter. Vrijliggende fietspaden wisselen elkaar af met suggestiestroken en shared space-oplossingen. Bij ingewikkelde kruispunten worden de eisen aan de continuïteit en directheid van de route soms losgelaten. Toch zijn er enkele basisprincipes:

De wijzerplaatconfiguratie
Om aantal en ligging van de routes te bepalen, wordt gerefereerd aan een wijzerplaat[5]: twaalf radialen die vanuit de buitenwijken naar het centrum voeren. De gekozen radialen zijn meestal zware verkeersassen voor forensen. Deze vallen meestal onder het beheer van TfL, zoals ook de Cycle Superhighways, wat de planning en uitvoering van de routes vergemakkelijkt. De keuze voor hoofdverkeersassen vergroot de zichtbaarheid van de Cycle Superhighways voor andere forensen, maar leidt er ook toe dat de routes vaak minder aangenaam zijn om te fietsen.

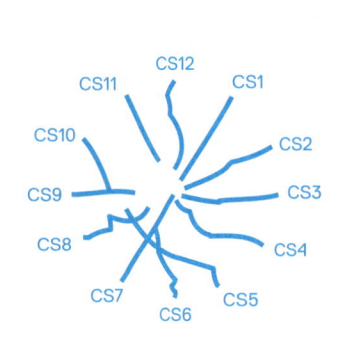

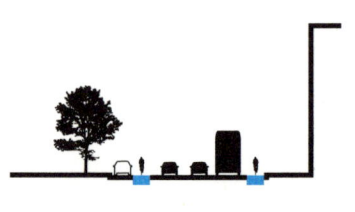

DESIGN
The elaboration of the first cycle superhighways betrays a certain degree of opportunism. For example, no strict design guidelines were used concerning location of the lanes in the profile, or the design of junctions. The minimum lane width is 1.5 m. Separated cycle paths were allowed to alternate with suggestion lanes and shared-space solutions. At complex junctions, requirements for the continuity and directness of a route were not always observed. Nevertheless, some basic principles were adhered to:

Clock-face Configuration
In determining the number and location of the routes, reference is made to a clock face[5]: twelve radii lead to the centre from the outlying districts. The radii selected are for the most part important commuter roads. Like the cycle superhighways, these too are mainly administered by TfL – an aspect which helps simplify their planning and execution. Opting for important traffic axes increases the visibility of the cycle superhighways for other commuters, but also often means that the routes are less enjoyable for cyclists.

Het dubbelgebruik van busbanen

Het gebruik van busbanen voor fietsroutes is een sleutelaspect van het Cycle Superhighways project. Ondanks dat er geen uitgesproken beleid aan ten grondslag ligt, wordt het fietsen op busbanen op detailniveau bewust doorontwikkeld: waar mogelijk worden busbanen verbreed om het inhalen van fietsers door bussen (en vice versa bij bushaltes) mogelijk te maken. Andere busbanen worden juist versmald tot de breedte van de bus om squeezing van fietsers tussen bussen en andere voertuigen te voorkomen.

De kleur blauw

Een specifieke doelstelling van het project Cycle Superhighway is fietsen zichtbaar en herkenbaar te maken in de stad. Drie van de belangrijkste kenmerken van de Cycle Superhighways zijn dan ook zichtbaarheid, continuïteit en navigeerbaarheid.[6] Dit vertaalt zich in de keuze voor de kleur blauw, dat waar mogelijk als doorgaande kleurenloper de hele breedte van de fietsroute markeert. De kleuren rood, oranje en groen waren al gebruikt voor andere doeleinden zoals parkeerverbodzones, bushaltes en voorafgaande pogingen van lokale overheden om fietsroutes te markeren. Dat blauw ook de kleur is van de hoofdsponsor van Cycle Hire is toeval.[7]

De London Cycle Superhighway is vooral (ook) een communicatieproject. Dit blijkt onder meer uit de wijzerplaatmetafoor, de tracékeuze voor zichtbare verkeersassen en het toepassen van blauw als corporate identity.

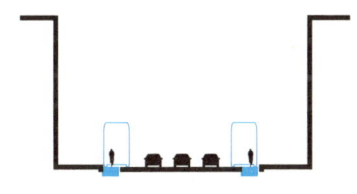

Dual Use of Bus Lanes

The use of bus lanes as cycle routes is a key aspect of the cycle superhighway scheme. Even though it has no basis in explicit policy, cycling on bus lanes is nevertheless consciously being further developed at the detail level: where possible, bus lanes are widened to make it possible for buses to overtake cyclists (and vice versa at bus stops). Other bus lanes are, however, sometimes narrowed to the width of a bus in order to prevent cyclists from 'squeezing' between buses and other vehicles.

Blue

A specific objective of the cycle superhighway project is to give cycling greater visibility and recognizability in the capital. Indeed, visibility and continuity, along with navigability, form three of the most important features of the cycle superhighways.[6] This translates into the choice of blue as their official colour, which, wherever possible, marks the entire width of routes like a single continuous carpet strip. Red, orange and green were already in use for other purposes, for example to mark no-parking zones and bus stops, as well as in earlier attempts by local governments to denote cycle routes. The fact that blue is also the colour of the main sponsor of Cycle Hire is a coincidence.[7]

The London cycle superhighways are, to a very substantial degree, a communication project. This can be seen from, among other things, the clock-face metaphor, opting for visible traffic axes and the use of blue as an identifying colour.

PISTES CYCLABLES CANAL DE L'OURCQ EN CANAL SAINT-DENIS

PISTES CYCLABLES CANAL DE L'OURCQ EN CANAL SAINT-DENIS

PARIS
Elsa Deconchat

Leeftijd: 26
Beroep: student
Soort gebruiker: woon-werkverkeer
Gebruiksfrequentie: dagelijks

Er zitten erg goede stukken bij waar je behoorlijk kunt doorfietsen, maar het is een erg onveilige route. Niet aan te raden voor niet-Parijzenaars en beginnende fietsers!

Verder is het stuk langs het kanaal erg mooi! Het mooiste stuk vind ik dat tussen Parc de la Villette en metrostation Stalingrad: veilig, autoloos, geen verkeerslichten.

PARIS
Elsa Deconchat

Age: 26
Occupation: Student
Type of user: Commuter
Frequency of use: Everyday

It has some really good parts and you can go quite quickly, but it is a very unsafe line. For non-Parisian, cycling beginners I wouldn't recommend it!

Otherwise the canal area is beautiful! The best part for me is between Parc de la Villette and Stalingrad: safe, no cars, no traffic lights.

Pistes cyclables Canal de l'Ourcq en Canal Saint-Denis

PARIJS

Ook in Parijs staat fietsen op de bestuurlijke agenda, waarvan akte door het succesvolle fietsverhuursysteem Vélib.[1] Maar waar is er nog ruimte om (veilig) te fietsen in Parijs? Een stelsel van trekpaden langs oude kanalen uit de negentiende eeuw is herontdekt als grote ruimtelijke kans voor langzaam verkeer. Voor de voorsteden waar ze doorheen lopen hebben de kanalen een dubbele betekenis: als recreatieve publieke ruimte en als verbinding met de binnenstad. De herinrichting van de kades wordt terecht opgevat als landschapsarchitectonische opgave met aandacht voor ruimtelijke kwaliteit, beleving en het behoud van de industriële activiteiten langs het kanaal. Continuïteit en comfort van de fietsroutes is op dit moment echter nog ver te zoeken.

Pistes Cyclables Canal de l'Ourcq / Canal Saint-Denis

PARIS

In Paris, too, cycling is on the administration's agenda, something evidenced by the successful Vélib cycle rental system.[1] But where is there still enough space to cycle – safely – in Paris? A network of tow-paths along disused nineteenth-century canals has been rediscovered as a great spatial opportunity for slow traffic. The canals have a dual significance for the suburbs they traverse: as a recreational public space and as a connection with the city centre. The refurbishment of their quays is correctly regarded as a landscape-architectural task with emphasis on spatial quality and the user experience, while preserving the industrial activities along the canal. However, the consistency and comfort of the cycle routes are not much in evidence at present.

DE CONTEXT

Buiten de Tour de France is fietsen in Frankrijk geen vanzelfsprekendheid.[2] Maar inmiddels staat onder meer in Parijs ook functioneel fietsen op de politieke agenda. Dit is logisch gezien de ruimtelijke structuur en de verkeersproblemen van de metropool met meer dan twee miljoen inwoners: de compacte binnenstad is omsloten door een overbelaste stadsring, de Boulevard Périphérique, waar alle snelwegen op uitkomen. Door een dicht metronetwerk is de binnenstad goed ontsloten. Tegen de oude stad aan liggen de banlieues, die matig aangesloten zijn op het centrum en voorzieningen. Verder bestaat Groot-Parijs uit verspreid liggende verstedelijkte agglomeraties met lagere dichtheden, tussen landbouw, bossen en parken. Een regionaal expresnetwerk (de RER) verbindt deze agglomeraties met het centrum van Parijs. De verbindingen onderling tussen de agglomeraties zijn nog beduidend minder.

In het begin van de negentiende eeuw is een aantal kanalen aangelegd voor de binnenscheepvaart en later voor de industriële ontwikkeling van Parijs.[3] Het Canal de l'Ourcq en het Canal Saint-Martin komen vanuit het oosten de stad binnen. Het Canal Saint-Denis verbindt deze met de Seine in het noorden. De herinrichting van de kanaalzones buiten de Boulevard Périphérique heeft een grote stedenbouwkundige potentie.[4]
Naast de recreatieve mogelijkheden voor de armere aanliggende wijken, zijn de kanalen ook aantrekkelijke directe fietsverbindingen met het centrum, stedelijke voorzieningen en werkgelegenheid.

DE ROUTE(S)

De kanalen behoren tot de weinige plekken binnen Parijs waar vrijliggende routes voor zachte mobiliteit, gescheiden van autoverkeer, nog de ruimte kunnen krijgen. De oude trekvaarten en meer recentelijk de toegangs- en onderhoudswegen van de havenbedrijvigheid hebben deze ruimte tot vandaag gevrijwaard van ontwikkeling. Omdat de kanalen (bijvoorbeeld voor de bouw) nog een belangrijke transportfunctie hebben, is bij de herinrichting van de kade de compatibiliteit tussen bedrijvigheid en de zachte mobiliteit belangrijk.[5]
Anders dan het Canal Saint-Martin verder in het centrum, staan het Canal de l'Ourcq en het Canal Saint-Denis veel minder direct in contact met het stedelijke weefsel en wegennet.[6] Beide routes lopen door transformatiegebieden met een gemengd industrieel/stedelijk karakter.
De fietsroute Canal de l'Ourcq tussen het Parc de la Villette en Sevran loopt twaalf kilometer door verstedelijkt gebied en is onderdeel van een bestaande recreatieve fietsroute die buiten Parijs nog vijfentachtig kilometer doorgaat.[7] Het stedelijke deel loopt door acht verschillende gemeenten en was de laatste jaren onderwerp van een reeks meer of minder gecoördineerde herinrichtingen. De fietsroute Canal Saint-Denis tussen het Bassin de la Villette en het station van Saint-Denis is vijf kilometer lang. Een groot deel van de rechteroever is in 2006 heringericht.[8] De kosten hiervoor waren 8 miljoen euro.

CONTEXT

Aside from the Tour de France, cycling in France is hardly second nature.[2] Functional cycling has, however, recently made its way onto the political agenda in Paris, among other cities. Which is logical, in view of the spatial structure and traffic problems of this metropolis with more than two million inhabitants: the dense city centre is encircled by an overburdened traffic ring, the Boulevard Périphérique, onto which motorways empty. The city centre is highly accessible thanks to a dense underground network. Located outside the centre are the banlieues, which are connected only moderately well to the centre and important facilities. Apart from that, Greater Paris consists of dispersed low-density urbanized agglomerations. A regional express network (the RER) connects these agglomerations with the centre of Paris, while the connections between the agglomerations themselves are so far less satisfactory. In the early nineteenth century, canals were dug for the benefit of inland shipping and later for the industrial development of the capital.[3] Canal de l'Ourcq and Canal Saint-Martin enter the city from the east. Canal Saint-Denis in turn connects these with the Seine to the north. The refurbishment of the canal zones outside the Boulevard Périphérique has great urban potential.[4] In addition to the recreational possibilities, the canals also form attractive direct cycle connections to the city centre, urban facilities and places of work.

ROUTE(S)

The canals are among a small number of locations within Paris that still offer space for dedicated soft mobility routes, separated from motor traffic. Until now, the old tow-canals, and more recently the port industry's access and maintenance roads, have safeguarded this area from development. Because the canals still have an important transport function (for instance for the construction sector), maintaining a balance between industry and soft mobility is important when refurbishing the quay.[5]
Unlike
Canal Saint-Martin closer to the centre, Canal de l'Ourcq and Canal Saint-Denis are more removed from both the urban fabric and its road network.[6] Both routes run through transformation areas whose character combines the industrial with the urban.
The Canal de l'Ourcq cycle route between Parc de la Villette and Sevran runs for 12 km through an urbanized area and forms part of an existing recreational cycle route that continues for 85 km outside Paris.[7] The urban section, which passes through eight different municipalities, was the subject of a series of somewhat uncoordinated refurbishments in recent years. The Canal Saint-Denis cycle route between Bassin de la Villette and Saint-Denis Station is 5 km in length. A large portion of its right bank was refurbished in 2006,[8] at a cost of € 8 million.

07

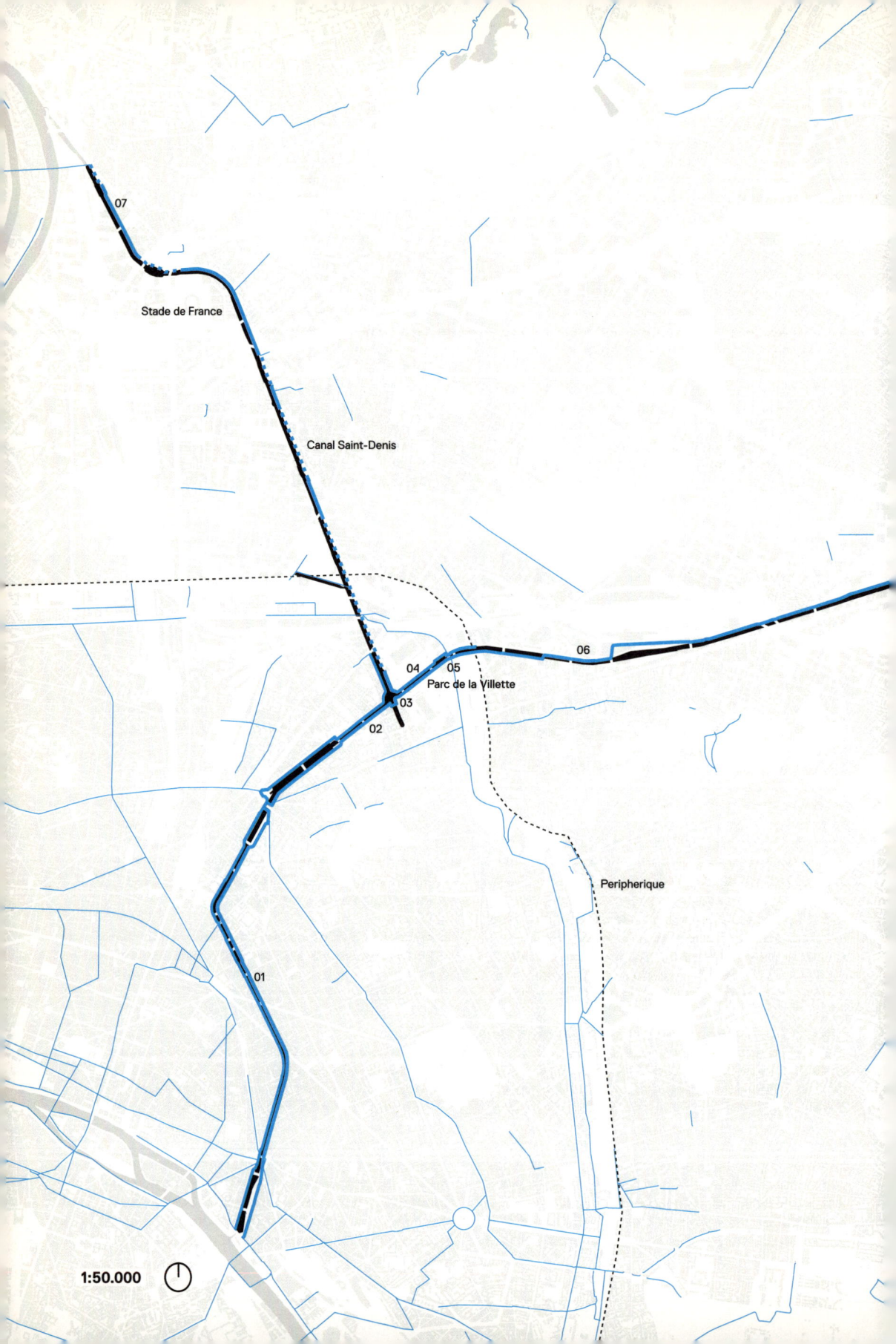

Stade de France

Canal Saint-Denis

04 05
03 Parc de la Villette
02

06

Peripherique

01

1:50.000

Pistes cyclables Canal de l'Ourcq en Canal Saint-Denis, PARIJS / PARIS

Canal de l'Ourcq

SOCIO ECONOMIC VALUE
CONSISTENCY
DIRECTNESS
ATTRACTIVENESS
ROAD SAFETY
COMFORT
SPATIAL INEGRATION
EXPERIENCE

HET ONTWERP
De kanaalroutes zijn niet als één geheel ontworpen. Ze zijn het (tussen)resultaat van verschillende herinrichtingsprojecten. Delen van de kades zijn hoogwaardig ingericht: met brede rijbanen, verlichting, meubilair en beplanting. Andere delen, zoals het begin van de route naar Saint-Denis, zijn nog in industrieel gebruik.[9] Er zijn dan ook diverse profiel- en detailoplossingen:

Stedelijke profielen
Binnen de Périphérique is de fietsroute stedelijk ingepast en loopt als tweerichtingsfietspad langs de zuidzijde van het kanaal. Verder richting de binnenstad loopt de route aan weerszijden door als een eenrichtingsfietspad. Het fietspad is afwisselend onderdeel van de kade, de straat of het trottoir – maar altijd in direct contact met de stedelijke context.

Landschappelijke profielen
Buiten de Périphérique is de fietsroute (enkele onderbrekingen nagelaten) onderdeel van de kade. Deze is landschappelijk ingericht met verschillende soorten natuursteen, waarin het fietspad in beton of asfalt is opgenomen. Beplantingen zijn slim ingezet als scheiding tussen verschillende gebruikers en als buffer tussen kade en de achterkanten van de aanliggende bebouwing.

De missing links
Vooral de route langs het Canal Saint-Denis heeft nog vele ontbrekende schakels. Om er te komen moet men via een voetgangersbrug zonder fietshelling het kanaal oversteken. Ook verderop, waar de route langs een nieuw winkelcentrum en het Stade de France loopt, zijn geen fietsaansluitingen voorzien.

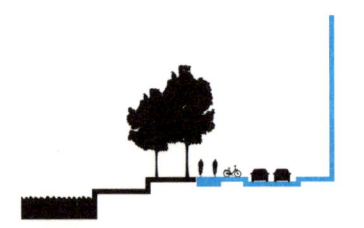

DESIGN
The canal routes were not designed as a single organic whole. They represent the interim result of a range of refurbishment projects. Parts of the quays received a high-quality treatment with wide lanes, lighting, furniture and plants. Other portions, for instance the beginning of the route to Saint-Denis, are still in industrial use.[9] And so a range of contrasting profiles and detail solutions are evident:

Urban Profiles
Within the Périphérique, the cycle route is integrated into the urban fabric and runs as a two-way path along the south side of the canal. Closer to the city centre, the route continues on both sides as a one-way path. The cycle path forms alternately part of the quay, the street or the pavement – but is at all times in direct contact with the urban context.

Landscape Profiles
Outside the Périphérique, the cycle route forms part of the quay, with the exception of a few interruptions. It is landscaped with various types of natural stone, into which the cycle path has been introduced in concrete or asphalt. Plants have been employed as a separation between the different users and as a buffer between the quay and the backs of the adjacent buildings.

Missing Links
The route along Canal Saint-Denis, in particular, still has several missing links. To reach it, you have to cross the canal via a footbridge without a bicycle ramp. Further on, where the route runs alongside a new shopping centre and the Stade de France, there are no points of access for cyclists.

De pontonbrug

Een tijdelijke pontonbrug wordt ingezet als een van de ontbrekende schakels: de oversteek over het Canal de l'Ourcq bij Parc de la Villette. De bestaande voetgangersbrug van architect Bernard Tschumi houdt geen rekening met fietsers. Tenminste overdag in de zomermaanden kan men nu (met de fiets aan de hand) gelijkvloers oversteken.

Behoud en beleving van industriële activiteiten

Op een hoogwaardig heringericht deeltraject van het Canal de l'Ourcq bevindt zich een grote cementfabriek, waarvan de toegang tot het water behouden moest blijven. Vanuit de fabriek steekt een loopband over de kade heen naar een laad- en losstation op het water. De route kan hierdoor de meest directe verbinding volgen en de bedrijvigheid en het industriële karakter blijven bewaard.

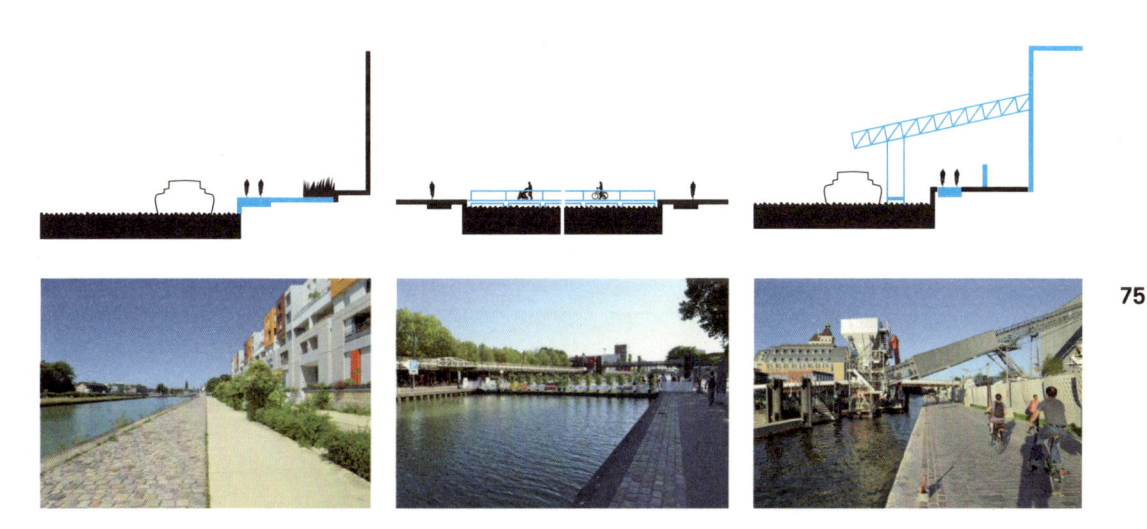

Door de heterogene inrichting en de ontbrekende schakels is de samenhang en continuïteit van de routes op dit moment nog matig. Ze worden dan vooralsnog vooral lokaal gebruikt.

Pontoon Bridge

A temporary pontoon bridge has been installed to solve one of the missing links: the crossing over Canal de l'Ourcq at Parc de la Villette. The existing footbridge by architect Bernard Tschumi takes no account of cyclists. At least in the summer months, during the day, it has become possible to cross all on one level (while walking beside one's bicycle).

Preserving and Experiencing Industrial Activities

A large cement factory, whose access to the water must be retained, is located on a portion of the Canal de l'Ourcq cycle route that has undergone a high-quality refurbishment. A conveyor belt projects out of the factory and over the quay to a loading and unloading station on the water. As a result, the route can use the most direct connection possible, and the industrial activity and character of the area are preserved.

Due to the heterogeneous approach adopted and the missing links, both the coherence and continuity of the routes are at present only moderate. For the time being though, they are used mainly locally.

VENNBAHN
Tom Meijer

Leeftijd: 59
Beroep: schrijver, pianist
Type gebruiker: recreatief
Frequentie: soms

Ik heb de gehele Vennbahn één keer gedaan, komende zomer ga ik hem weer doen, wellicht met vrienden.

Het stukje van Kornelimunster naar Aken doe ik zo'n één keer per week omdat ik daar graag in de Bahnhofsvision kom – een café in een voormalig station. Het leuke van de route is de veelzijdigheid. Daarbij helpt natuurlijk het feit dat hij door drie landen gaat.

VENNBAHN
Tom Meijer

Age: 59
Occupation: writer, pianist
Type of user: recreational
Frequency: occasionally

I've cycled the entire Vennbahn once. Next summer, I plan to do so again, perhaps with friends.

Roughly once a week, I cycle the stretch from Kornelimünster to Aachen because I like going to Bahnhofsvision, a café in a former train station. The nice thing about the route is the variety it offers, which is of course in part due to the fact that it goes through three different countries.

De Vennbahn

RAVeL: AKEN, ST. VITH, TROISVIERGES

De Vennbahn is een typisch voorbeeld voor de transformatie van een oude industriële spoorlijn naar een recreatief fietspad. Maar de Vennbahn is vooral interessant omdat het laat zien hoe een fietsroute ingezet kan worden om een oude spoorwegcorridor als samenhangende structuur te bewaren: fietsen als ruimtelijke reservering voor toekomstig gebruik.
De Vennbahn loopt 125 kilometer door een bijzonder cultuurlandschap, van Duitsland via België naar Luxemburg. Voor de transformatie hebben dan ook twaalf partners uit drie landen samengewerkt. Door middel van het vaststellen van minimale standaards en gebruikmakend van Europese subsidies is het gelukt om in een dunbewoond gebied een goede basisfietsinfrastructuur te realiseren.

The Vennbahn

RAVeL: AACHEN, ST. VITH, TROISVIERGES

The Vennbahn, or Venn Railway, is a typical example of the transformation of an old industrial railway into a recreational cycle path. But, above all, the Vennbahn is interesting because it demonstrates how a cycle route can be used to help preserve a disused railway corridor as a coherent structure: cycling as a spatial 'reservation' for future use. The Vennbahn runs for 125 km through an extraordinary man-made landscape, from Germany to Luxemburg, via Belgium. Transforming the railway involved the cooperation of 12 partners from three countries. By setting minimum standards and with the help of EU subsidies, it was possible to realize a good basic cycle infrastructure in a sparsely populated area.

DE CONTEXT

De Vennbahn doorkruist de Eifel en de Hoge Venen, een groot aaneengesloten natuurgebied met verspreide bebouwing. De mobiliteit is dan ook sterk op de auto gericht. Er wordt bijna uitsluitend recreatief gefietst.[1] De Vennbahn was ooit een spoorverbinding voor het transport van kolen en ijzererts tussen Aken en Luxemburg via België.[2] Het landschap eromheen is gekenmerkt door zacht glooiende heuvels, drassige veengebieden, heide en bossen. De bebouwing langs de route bestaat vooral uit dorpen, die meestal van de spoorlijn afgekeerd zijn. Er is, behalve de bus, weinig openbaar vervoer, de treinverbindingen zijn immers opgeheven. Het (grensoverschrijdend) verkeer bestaat naast recreatief ook uit woon-werkverkeer tussen de drie landen. Veel Duitsers wonen in België, in plaats van in het duurdere Aken. De regio zet de laatste jaren versterkt in op (zachte) recreatie. Het fietsen (over de spoorweg) wordt als een toeristische activiteit gepromoot om de regio te verkennen.

Een bijzonderheid is dat de Vennbahn, door grensverschuivingen, vandaag meerdere keren de Duits-Belgische grens kruist. Volgens afspraken na de Eerste Wereldoorlog is echter ook het tracé dat door Duitsland loopt Belgisch grondgebied. Het resultaat is een 'lint België', soms maar enkele meters breed, door Duitsland heen, en afgesneden exclaves van Duits grondgebied in België.[3]

DE ROUTE

De Vennbahn is onderdeel van het RAVeL, het autonome netwerk van langzame wegen in Wallonië, het Franstalige deel van België.[4] De RAVeLs worden internationaal ook Green Ways genoemd: routes gereserveerd voor niet-gemotoriseerd vervoer zoals voetgangers, fietsers en soms ook ruiters. Het RAVeL-netwerk bestaat uit circa 1.300 kilometer recreatieve fietsroutes. Het grootste deel is aangelegd op oude spoorwegen en trekvaarten. Naast het bevorderen van zachte mobiliteit heeft het RAVeL-programma nog een verborgen agenda: de recreatieve fietsroutes worden slim ingezet als middel om de oude spoorwegcorridors te beschermen voor private toe-eigening en deze zo te kunnen bewaren als ruimtelijke reserves voor toekomstige (infrastructuur)projecten.[5]

De Vennbahn, van Aken (D) via St. Vith (B) naar Troisvierges (L), is met 125 kilometer lengte een van de langste fietspaden in een spoorbedding in Europa. Delen van de route waren al langer als fietsroute ingericht. De kosten voor het completeren van de route zijn circa 14,7 miljoen euro.[6] Twaalf verschillende overheden uit drie landen[7] werken samen aan het project, dat voor circa 25 procent vanuit Europa gesubsidieerd wordt.[8] De landschappelijke ligging maakt de route aantrekkelijk voor toeristisch gebruik. De verwachting is dat de route op termijn één miljoen bezoekers zal aantrekken, met de bijbehorende economische baten.[9]

79

CONTEXT

The Vennbahn traverses the Eifel and Hoge Venen Districts, an expansive, continuous area of natural beauty with low-density development. Mobility is strongly car-dependent. Cycling here is almost exclusively for recreational purposes.[1] The Vennbahn once formed a rail connection for the transport of coal and iron ore between Aachen and Luxemburg via Belgium.[2] The surrounding landscape is characterized by gently sloping hills, peat bogs, heathland and woods. Development along the route consists mainly of villages, most of which face away from the railway. Since the cessation of train services, there has been little public transport apart from the bus. Besides recreational traffic, cross-border journeys include commuter travel between the three bordering countries. Many people from the German side of the border live in Belgium, rather than in the more expensive Aachen. In the region as a whole, much has been done in recent years for 'soft recreation'. Cycling, for instance over the former railway, is promoted as a tourist activity for exploring the region.

One peculiarity of the Vennbahn is the fact that, due to border shifts in the region, it now crosses the German-Belgian border several times. In accordance with agreements made after the First World War, even the sections of the route that run through Germany are Belgian territory. The result is a 'Belgian Ribbon' running through Germany, in some places only a few metres wide, as well as cut-off exclaves of German territory in Belgium.[3]

ROUTE

The Vennbahn forms part of the RAVeL, the autonomous network of slow roads in Wallonia, the French-speaking part of Belgium.[4] The RAVeLs are also referred to internationally as greenways: routes reserved for non-motorized transport, such as pedestrians, cyclists and, in some cases, horse riders as well. The RAVeL network consists of some 1300 km of recreational cycle routes, with the majority laid on disused railways and tow-canals. In addition to promoting soft mobility, the RAVeL programme also has a hidden agenda: its recreational cycle routes are a clever method for protecting old railway corridors from private appropriation, thus preserving them as spatial reserves for future infrastructural projects.[5]

The Vennbahn, which runs from Aachen (Germany) via St. Vith (Belgium) to Troisvierges (Luxemburg), is, with its 125 km, one of the longest European cycle paths in a railway bedding. Sections of the route have already served for some time as cycle paths. Completing the route is expected to cost ca. € 14.7 million.[6] 12 different governments from three countries[7] are collaborating on the project, and 25 per cent of the budget is being subsidized by the EU.[8] The route's location in natural surroundings makes it attractive for touristic use. Ultimately, it is expected to draw a million visitors, and reap the corresponding economic benefits.[9]

Rott
Aachen

01
02
03
04

Belgium

1:50.000

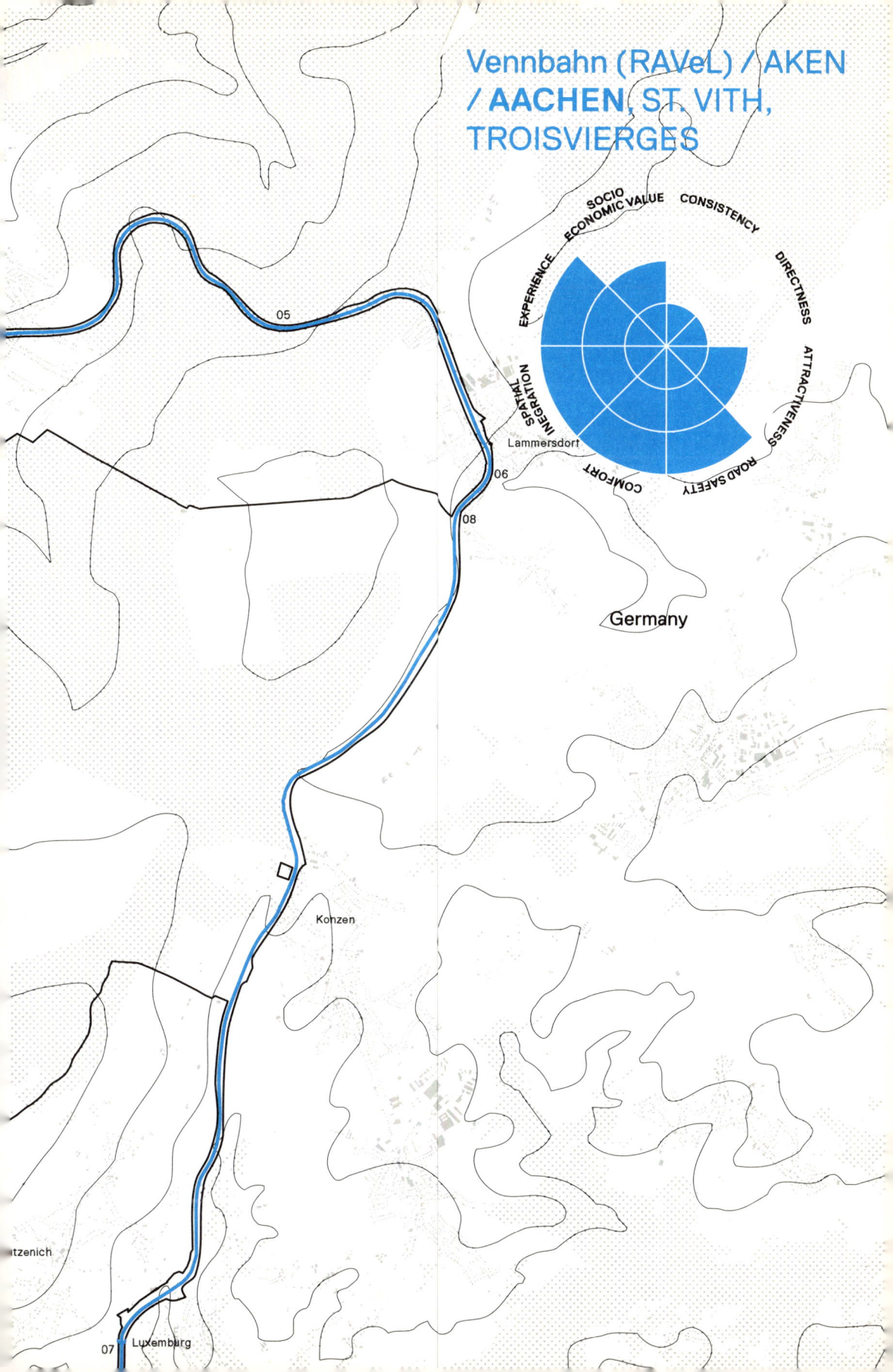

Vennbahn (RAVeL) / AKEN / **AACHEN**, ST. VITH, TROISVIERGES

SOCIO ECONOMIC VALUE · CONSISTENCY · DIRECTNESS · ATTRACTIVENESS · ROAD SAFETY · COMFORT · SPATIAL INTEGRATION · EXPERIENCE

05

Lammersdorf
06
08

Germany

Konzen

tzenich

07 Luxemburg

HET ONTWERP
De twaalf partners van het project Vennbahn hebben afspraken gemaakt over gelijke, minimale standaards langs het hele traject:
- fietsveiligheid garanderen
- goed en vlak oppervlak
- rustplekken of horeca minimaal elke twintig kilometer
- meertalige informatie en communicatie.

Het standaardprofiel is tweeënhalve meter (bij uitzondering drie meter) breed, uitgevoerd in zwart asfalt zonder belijning; bijzonderheden zijn:

De topografie van de spoorweg
Zoals ook de voormalige spoorweg heeft de fietsroute een maximale helling van 2 procent. Grotere hoogteverschillen zijn opgevangen door modellering van het terrein. Hierdoor verandert geleidelijk de ervaring van de fietser: vanuit een vallei, ingesneden in het landschap, naar weidse uitzicht vanuit een dijklichaam.

De bruggen
De beleving van het landschap is het sterkst op de oude spoorwegviaducten, zoals bij het Gut Reichenstein.[10] Deze zijn minimaal aangepast: het asfalt ligt als zwarte loper op een bed van steenslag en de brugranden zijn verhoogd met nieuw hekwerk. De viaducten werken als landmarks en herkenningspunten langs de route.

De kruisingen
De Vennbahn heeft vele gelijkvloerse kruisingen. Doorgaande wegen hebben voorrang. Bij kleinere straten heeft de fietsroute voorrang. Dit wordt verduidelijkt door bij de kruisingen het asfalt van de fietsroute te verbreden als plateau en rood-witte markeringen op de rijbaan aan te brengen. Paaltjes moeten auto's van het fietspad weren.

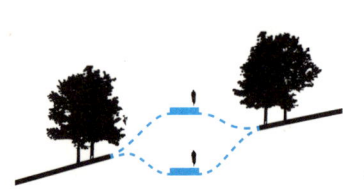

DESIGN
The 12 partners in the Vennbahn project have reached agreements for uniform minimum standards along the entire trajectory:
- guaranteed cycling safety
- a level and good-quality surface
- resting places or hotel/restaurant/café facilities at least every 20 km
- multilingual information and communication.

The standard profile is 2.5 m wide (3 m in exceptional circumstances), and executed in black asphalt without lineation. Particulars are as follows:

Topography of the Railway
Like the former railway line, the cycle route has a maximal incline of 2 per cent. Greater differences in height have been dealt with by modelling the terrain. This results in a gradual change in the cyclists' experience: from a valley carved out of the landscape, to an expansive panorama from a dyke.

Bridges
The landscape experience is strongest on the old railway viaducts, for instance by Gut Reichenstein, or Reichenstein Manor.[10] The viaducts have been sparingly modified: the asphalt lies like a black carpet strip on a bed of road metal, and the edges of the bridges have been raised with new railings. The viaducts function as landmarks and recognition points along the route.

Junctions
The Vennbahn has several level crossings. Through roads have priority. With smaller streets, the cycle route has priority. This is made clear by widening the asphalt of the cycle route as a plateau at junctions and applying red and white markings to the roadway. Small posts are employed to keep cars off the cycle path.

De achterkanten
De route loopt meestal langs de achterkanten van bebouwingen. Privacy is een aandachtspunt. Veel bewoners zorgen hier zelf voor door hekken en schuttingen te plaatsen. In Roetgen heeft de stad toestemming gegeven aan een saunadorp om een extra hoge schutting te plaatsen: er wordt daarachter naakt gerecreëerd.

De rustplek
In Roetgen is langs de route een Wanderraststation gebouwd met een laadpunt voor e-bikes, toiletten, douche, tafels en zelfs een open haard met gratis brandhout. Het gebouw staat echter, zoals de meeste gebouwen langs de Vennbahn, met de achterkant naar de fietsroute.

De caravanparking
Op het terrein van het voormalig treinstation van Roetgen is een caravanparking ontstaan. Hier kan de recreant vanuit de camper direct de Vennbahn op fietsen.

Met de Vennbahn is men er in geslaagd in een dunbevolkt gebied een goede basisfietsinfrastructuur te realiseren, met grote potentie voor divers toekomstig gebruik.

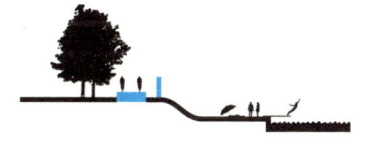

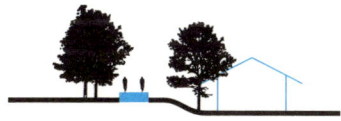

Rear Sides
The route usually runs along the rear sides of houses. Privacy is a priority. Many residents provide it themselves by installing railing or fencing. In Roetgen, for example, the city granted a sauna village permission to install an extra tall fence in connection with naturist recreational activities.

Resting Place
Also in Roetgen, a hikers' resting place has been built alongside the route with a charging station for e-bikes, toilets, shower facilities, tables and even an open hearth with free firewood. Like most of the building along the Vennbahn route, the resting place stands with its back to the cycle route.

Caravan Parking
A caravan parking area is now located on the site of the former Roetgen train station. From here, holiday-makers can cycle directly onto the Vennbahn.

With the Vennbahn route, a good basic cycle infrastructure with great potential for a range of future uses has been successfully realized in a sparsely populated area.

VANCOUVER
Paul Sluimers

Leeftijd: 31
Beroep: communicatiecoördinator
Type gebruiker: recreatief / woon-werkverkeer
Frequentie: dagelijks

Het is een veilige route. Hij is goed gemarkeerd en er zit een vangrail tussen de rijbaan en het fietspad. Hij is heel geschikt voor fietsers die er niet zo van houden om op een fietspad te rijden dat niet is gescheiden van het overige verkeer.

VANCOUVER
Paul Sluimers

Age: 31
Occupation: Communications Coordinator
Type of User: Recreational/Commuter
Frequency: Everyday

It's a safe route. It's very well-marked and has barriers that separate the vehicle lane from the bike lane. It's excellent for cyclists that don't feel too comfortable riding on a bike lane that isn't separated from the vehicle lane.

Dunsmuir en Hornby Separated Bike Lanes

VANCOUVER

De Dunsmuir and Hornby Separated Bike Lanes zijn goede voorbeelden voor de inpassing van vrijliggende fietspaden in een typisch Noord-Amerikaans stratengrid. Om ruimte voor de fiets vrij te maken, worden rijbanen en parkeerplekken opgeheven of verplaatst. De fietsroutes worden door middel van kleinschalige, slimme maatregelen geïntegreerd in het straatprofiel. Plantenbakken, rijen geparkeerde auto's, bushaltes en fietsenstallingen worden ingezet om het autoverkeer van fietsers en voetgangers te scheiden. De actieve vervoerswijzen worden gekoesterd en krijgen de ruimte in zogenoemde Active Transportation Corridors, met aandacht voor verkeersveiligheid en de kwaliteit van de publieke ruimte. Ondanks intensief overleg met belanghebbenden en het ontwikkelen van specifieke oplossingen, verliep het realisatieproces snel en efficiënt.

Dunsmuir and Hornby Separated Bike Lanes

VANCOUVER

The Dunsmuir and Hornby Separated Bike Lanes are good examples of the insertion of dedicated cycle lanes into a typical North American grid plan. To create space for the bicycle, traffic lanes and parking lanes are removed or shifted. Cycle routes are integrated into the street profile by means of smart small-scale measures. Flower tubs, rows of parked cars, bus stops and bicycle racks are deployed to separate motor traffic from cyclists and pedestrians. Active modes of transport are fostered and given the space they need in so-called active transportation corridors, with special attention paid to traffic safety and the quality of the public space. Despite intensive consultations with the parties concerned and the need to develop project-specific solutions, the realization process was quick and efficient.

DE CONTEXT

Vandaag is het aandeel fietsritten in het woon-werkverkeer in Vancouver stad circa 4 procent.[1] Dit ondanks het heuvelachtige landschap en, zoals in de meeste Noord-Amerikaanse steden, de op de auto toegesneden wegenstructuur.[2] De stad heeft relatief milde winters en staat bekend om haar hoge levenskwaliteit. In de jaren 1960 zijn er in tegenstelling tot veel andere steden geen snelwegen door de stad aangelegd.[3] Het aantal inwoners, vooral downtown, is de laatste vijftien jaar met 95.000 gegroeid naar 600.000. Deze ontwikkeling en de Olympische Winterspelen in 2010 maakten een duurzamer en efficiënter transportsysteem, met name in de binnenstad, noodzakelijk. Naast een kwaliteitsimpuls voor het openbaar vervoer werd vooral ingezet op 'active transportation': fietsen en wandelen.[4] Een gebrek aan verkeersveiligheid bleek de grootste belemmering om meer mensen aan het fietsen te krijgen. Er is rond 250 kilometer fietsinfrastructuur, meestal echter niet vrijliggend maar als 'local street bikeways', 'marked bike lanes' of 'sharrows' uitgevoerd.[5] Het scheiden van de zachte mobiliteit van het autoverkeer wordt gezien als hét middel om fietsen veiliger te maken. De nadruk ligt bij het ontwikkelen van gescheiden fietsroutes: de Separated Bike Lanes en de Active Transportation Corridors (ook Greenways genoemd) voor fietsers en voetgangers.

DE ROUTE(S)

Sinds 1997 zet Vancouver met succes in op duurzame mobiliteit: voetgangers, fietsen en openbaar vervoer.[6] Tijdens de Olympische Spelen werd duidelijk dat 'active transportation' binnen en naar downtown nog veel onbenut potentieel heeft.[7] Uit ervaringen van vergelijkbare steden zoals Montreal en Kopenhagen bleek dat gescheiden fietspaden het beste middel zijn om dit potentieel duurzaam te activeren.
Voor de inpassing van off-street Greenways, die elders in Vancouver toegepast zijn, ontbreekt het in downtown echter aan ruimte.[8] Er werd gezocht naar oplossingen binnen de bestaande straatprofielen. De eerste experimenten met gescheiden fietspaden zijn uitgevoerd op twee toegangswegen naar downtown: de Burrard Bridge voor, en het Dunsmuir Viaduct direct na de Olympische Spelen. Nog in hetzelfde jaar volgden de transformaties van Dunsmuir Street en Hornby Street. Sindsdien fietsen dagelijks circa 2.000 mensen over de Dunsmuir Street; een toename van 40 procent.[9]
Voor de aanleg van de Separated Bike Lanes (Dunsmuir Street 1,6 kilometer, Hornby Street 2,2 kilometer, Burrard bridge en Dunsmuir viaduct) waren de kosten circa 4.100.000 Canadese dollar.[10] Bij de aanleg van het drie meter brede fietspad in de Hornby Street werd veel aandacht (en geld) besteed aan parkeren, laden en lossen en kruispuntregelingen. Ondanks de zeer snelle realisatie van de projecten is er veel tijd gestoken in monitoring en de consultatie van gebruikers, bedrijven en bewoners.

CONTEXT

Today, the proportion of bicycle journeys in metropolitan Vancouver's commuter traffic is around 4 per cent[1], despite a hilly landscape and, as in most North American cities, a road network tailored to the needs of the car[2] (although, in contrast to many other cities, no motorways were built through it in the 1960s[3]). Vancouver has relatively mild winters and is known for its high quality of life. In the past 15 years, the city's population increased by 95,000 to 600,000, with density increasing in the inner city, in particular. This development, in combination with Vancouver's hosting of the 2010 Winter Olympics, made a more sustainable and efficient transport system imperative, especially in the city centre. In addition to an initiative to improve the quality of public transport, emphasis was above all placed on 'active transportation': cycling and walking.[4] Insufficient traffic safety appeared to be the greatest impediment to getting more people onto bicycles. Vancouver has some 250 km of bicycle facilities; in most cases these are not separated, but implemented as local street bikeways, marked bike lanes or 'sharrows'.[5] Separating 'soft mobility' from car traffic is regarded here as the perfect means to make cycling safer. The emphasis is now on developing separated cycle routes: the separated bike lanes and the traffic-calmed active transportation corridors (also referred to as greenways) for cyclists and pedestrians.

ROUTE(S)

Since 1997, Vancouver has been notching up success with its investment in sustainable mobility: walking, cycling and public transport.[6] During the Winter Olympics, it became clear that 'active transportation' to and within the city centre still had much unused potential[7], and experience gained in cities such as Montreal and Copenhagen had shown that separated cycle lanes are the best way to realize this potential in a sustainable manner.
As the centre of Vancouver lacked sufficient space for inserting off-street greenways, which had been used elsewhere in the city[8], solutions were sought within existing street profiles. The initial experiments with separated cycle lanes were carried out on two access roads to the city centre: the Burrard Bridge prior to the Olympics, and the Dunsmuir Viaduct immediately afterwards, with the transformations of Dunsmuir Street and Hornby Street following in the same year. Since then, some 2,000 people have been cycling over Dunsmuir Street each day – an increase of 40 per cent.[9] Constructing the separated bike lanes in Dunsmuir Street (1.6 km), Hornby Street (2.2 km), Burrard Bridge and Dunsmuir Viaduct, cost in the region of CAD 4,100,000.[10] In constructing the 3-metre-wide cycle path in Hornby Street, much attention (and money) was devoted to parking, loading and unloading, and the treatment of junctions. Despite the extremely rapid tempo in which the projects were realized, much time was invested in monitoring and consulting with users, companies and residents.

1:50.000

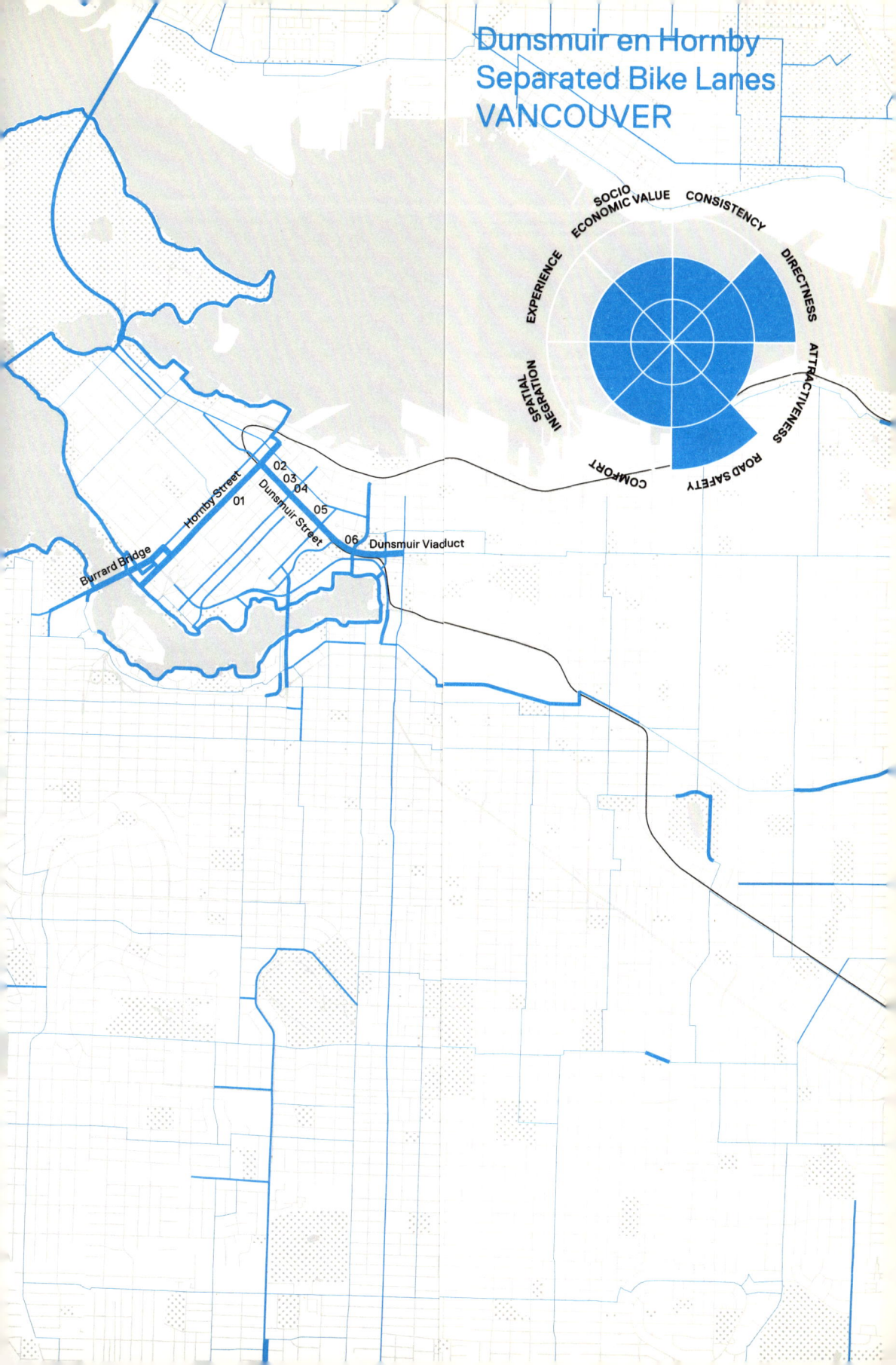

Dunsmuir en Hornby
Separated Bike Lanes
VANCOUVER

EXPERIENCE · SOCIO ECONOMIC VALUE · CONSISTENCY · DIRECTNESS · ATTRACTIVENESS · ROAD SAFETY · COMFORT · SPATIAL INTEGRATION

01 Hornby Street
02 03 04 05 Dunsmuir Street
06 Dunsmuir Viaduct
Burrard Bridge

HET ONTWERP
De ontwerpuitdaging was het inpassen van vrijliggende fietsroutes in een Amerikaans stratengrid, dit zowel op netwerkniveau als op profielniveau. Het uitgangspunt was het scheiden van het autoverkeer. Om ruimte voor de fiets te maken, werden rijbanen getransformeerd (Burrard Bridge en Dunsmuir Viaduct) en parkeerplekken verplaatst of opgeheven (Hornby Street).

Het grid
Kenmerkend voor een gridstructuur is dat het verkeer zich kan verdelen over meerdere parallelle routes. De afwezigheid van autosnelwegen versterkt dit effect in Vancouver. Voor de tracékeuze van fietsroutes biedt dit het voordeel dat fietsroutes in rustigere straten, parallel aan belangrijke verkeersassen, kunnen worden gelegd.[11]

De groene barriers
Voor de scheiding van auto's en fietsers zijn vooral op Dunsmuir Street plantenbakken geplaatst. Uitgangspunt was de wens tot een scheiding die een permanente en hoogwaardige uitstraling heeft, dit in reactie op de eerdere tijdelijke inrichtingen van de Burrard en de Dunsmuir Bridge.

Geparkeerde auto's als scheiding
Een ander middel om het fietsverkeer af te scheiden is het plaatsen van langsparkeerplaatsen (en op andere plekken bushaltes) tussen rijbaan en fietspad. De extra afstand tot de rijbaan komt niet alleen de fietser maar ook de voetganger ten goede.

DESIGN
The design challenge here was how to insert separated cycle routes into an American grid plan, at both network and profile levels. The guiding principle was separating cycle traffic from car traffic. To make room for the bicycle, traffic lanes were transformed (Burrard Bridge and Dunsmuir Viaduct) and parking areas shifted or removed (Hornby Street).

Grid
A typical feature of a grid structure is that traffic can be distributed among several parallel routes. The absence of motorways in Vancouver amplifies this effect. In determining the location of cycle routes, it gives the advantage of being able to place the routes in quieter streets that run parallel to main arteries.[11]

Green Barriers
Separating cars and cyclists was achieved by placing flower tubs, particularly in Dunsmuir Street. This solution is in harmony with the aim of creating a barrier with a permanent and high-quality character, in response to previous, temporary approaches on the Burrard and Dunsmuir Bridges.

Parked Cars as Demarcation
Another way to separate off cycle traffic is to place longitudinal parking areas (and at other spots, bus stops) between traffic lanes and cycle lanes. The extra distance from the roadway is not only better for the cyclist, but for the pedestrian as well.

De fietsparking middenstrook
Een variant hierop is het plaatsen van fietsparkeervoorzieningen tussen rijbaan en fietsroute. Dit principe is in Hornby en Dunsmuir Street toegepast, waar veel winkels zijn. Dit lost meteen ook een ander probleem van de nieuwe fietsroutes in downtown op: het tekort aan fietsstallingen op bestemming.

Pilotprojecten
Zowel de Burrard-brug als het Dunsmuir-viaduct is als pilotproject gestart. Dit biedt de mogelijkheid tot experiment, snelle uitvoering en het leren voor toekomstig plannen. Beide pilotprojecten zijn inmiddels permanent.

Fietsstoplichten
Vancouver is een van de weinige steden in Canada waar stoplichten speciaal op de fietser afgestemd zijn. Dit om conflicten bij het rechts afslaan van voertuigen over de fietsroute heen te voorkomen. De verkeerswetgeving bemoeilijkt dit normaal. De stadsraad stemde er echter mee in – in het begin als tijdelijke maatregel in het kader van een pilotproject.

De oplossingen op profielniveau en het werken met pilotprojecten zijn geïnspireerd op Kopenhagen. Een verschil is dat de meeste vrijliggende fietspaden in Vancouver voor tweerichtingsverkeer aangelegd zijn in straten met eenrichtingsverkeer voor auto's. Fietser en voetgangers worden in Vancouver als active transportation gezamenlijk benaderd. Dit verbreedt de acceptatie van de getroffen maatregelen.

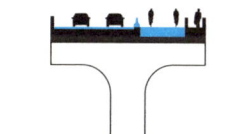

Middle Lane for Bicycle Parking
Another variant is to place bicycle parking facilities between traffic lanes and cycle lanes. This method was used in Hornby Street and Dunsmuir Street, where there are many shops. It simultaneously solved another problem with the new city centre cycle routes: the lack of bicycle parking at one's destination.

Pilot Projects
The Burrard Bridge and Dunsmuir Viaduct were initially pilot projects. This provided opportunities for experimentation and rapid implementation, and lessons were learned for future planning tasks. Both pilot projects ultimately became permanent.

Traffic Lights
Vancouver is one of only a few Canadian cities where traffic lights are specially set to accommodate cyclists, in order to prevent conflicts where vehicles turn right over cycle lanes. Traffic legislation normally does not support this. But the city council agreed with the approach, initially as a temporary measure within a pilot project.

The solutions employed by Vancouver at the profile level and its use of pilot projects were both inspired by Copenhagen. One difference, though, is that most of Vancouver's separated cycle lanes were constructed for two-way cycle traffic on one-way streets. In Vancouver, cyclists and pedestrians are approached collectively as 'active transportation'- this helps widen acceptance of the measures taken.

WENEN
Patrick Jaritz

Leeftijd: 31
Beroep: student-assistent
Soort gebruiker: woon-werkverkeer
Gebruiksfrequentie: regelmatig

Ik gebruik de route heel vaak omdat het een centrale verkeersader is waarlangs ik de meeste plekken waar ik heen wil kan bereiken.

Het grootste probleem is dat de fietspaden zijn aangelegd op de stoepen in plaats van op de rijweg, waardoor er veel conflicten zijn met voetgangers. Het zou veel beter zijn als de fietsers en voetgangers meer gescheiden waren.

VIENNA
Patrick Jaritz

Age: 31
Occupation: Research Assistant
Type of user: Commuter
Frequency: Regularly

I use it a lot since this is a central traffic route to reach most of the places I want to go.

The main problem is that the bike tracks were put on the pavements instead of the driving lane so there's a lot of conflict with pedestrians – it could work much better if the bikers and pedestrians were more separated.

Ring-Rund- en Gürtelradweg

WENEN

Wenen heeft als fietsstad een enorm potentieel. De Ring-Rund- en de Gürtelradweg zijn voorbeelden van routes die historische infrastructuren volgen en profiteren van de integratie in de hoogwaardige, vaak groene, publieke ruimte, de directheid waarmee ze aansluiten op belangrijke publieke voorzieningen, de nabijheid van openbaarvervoerlijnen en de beleving van verleden en hedendaagse stedelijkheid. De Ringstraße en de Gürtel zijn daarnaast ook historische voorbeelden voor het gelijktijdig en integraal ontwerpen aan verkeer, voorzieningen en publieke ruimte. Deze oude structuren bieden vandaag kansen voor directe en samenhangende hoofdfietsroutes waar ook iets te beleven valt. De inpassing van de routes op profielniveau is echter niet zonder problemen.

Ring-Rund-Radweg and Gürtelradweg

VIENNA

Vienna has enormous potential as a cycling city. Its Ring-Rund-Radweg (cycle route) and Gürtelradweg are examples of routes that follow historic infrastructures and benefit from integration into the high-quality, frequently green public space, direct connections with important public facilities, the proximity of public transport lines and the opportunity these offer for enjoying both historic and contemporary urban life. In addition, the Ringstraße and Gürtel are themselves historical examples of how it is possible to design traffic, facilities and public space simultaneously and integrally. These old structures today offer opportunities for creating direct and coherent main cycle routes, in stimulating and interesting contexts. Inserting the routes at the profile level has, however, not been without its problems.

DE CONTEXT

In vergelijking met andere Europese steden is het fietsaandeel in Wenen laag.[1] Na een dieptepunt in de jaren 1970 beleeft het fietsen vandaag echter een revival.[2] Het aandeel fietsritten in de stad is tussen 2005 en 2009 van 3 procent naar 6 procent gestegen. Doel is een aandeel van 10 procent in 2015.[3] Om dit te bereiken wordt naast fietsroutes ingezet op projecten zoals Bike City,[4] een gebouwencomplex dat speciaal is ontworpen voor het comfort van de fietser, en de City Bike,[5] een van de wereldwijd eerste fietsdeelsystemen. Wenen is met 1,7 miljoen inwoners niet alleen het culturele en economische hart van Oostenrijk. Het is door zijn geografische ligging ook een poort naar Oost-Europa.[6] De compacte historische binnenstad van Wenen wordt begrensd door de Ringstraße. Dit stelsel van twee parallelle wegen, een representatieve en een functionele, is aangelegd op voormalige vestigingswerken.[7] Direct aan de ring liggen de belangrijkste openbare gebouwen en ruimten van de stad. Deze structuur is het resultaat van een integrale aanpak bij de inpassing van toen nieuwe vervoersmodi (tram en later de auto) in de stad. Buiten de Ringstraße is voor de metro een tweede ring aangelegd, de Gürtel.[8] Ook deze werkt structurerend voor stedelijke ontwikkeling.

DE ROUTE(S)

Om een beoogd verkeersaandeel van 10 procent fietsritten te bereiken, heeft de stad Wenen een reeks maatregelen gedefinieerd.[9] Kern is een fietsnetwerk gebaseerd op 27 Basisrouten met een gezamenlijke lengte van driehonderd kilometer.[10] Dit zijn functionele hoofdfietsroutes met een hoog kwaliteitsniveau voor de gebruiker. Ze sluiten aan op de belangrijkste fietsverkeersstromen binnen de stad, maar ook op de recreatieve hoofdfietsroutes buiten Wenen. Verder zijn zeven Themenradwege benoemd die een hogere toeristische attractiviteit hebben.[11]

Een van de oudste basisroutes is de Ring-Rund-Radweg, geopend in 1985. De route volgt de Ringstraße en heeft een lengte van 5,4 kilometer. De Ring-Rund-Radweg is de meest gebruikte fietsroute in Wenen met gemiddeld 2.800 fietsers per dag.[12] De fietsroutes zijn in de bomenlanen van de Ringstraße ingepast. Naast de bestaande binnenroute wordt op dit moment ook aan een buitenroute gewerkt.

De Gürtelradweg is een van de zeven Themenradwege. Deze route heeft een lengte van 5,8 kilometer en volgt de metrolijn U6, die soms verzonken, soms bovengronds loopt. Direct aan de route liggen onder meer het treinstation Westbahnhof, het Allgemeines Krankenhaus der Stadt Wien (het grootste ziekenhuis van Oostenrijk) en de hoofdbibliotheek, gebouwd op en om een Stadtbahnhalte heen.

CONTEXT

In comparison to other European cities, the proportion of cyclists in Vienna's traffic is low.[1] However, following a low point in the 1970s, cycling has recently been undergoing a revival in the city[2], with the proportion of journeys by bicycle increasing from 3 per cent in 2005 to 6 per cent in 2009. The target is 10 per cent by 2015.[3] To achieve this, in addition to the cycle routes themselves, much emphasis has been placed on implementing projects such as Bike City[4], a residential building complex focused on the comfort of cyclists, and the City Bike,[5] one of the world's first bicycle-sharing systems. With its 1.7 million residents, Vienna is not only Austria's cultural and economic heart; through its geographic location, it also functions as a gateway to Eastern Europe.[6] The city's compact historic centre is bounded by the Ringstraße. This system, comprised of two parallel roads, one representative, the other functional, was constructed where former fortifications had stood.[7] The city's most important public buildings and spaces were placed directly on the Ring. This structure was the result of an integral approach to introducing the then new modes of transport: initially the tram, and later the car. The city's second ring, the Gürtel,[8] is located some distance from the Ringstraße, and was constructed for the elevated metro, or Stadtbahn. It, too, had a structuring impact on the urban development of Vienna.

ROUTE(S)

In order to achieve the envisaged proportion of 10 per cent bicycle trips in urban traffic, a series of measures were formulated.[9] At their core was a cycle network based on 27 so-called basic routes, with a combined length of 300 km.[10] These are functional main routes featuring a high-quality user experience, linked to the primary cycle traffic flows within the city and to the main recreational cycle routes outside Vienna. In addition, seven themed cycle paths have been established, with a higher degree of tourist interest.[11]

One of the oldest basic routes is the Ring-Rund-Radweg, which opened to the public in 1985. The route follows the Ringstraße and has a length of 5.4 km. The Ring-Rund-Radweg is the most heavily used of Vienna's cycle routes, and serves an average of 2,800 cyclists per day.[12] The route is integrated into the tree-lined avenues of the Ringstraße. In addition to the existing inner route, an outer route is presently also being realized.

The Gürtelradweg is one of the seven themed cycle paths. It has a length of 5.8 km and follows the U6 underground line, which rides above ground for portions of its route. Among the facilities located directly on the Gürtelradweg route are Westbahnhof train station, Vienna General Hospital (Austria's largest hospital) and the Main Library, built on and around one of the stations of the Stadtbahn.

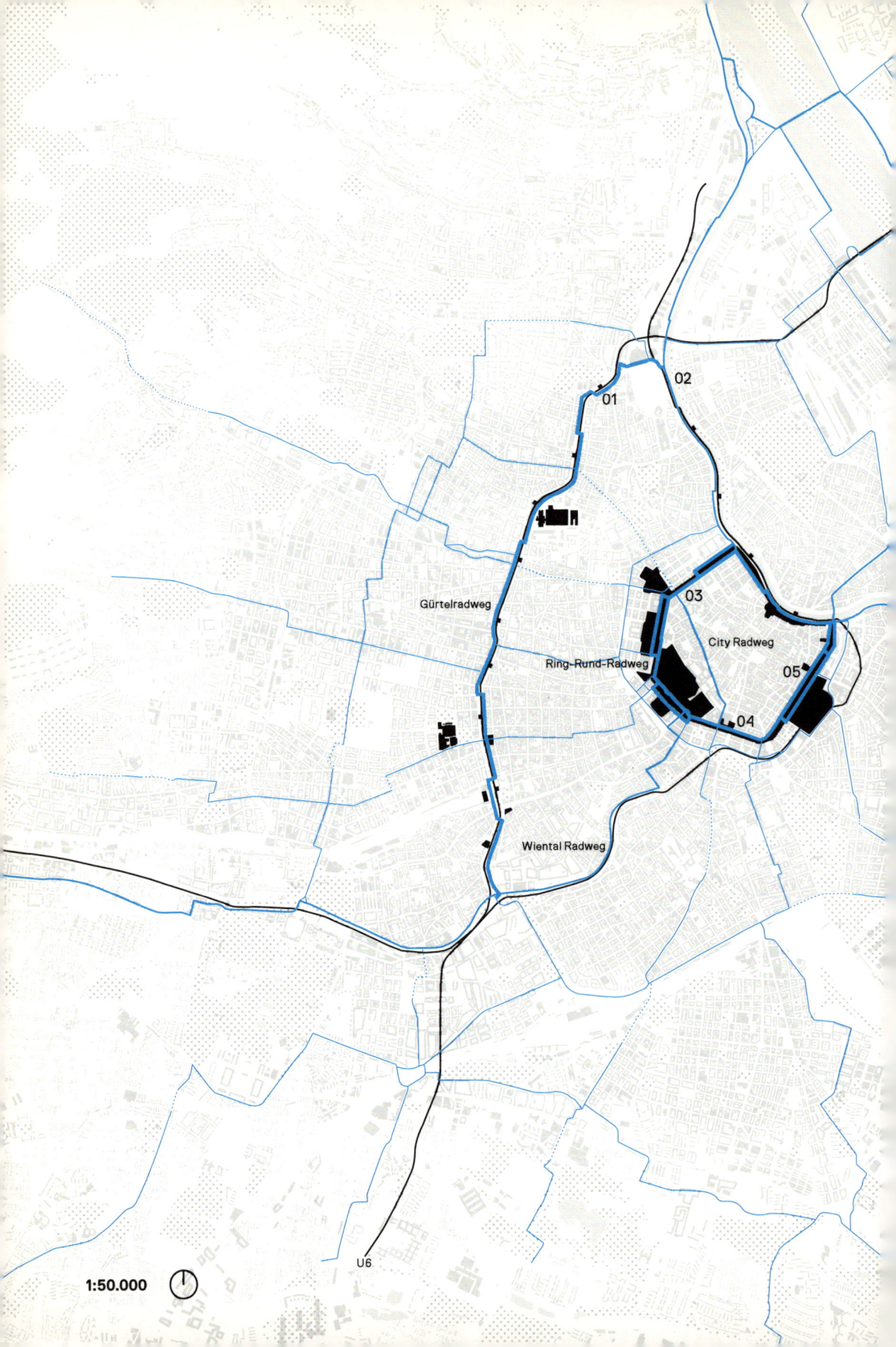

Gürtelradweg

Ring-Rund-Radweg

City Radweg

Wiental Radweg

01
02
03
04
05

U6

1:50.000

Ring-Rund- en Gürtelradweg
WENEN / VIENNA

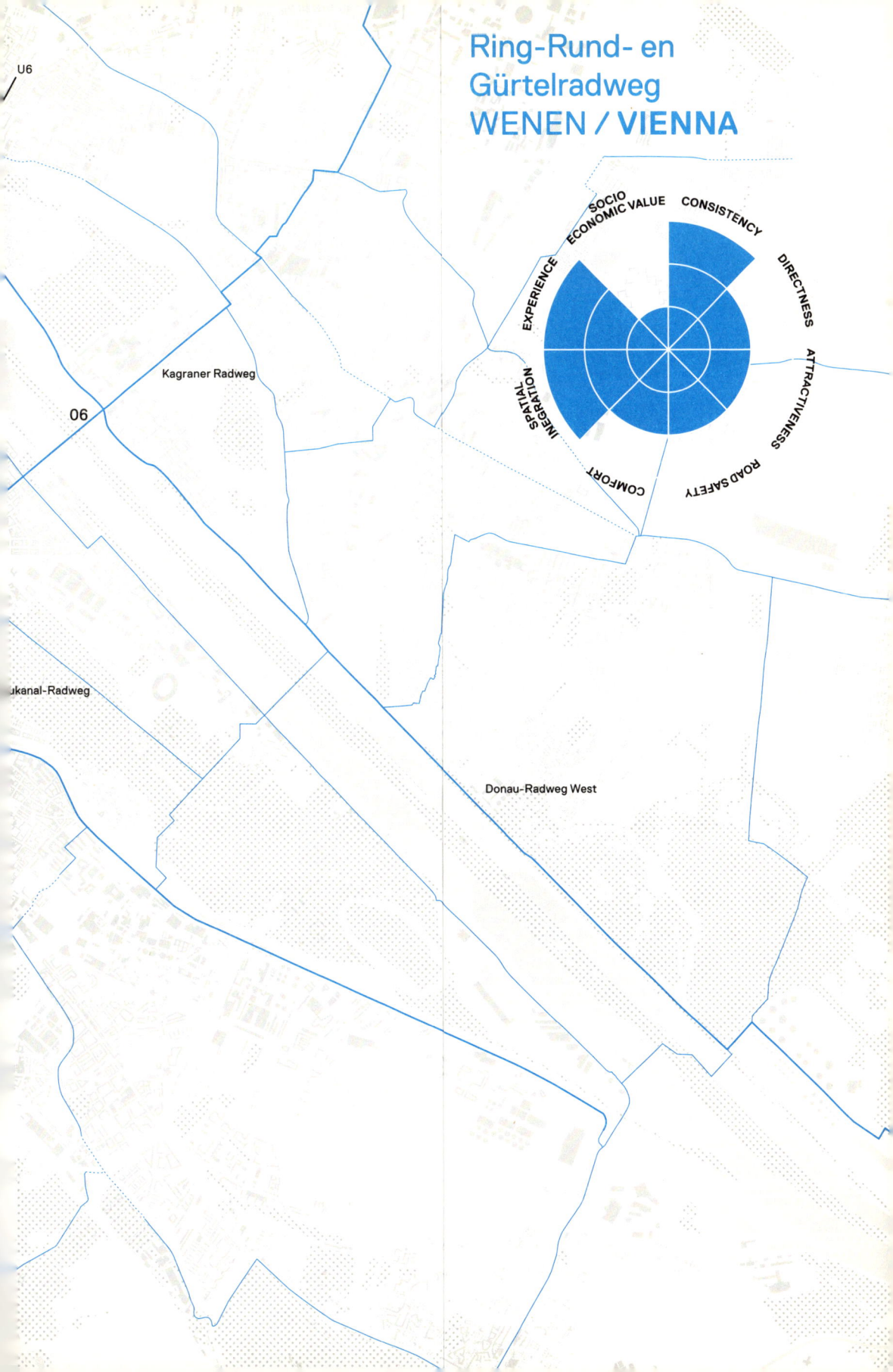

- EXPERIENCE
- SOCIO ECONOMIC VALUE
- CONSISTENCY
- DIRECTNESS
- ATTRACTIVENESS
- ROAD SAFETY
- COMFORT
- SPATIAL INTEGRATION

U6

Kagraner Radweg

06

...kanal-Radweg

Donau-Radweg West

HET ONTWERP
Om het potentieel van Wenen als fietsstad te activeren, gaat de stad aan de slag met een uitgebreid pakket aan maatregelen. Naast verbeteringen in de breedte, zoals het openstellen van eenrichtingsverkeerswegen voor fietsers, wordt vooral ingezet op het verbeteren van bestaande hoofdroutes.

Het Ringstraße-profiel
De Ringstraße heeft een boulevardprofiel met twee dubbele bomenlanen: auto's en trams in het midden en tussen de bomenlanen delen fietsers en voetgangers de ruimte. Afhankelijk van de omgeving wisselen de fietspaden vaak van breedte en positie, bijvoorbeeld bij tramhaltes, kiosken, ingangen van parken en belangrijke gebouwen. Dit verbetert de situatie voor de aanliggende functies, maar leidt voor de fietser tot onduidelijke situaties en conflicten met voetgangers en vooral toeristen.

De Binnen- en de Buitenring
Door het brede en drukke profiel van de Ringstraße is het moeilijk om over te steken van en naar de binnenstad. Ook de verdeelfunctie van de Ring-Rund-Radweg als draaischijf voor veel fietsbewegingen in de stad wordt hierdoor belemmerd. De aanleg van een Buitenroute op de Ringstraße moet dit oplossen en voor meer capaciteit en robuustheid van het netwerk zorgen. Er ontstaat een ringfietsroute met ladderstructuur.

DESIGN
A wide-ranging package of measures has been deployed with the goal of realizing Vienna's potential as a cycling city. Aside from breadthwise improvements, such as making one-way traffic accessible to cyclists, particular emphasis has been placed on improving existing main routes.

Profile
The Ringstraße features a boulevard profile with two double tree-lined avenues, with cars and trams in the middle, and cyclists and pedestrians sharing the space on the tree-lined avenues. Depending on the context, the cycle paths frequently change width and position, for instance at tram stops, kiosks, park entrances and important buildings. While this benefits the adjacent functions, it can lead to unclear situations for the cyclist, and conflicts with pedestrians, especially tourists.

Inner and Outer Rings
The wide and busy profile of the Ringstraße makes it difficult to cross – to enter and leave the city centre. In addition, the dispersion function of the Ring-Rund-Radweg as a hub for numerous cycle movements is impeded by this aspect. However, the introduction of an outer route on the Ringstraße is expected to solve this problem as well as providing increased capacity and robustness to the network, with a ladder-structured cycle route as result.

De blauwe pictogrammen
Door middel van blauwe symbolen, even groot als kanaaldeksels, wordt op het wegdek aangegeven welke gebruikers zich waar moeten bewegen. Deze symbolen worden toegepast bij fietsroutes zoals de Ring-Rund, waar het bestratingsmateriaal verandert en de fietsroute, afwisselend vrijliggend, op straat of over de stoep loopt. Met de symbolen wordt getracht de ontbrekende samenhang en continuïteit van deze fietsroutes te compenseren.

De Fairnesszone
Op meerdere plekken in Wenen zijn Fairnesszones op het wegdek aangeduid. Bij routes waar geen ruimte of geld voor gescheiden fietspaden is, appelleren deze aanduidingen aan de verschillende gebruikers om toleranter met elkaar om te gaan. Doel is een zo conflictvrij mogelijk medegebruik van fietsers, voetgangers en skaters. De omstreden zones zijn in 2008 voor het eerst langs het Donaukanaal toegepast.[13]

De Ring-Rund en Gürtelradweg zijn voorbeelden van routes die op logische plekken in de stad liggen en bestaande historische stadsstructuren volgen. Dit heeft grote voordelen voor de directheid en de samenhang op netwerkniveau, maar brengt echter problemen op profielniveau en met de inpassing van de routes met zich mee.

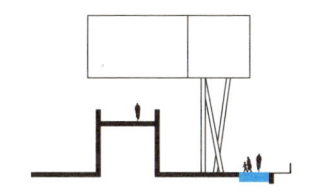

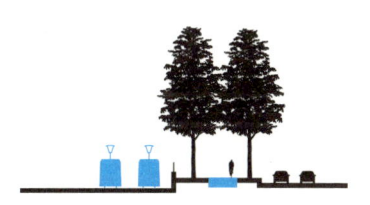

Blue Pictograms
Blue symbols on the road surface, the size of manhole covers, indicate which users are supposed to move and where. The symbols are used for cycle routes such as the Ring-Rund-Radweg, where the paving material changes, and the cycle route runs alternately as a dedicated path, in the road or over the pavement. The symbols are intended as a way to compensate for any lack of coherence or continuity on the cycle routes.

Fairness Zones
At several spots in the city, so-called fairness zones are indicated on the road surface. On routes for which space and/or funding is not available to create dedicated cycle paths, these markings encourage the routes' different users to be more tolerant of one another, with the aim of achieving optimal conflict-free use by cyclists, pedestrians and skaters. The controversial zones were first deployed along the Donaukanal in 2008.[13]

The Ring-Rund-Radweg and Gürtelradweg are examples of cycle routes that are located logically and which follow existing historic urban structures, offering substantial advantages for directness and coherence at the level of the network, but also resulting in problems at the profile level and concerning the insertion of the route.

WUPPERTAL
Tobias Uhl

Leeftijd: 46
Beroep: arts
Type gebruiker: woon-werkverkeer
Frequentie: dagelijks

Ik gebruik het Nordbahntracé dagelijks om van mijn huis naar het ziekenhuis waar ik werk te fietsen. Vroeger moest ik daarvoor twee steile hellingen nemen. Wuppertal is erg heuvelachtig, waardoor maar weinig mensen de fiets namen. Automobilisten waren niet gewend aan fietsers en er waren helemaal geen fietspaden. Nu heeft de route naar mijn werk geen verkeer en is aantrekkelijker: veiliger, vlakker en sneller - hoewel sommige delen van de route helaas nog niet klaar zijn.

WUPPERTAL
Tobias Uhl

Age: 46
Occupation: Doctor
Type of User: Commuter
Frequency: Everyday

I use the Nordbahntrasse everyday to travel from home to the hospital where I work. Before I had to cycle up two steep slopes. Wuppertal is very hilly and so few people used to cycle; car drivers weren't used to bikes and there weren't any cycle tracks. My route to work now has no traffic and is comfortable - it's safer, flatter and faster - although some parts of the route are unfortunately still under construction.

Nordbahntrasse

WUPPERTAL

Het Nordbahntrasse is een project van burgers voor burgers: een bottom-up geïnitieerd fietspad. In een heuvelachtige stad waar nauwelijks gefietst wordt, is een oude spoorweg dé kans voor een vlakke en gescheiden fiets- en wandelroute. Maar de route doet meer: ze verbindt verschillende stadsdelen en bevolkingsgroepen met elkaar, neemt fysieke en mentale barrières weg en biedt kansen voor stadsontwikkeling en sociale en ruimtelijke integratie. Het succes van de route ligt in de integrale benadering: burgers en stad werken samen aan een project dat verder gaat dan mobiliteit; ook werkgelegenheid, opleiding, jeugdzorg en toerisme in Wuppertal profiteren van de route.

Nordbahntrasse

WUPPERTAL

Wuppertal's Nordbahntrasse cycle-path is a project by citizens for citizens, in other words, a bottom-up initiative. In a hilly city where hardly anyone cycles, a disused railway formed a unique opportunity to create a separated and level route for cycling and walking. The route does even more however: it connects various urban districts and sectors of the population with one another, removes physical and mental barriers and offers opportunities for urban development and social and spatial integration. The success of the route lies in the integral approach employed: citizens and city work together on a project that goes further than just mobility alone – employment, training, youth welfare services and tourism also benefit from the route.

DE CONTEXT

Door de geografische en demografische situatie wordt in Wuppertal nauwelijks gefietst. Wuppertal, een stad van 350.000 inwoners in de Duitse deelstaat Noordrijn-Westfalen, ligt in een heuvelachtig landschap, gebouwd op de flanken van de rivier de Wupper. Door de specifieke topografie zijn verplaatsingen in en naar de stad gemoeid met grote hoogteverschillen. Ook is er weinig ruimte voor de inpassingen van (nieuwe) infrastructuur. Een kenmerkend vervoersysteem uit het verleden speelt hierop in: de Wuppertaler Schwebebahn (zweefbaan), die hangend boven de Wupper rond 1900 is aangelegd en vandaag op een werkdag gemiddeld bijna 80.000 personen vervoert.

De Wuppervallei, met de twee stadscentra Elberfeld en Barmen, hoort tot de oudste industrieregio's van Duitsland. Het aandeel inwoners met een migratieachtergrond ligt in Wuppertal boven het landelijk gemiddelde en zal de komende jaren stijgen. Na de oorlog zijn hele generaties in Wuppertal opgegroeid zonder überhaupt te leren fietsen. Het aandeel fietsen aan het totale verkeer lag rond de eeuwwisseling bij 0,8 procent.[1] In combinatie met de elektrische fiets kunnen vooral gescheiden, veilige en vlakke fietsroutes hier verandering in brengen. Een infrastructuurrelict biedt ruimtelijke kansen hiervoor: het Nordbahntrasse, een oude, in onbruik geraakte industriële spoorlijn, die nagenoeg vlak midden door de stad loopt.

DE ROUTE

De renaissance van het Nordbahntrasse heeft een opmerkelijke bottom-up ontstaansgeschiedenis. Nadat eind jaren 1990 alle spoorwegactiviteiten gestaakt waren, werd het tracé vergeten en begonnen de kunstwerken en gebouwen langs de route te vervallen.[2] Om de route te bewaren en als publiek toegankelijk erfgoed te beschermen, heeft de Wuppertalbeweging het initiatief genomen een fiets- en wandelroute over de oude spoorlijn te ontwikkelen.[3] Binnen een jaar lukte het de burgerbeweging om 2,2 miljoen euro aan private middelen in te zamelen. Vanaf het begin in 2006 organiseert de Wuppertalbeweging met groot (media) succes burgeracties, zoals het rooien van bomen op viaducten en het aanleggen van een eerste deeltraject. De stad en de deelstaat gingen mee in deze dynamiek. Uit verschillende subsidieprogramma's zijn inmiddels toezeggingen voor bijna 22 miljoen euro gedaan.[4] De route is geconcipieerd voor gemengd, recreatief en functioneel gebruik, en is onderdeel van een recreatief netwerk van fiets- en wandelpaden over oude spoorwegen in de omgeving. Door de stedelijke ligging is het potentieel voor functioneel verkeer en sociaal economische meerwaarde tevens enorm.[5] De totale lengte van de route is 22 kilometer.[6] In 2012 zijn vijf kilometer van het Nordbahntrasse heringericht, waaronder twee tunnels. Eind 2014 is achttien kilometer klaar. De totale kosten worden inmiddels geschat op 30 miljoen euro.[7]

CONTEXT

Due to its specific geographic and demographic situation, hardly anyone cycles in Wuppertal. It is a city in the German state of North Rhine-Westphalia with a population of 350,000, it lies in a hilly landscape and stands on the banks of the River Wupper. As a result of Wuppertal's specific topography, travel within and to the city is accompanied by large changes in elevation. In addition, there is little space available for introducing new infrastructure. A characteristic mode of transport from the past does takes account of this situation: the Wuppertaler Schwebebahn or Wuppertal Suspended Railway, constructed around 1900 above the River Wupper, and which today transports an average of nearly 80,000 people on working days.

The Wupper Valley, with its two urban centres, Elberfeld and Barmen, is one of Germany's oldest industrial areas. The proportion of Wuppertal residents with a migrant background is above the national average and is expected to rise further in the coming years. Following the Second World War, entire generations grew up in Wuppertal without ever learning to cycle. Around 2000, the proportion of cyclists in traffic was 0.8 per cent.[1] With the help of the e-bike, separated, safe and level cycle routes in particular have the potential to change this situation. In 2006, an infrastructural relic opened up opportunities with regard to this problem: the Nordbahntrasse, an old, derelict industrial railway that runs almost level through the middle of the city.

ROUTE

The rebirth of the Nordbahntrasse had a remarkable bottom-up genesis. Following the cessation of all railway activities here in the late 1990s, the route was quickly forgotten and the buildings and art works along it began to fall into disrepair.[2] In order to preserve the railway and protect it as publicly accessible cultural heritage, the Wuppertal Movement took the initiative in developing a cycling and walking route over the old railway line.[3] Within a year, the movement had succeeded in collecting € 2.2 million in private donations. From the start in 2006, the movement organized highly successful (and often media-effective) citizens' events, for instance clearing trees from flyovers and laying the route's first component trajectory. The city and the state in turn became involved in this dynamic momentum. Pledges for almost € 22 million have now been received from various subsidy programmes.[4]

The route is intended for mixed, recreational and functional use, and forms part of a network of recreational cycling and walking paths over old railways in the region. Due to its urban location, it also has enormous potential both in terms of functional traffic and socio-economic added value.[5] The route has a total length of 22 km.[6] By 2012, 5 km of the Nordbahntrasse had been converted, including two tunnels. By the end of 2014, 18 km will have been completed. The total costs of the project are now estimated at € 30 million.[7]

Uellendahl-Katernberg

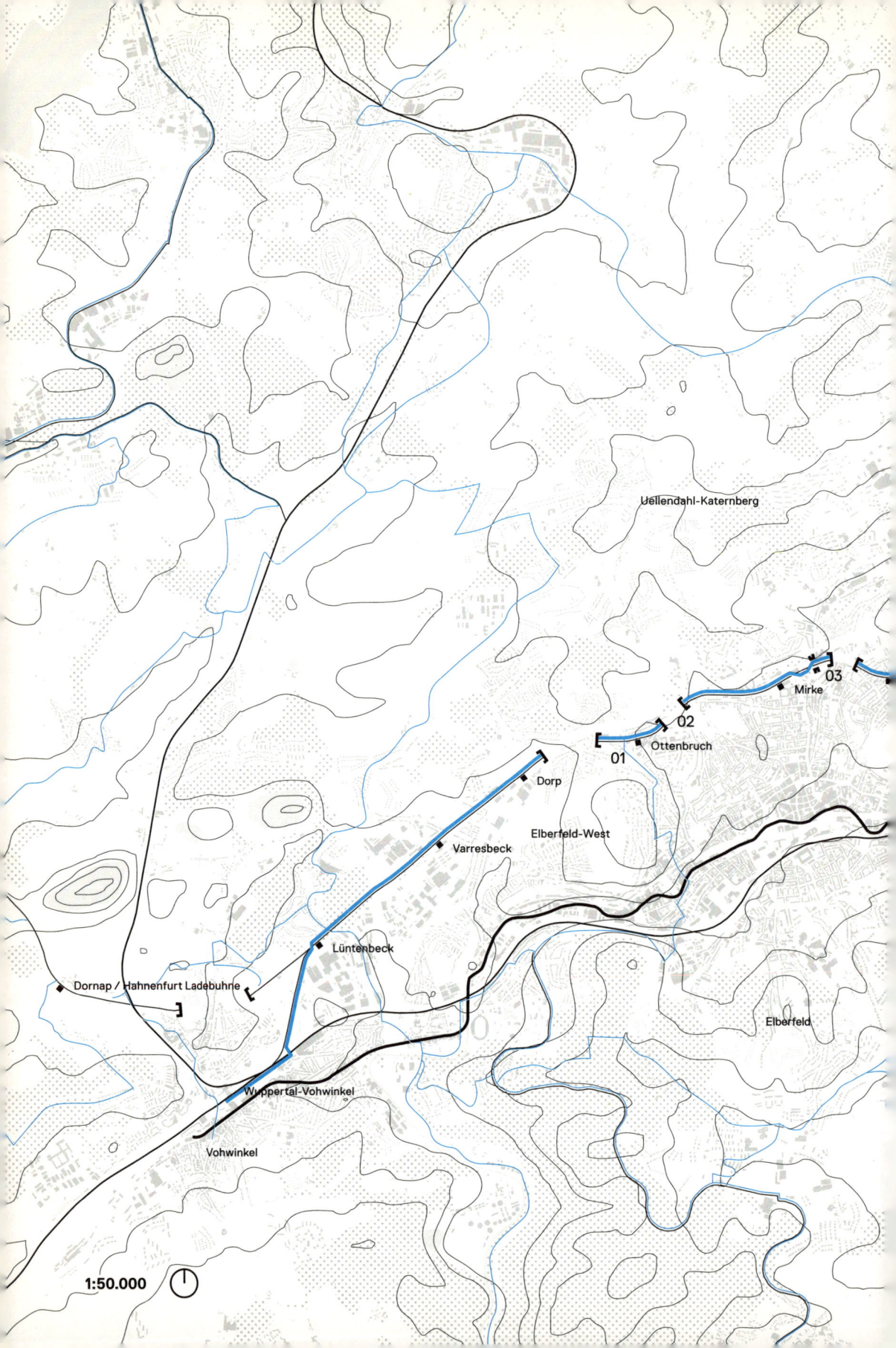

Mirke
03
02
Ottenbruch
01

Dorp
Elberfeld-West
Varresbeck
Elberfeld

Lüntenbeck

Dornap / Hahnenfurt Ladebuhne

Wuppertal-Vohwinkel
Vohwinkel

1:50.000

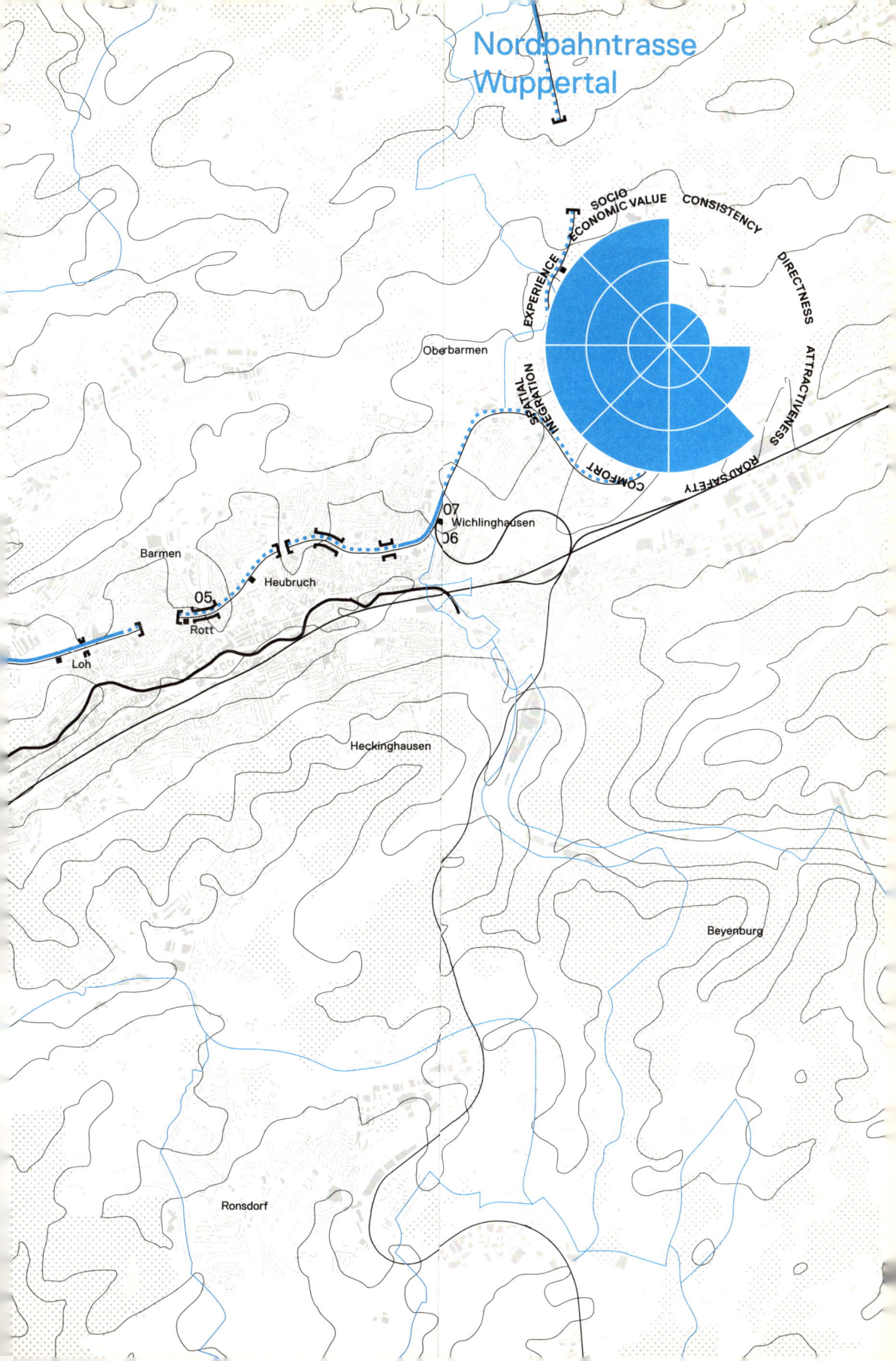

Nordbahntrasse Wuppertal

EXPERIENCE · SOCIO ECONOMIC VALUE · CONSISTENCY · DIRECTNESS · ATTRACTIVENESS · ROAD SAFETY · COMFORT · SPATIAL INTEGRATION

Oberbarmen
Barmen
Heubruch
Rott
Loh
Wichlinghausen
Heckinghausen
Beyenburg
Ronsdorf

HET ONTWERP
Uitgangspunt was een route van burgers voor burgers. De overheid was in het begin niet leidend maar volgend. Vrijwilligerswerk vormde de basis van het project, zowel in de organisatie, de communicatie als in de uitvoering.

Het do-it-yourself fietspad
De Wuppertalbewegung heeft vanaf het begin burgers, bedrijven en instellingen door gerichte acties betrokken en zo draagvlak gecreëerd. Voorbeelden hiervoor zijn het weghalen van bomen op de viaducten (Trassenentholzung), het bestraten van de route door burgers (Bürgerpflastern), filmvoorstellingen en feesten in de tunnels (Tunnelflimmern en Tanztunnel). Een lokale brouwerij heeft zelfs een Trassengold-bier gebrouwen. Veel werkzaamheden aan de route worden uitgevoerd in het kader van sociale werkgelegenheids- en opleidingstrajecten, de zogenoemde Zweite Arbeitsmarkt.[8]

Het gemengde profiel
Het profiel van de route is geconcipieerd voor gemengd gebruik met een standaardbreedte van zes meter, onderverdeeld in vier meter asfalt voor fietsers, inlineskaters, et cetera en twee meter betonstraatsteen voor voetgangers.[9] Het extra brede profiel werkt goed om het gemengd gebruik mogelijk te maken, zonder strikte scheiding tussen de verschillende gebruikers.

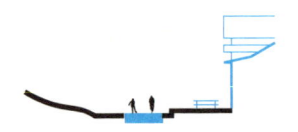

DESIGN
The central focus was to create a route by citizens for citizens. Initially, the government played a following rather than a leading role. With regard to the organization, communication and execution, volunteer work formed the basis for the project.

DIY Cycle Path
By means of well-aimed actions, the Wuppertal Movement succeeded in involving citizens, companies and institutions in the project from the start, and in so doing created a broad support base. The actions included: clearing trees from the flyovers (Trassenentholzung), citizens paving the route (Bürgerpflastern), film presentations (Tunnelflimmern) and parties in tunnels (Tanztunnel). A local brewery even brewed a specially named 'Trassengold' beer. Many of the tasks were carried out in the context of social employment and training programmes – the so-called Zweite Arbeitsmarkt, or Second Jobs Market.[8]

Mixed Profile
The route's profile was conceived for mixed use. It has a standard width of 6 m, subdivided into a four-metre-wide asphalt lane for cyclists, in-line skaters, etc., and a two-metre-wide lane in concrete paving stones for pedestrians.[9] The extra-wide profile lends itself well to mixed use without the need for strict separation between its different users.

Tunnels en viaducten

De route heeft zes tunnels, 33 bruggen en vier grote viaducten. Het gebruik als recreatieve route is ook een middel om dit spoorerfgoed te kunnen behouden. De kunstwerken zijn belangrijke herkenningspunten voor de stad en de route, maar vragen om bijzondere ontwerpaandacht. De tunnels (waarvan zelfs één een lengte van meer dan zevenhonderd meter heeft) vragen bijvoorbeeld om maatregelen voor sociale veiligheid in de vorm van verlichting en persoonlijk toezicht 's avonds.[10]

De vleermuis- en fietstunnel

In de tunnels hebben zich in de tussentijd vleermuizen genesteld.[11] Dit bleek een van de grootste obstakels bij de transformatie van het tracé naar een fiets- en wandelroute. Om de natuurbescherming tegemoet te komen, is afgesproken dat één tunnel buiten de binnenstad afgesloten blijft voor mensen.[12] Een andere tunnel werd ontworpen met een verlaagd plafond waarachter de vleermuizen kunnen blijven schuilen.

De burgerbeweging was het juiste middel op het juiste moment om het project van de grond te krijgen. Tijdens de uitvoering bleek dit echter minder goed uit te pakken. Fouten bij pilotprojecten, aanbestedingen en kostenramingen hebben voor vertragingen en ruzie tussen de verschillende partners geleid. De stad heeft het project uiteindelijk naar zich toe getrokken.

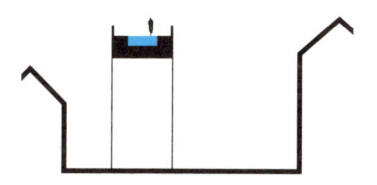

Tunnels and Flyovers

Using the route – with its six tunnels, 33 bridges and four large flyovers – as a recreational route also represents a concrete approach to preserving this piece of railway heritage for posterity. For example, its art works, which form important recognition points for city and route alike, require a tailor-made approach. The tunnels (one of which boasts a length of more than 700 m), require, among other things, special measures for public safety in the form of lighting and personal surveillance in the evening.[10]

Bat and Cycle Tunnel

While in disuse, the tunnels had gradually become a favourite lodging place for bats.[11] This turned out to be one of the largest obstacles in the transformation of the railway line into a cycling and walking route. To accommodate the issue of nature conservation, it was agreed that one of the tunnels, located outside the city centre, would be kept off limits to the public.[12] Another tunnel was provided with a lowered ceiling behind which the bats can continue to shelter.

The citizens' movement was the right catalyst at the right moment to get the Nordbahntrasse project off the ground. In the course of its execution, however, the project's grass-roots approach wound up having less successful results. Errors made in pilot projects, tenders and the estimation of costs led to delays and disputes among the various partners. In the end, the city assumed overall management of the project.

Intervie

Intervie

ws

ws

Interview RijnWaalpad

JAAP MODDER
VOORZITTER STADSREGIO ARNHEM NIJMEGEN

SJORS VAN DUREN
PROJECTLEIDER RIJNWAALPAD

Interview RijnWaalpad

JAAP MODDER
CHAIR, CITY REGION ARNHEM NIJMEGEN

SJORS VAN DUREN
PROJECT MANAGER, RIJNWAALPAD

Volgens Jaap Modder en Sjors van Duren gaat een fietssnelweg, net zoals de autosnelweg, vooral om snelheid. Dit omdat de route, zoals alle Nederlandse snelfietsroutes bedacht zijn vanuit de filebestrijding, met als hoofddoel zo veel mogelijk woon-werkverkeer op de snelweg te substitueren. Toch gaat de vergelijking met de autosnelweg niet helemaal op: er is op de fietssnelweg sprake van een grotere diversiteit aan gebruikers en snelheden. Ontwerprichtlijnen moeten volgens Jaap Modder en Sjors van Duren hierop soepel inspelen. Bij het realisatieproces namen zij vanuit de Stadsregio, als overkoepelende overheidsorganisatie, snel de leiding en kozen bewust voor een realistische aanpak, wat betekent dat er (tijdelijk) met minder dan optimale oplossingen genoegen kan worden genomen. Ze geloven in het vroegtijdig betrekken van de toekomstige gebruikers, inzetten op beleving en het werken met een sterk herkenbaar concept om het draagvlak voor snelfietsroutes te vergroten. In de toekomst zou er nog meer aandacht moeten worden besteed aan PR en communicatie, aan de identiteit en herkenbaarheid van de route zelf en aan het zich laten ontwikkelen van aanvullende activiteiten eromheen. Jaap Modder en Sjors van Duren geven ook aan dat bij de evolutie van de fietssnelweg ruimte moet blijven voor regionale verschillen. Standaardisering zou op dit moment vooral kansen voor innovatie en snelle realisatie belemmeren.

Reageren op wat er al is
De Regio Arnhem Nijmegen groeit, terwijl de infrastructuur (auto en openbaar vervoer) aan de grens van haar capaciteit zit. De vraag is hoe je autoverkeer kan substitueren door andere modaliteiten. De snelfietsroutes zijn hierin essentieel. Per dag reizen er ongeveer 25.000 passagiers tussen Arnhem en Nijmegen met de trein. Veel daarvan is woon-werkverkeer. Het ligt dus voor de hand, met het oog op filebestrijding, om een snelfietsroute tussen beide steden in te leggen. Tussen Arnhem en Nijmegen ligt er een spoorlijn, een snelweg en een snelbusroute. De snelfietsroute is eigenlijk een heel voor de handliggende reactie op wat er al is.

Snel is het uitgangspunt
Bij een snelfietsroute past dat je snel van A naar B gaat. Dit concept erodeert nu al doordat er allerlei faciliteiten aan een route worden gehangen. In de praktijk wordt momenteel veel gesproken over pleisterplaatsen, stoppen en op een bankje gaan zitten. Dat is net zo iets als op een snelweg om de kilometer een benzinestation neerzetten. Dat gebeurt niet en het past ook eigenlijk niet echt bij het concept snelfietsroute. Misschien moet het iets simpeler gehouden worden en moeten we ons eigenlijk alleen richten op snel van de ene plek naar de andere te fietsen. Dit was ook het uitgangspunt voor het RijnWaalpad.

Weten te relativeren
De zuivere snelfietsroute bestaat niet. Een autosnelweg geeft vrij baan door ongelijkvloerse kruisingen en is er voor één soort modaliteit. In die zin is een snelfietsroute heel erg goed vergelijkbaar met een snelweg. Het verschil is dat er op een snelweg geen voertuigen met een

---

As Jaap Modder and Sjors van Duren see it, cycle highways, like motorways, are primarily about speed. Their reasoning: the route in Arnhem-Nijmegen, like all Dutch express cycle routes, is devised with the aim of combatting traffic jams-the main goal being to replace as much motorway commuter traffic as possible with cycling. The comparison with the motorway is, however, somewhat imperfect: cycle highways feature more than just one kind of user, who travel at more than one speed. Designing guidelines for cycle highways must, according to Modder and Van Duren, make flexible use of this knowledge. In the realisation process, the city-region (as the relevant overarching governmental organisation) quickly took over the direction, and consciously opted for a realistic approach, meaning that sometimes (temporary) solutions can be adopted that are less than optimal. They believe in involving future users early in the process, emphasising the users' experience and working with a clearly recognisable concept in order to enlarge the support base for express cycle routes. In their view, more energy will, in future, have to be put into PR and other communication, the identity and recognisability of the routes themselves, and developing supplementary fringe activities. Modder and Van Duren also indicate that while the cycle highway is evolving, one must ensure that space is left to allow for regional differences. At the present stage, standardisation would, in their view more than anything else, stand in the way of opportunities for innovation and rapid realisation.

A Reaction to What Already Exists
The Region Arnhem Nijmegen is growing, while its infrastructure (automobile traffic and public transport) is close to the limits of its capacity. The question is: how to replace automobile traffic with other modalities. Here, express cycle routes play an essential role. Each day, ca. 25,000 passengers travel between Arnhem and Nijmegen by train. Much of this travel is commuter traffic. It is thus, with a view to reducing traffic jams, a clear priority to introduce an express cycle route between the two cities. Arnhem and Nijmegen are presently linked by a motorway, an express bus route and by rail. Laying the express cycle route is in fact an extremely logical response to what already exists.

Speed is the Starting Point
An express cycle route is all about getting quickly from A to B. Yet recently this concept is pressure due to all kind of facilities currently being added to the cycle routes. At the moment, it seems that there is more discussion going on about rest areas and stopping to sit on a bench than about speed. On a motorway there aren't petrol stations at kilometre intervals. Luckily not all of the additions proposed get off the drawing board, which is good, since they are actually foreign to the concept of express cycle routes. Perhaps it should be kept simpler; maybe we should just concentrate on cycling quickly from one place to another. This was, after all, the starting point for the RijnWaalpad.

heel andere snelheid mogen komen. Snelfietsroutes worden niet alleen voor de snelle fietser gemaakt. Er kunnen ook andere gebruikers op en dat is misschien ook meteen een van de lastigste kanten van een snelfietsroute. De praktijk moet uitwijzen of dit een probleem is. Het verschil in de snelheid kan in de praktijk worden opgelost door het hanteren van specifieke ontwerprichtlijnen, zoals bijvoorbeeld de breedte van het fietspad. Maar het is zaak daar niet te streng in te zijn en vooral in de gaten houden wat het doel is, namelijk om sneller van A naar B te komen. Enige vervuiling van het concept blijft en daar moet op een verstandige manier mee worden omgegaan.

Ingaan op lokaal initiatief
Het initiatief voor de fietsroute kwam vanuit een lokale actiegroep van de Fietsersbond. De Stadsregio heeft dit opgepakt en heeft de coördinatie verzorgd. Het hele proces om de snelfietsroute überhaupt in een rechte lijn te laten lopen, is lastig voor elkaar te krijgen. Een belangrijke factor is dat bestuurders er voor gáán. Bij het RijnWaalpad is het geluk dat de vier gemeenten en bestuurders dit ook begrepen. Hierdoor is er vanaf het begin sprake geweest van goede samenwerking en betrokkenheid. Vanuit de Stadsregio is vervolgens vastgesteld wat er wanneer gedaan moet worden en hoeveel er hiervoor begroot dient te worden.

Via haalbaar naar optimaal
De optimale snelfietsroute realiseren betekent dat het misschien wel vijf jaar gaat duren voordat er resultaat is. Er is besloten dit niet te doen en voor het maximale direct haalbare resultaat te gaan. Er is geaccepteerd dat er tijdelijk genoegen genomen moet worden met iets minder. Daarbij moet er wel blijvend gewerkt worden aan een optimale oplossing. Het zal dus uiteindelijk een route zijn met nog een paar obstakels. Dit is het gevolg van het feit dat er gewerkt wordt in een stedelijk gebied met ongelooflijk veel ontwikkelingen en infrastructuur. De druk moet er op blijven om deze obstakels te overwinnen, zodat er over tien jaar een snelfietsroute van topkwaliteit en met een hoog rendement ligt.

Betrokkenheid en beleving
Tijdens het proces zijn er verschillende prijsvragen gehouden om het draagvlak voor de snelfietsroute te bevorderen. Met de prijsvraag voor de naamgeving werd duidelijk dat het project kon rekenen op een grote publieke betrokkenheid. De volgende prijsvragen werden breder getrokken dan alleen de fiets en de route. Het gaat om lifestyle en dat vraagt om meer dan alleen maar een bordje en goed asfalt. Er is een aantal concrete toepassingen vanuit de ideeënprijsvraag: een lichtkunstwerk in een lange tunnel die met kleurverandering reageert op de passerende fietsers en een applicatie die de fietser informeert over zijn eigen prestaties en die van anderen. Ook landschapsontwerpen voor de afscherming van de fietsroute ten opzichte van andere infrastructuur en een groene zittribune, symbolisch halfweg op de route, zijn gerealiseerd. Hierdoor wordt de beleving vergroot en de fietser gestimuleerd.

Knowing How to Relativize
A pure express cycle route exists only in theory. A motorway employs flyover junctions to promote circulation and is made for one type of modality. In that sense, an express cycle route is very comparable to a motorway. The difference is that no vehicles are allowed onto a motorway that ride at an entirely different speed. Express cycle routes are not intended exclusively for fast cyclists. Other users are also allowed on it, and that is perhaps one of the most problematic aspects of an express cycle route. Only the future will tell whether this really is a problem. In practice, the problem of different speeds can be solved by using specific design guidelines, such as setting a minimum width for these routes. However, it is also important not to be strict about this, and it's particularly important to remember what the goal is, namely getting from A to B more quickly. Original concepts always undergo changes, with their problems being something that one then solves in practice.

Acting on a Local Initiative
The initiative for the cycle route came from a local action committee from the Fietsersbond (the Dutch Cyclists' Association). The city region responded positively and provided the requisite coordination. Getting the entire process for the route to run according to plan is a challenge. An important step is getting the relevant administrators enthused. Luckily, the four municipalities and their administrators understood this. As a result, there was a good spirit of cooperation and involvement from the start. What needed to be done and when, as well as the relevant budgeting, was in turn decided on a regional level.

Accepting the feasible while aiming for the ideal
Realising the ideal express cycle route would perhaps mean waiting five years before there were any results. For that reason, we decided not to do that, but rather, to aim for what is feasible. We accepted, temporarily, to live with somewhat less than we would have liked. At the same time, it is of course necessary to keep working towards an optimal solution. For the time being, a few obstacles should be expected. This is due to the fact that the project is taking place in an urban area, with an incredible amount of development and infrastructure. We need to keep up the pressure to overcome these obstacles, so that a top-quality express cycle route with a high return can be realised in ten years' time.

Involvement and the User's Experience
In the course of the process, a number of competitions were held to promote the support base for the route. With the competition to find a name for the route, it became clear that the project could count on broad-based public support. The subsequent competitions became wider in scope than just cycling and the route. Ultimately, it is all about lifestyle and this calls for more than just a sign and good asphalt. A number of concrete

Aandacht voor aantrekkelijkheid
Een snelfietsroute moet naast direct en comfortabel ook aantrekkelijk zijn. Bij een snelfietsroute is dit minder belangrijk dan bij een recreatieve route, maar als er een mogelijkheid is moet die benut worden. Er is veel aandacht geschonken aan de landschapsarchitectuur en de vista om ervoor te zorgen dat de fietser uitzicht heeft en zo de aantrekkelijkheid van de route vergroot wordt. Er waren dilemma's waar de vista ingeleverd moesten worden om de veiligheid en comfort van de route te organiseren, zoals bijvoorbeeld afscherming van andere infrastructuur en bescherming tegen de wind. In de tracékeuze is uitgegaan van de kortste lijn en binnen deze de twee punten is gezocht naar de aantrekkelijkste route.

Coördinatie van beheer
Het beheer van het RijnWaalpad ligt bij de gemeenten, op lokaal niveau. De Stadsregio overlegt met de gemeenten en geeft richtlijnen mee. Hierbij wordt benadrukt dat het beheer van de route gezamenlijk door de betrokken gemeenten georganiseerd moet worden. Bij het beheer van een regionale infrastructuur op lokaal niveau kunnen in de praktijk wel problemen ontstaan. Eigenlijk zou het beheer ervan ook op een hoger schaalniveau georganiseerd moeten worden en de snelfietsroute als één element moeten worden beheerd. Het enthousiasme voor het project fietssnelweg speelt hier een grote rol. De bereidheid om samen te werken om de snelfietsroute te realiseren, zou ook in het beheer terug moeten komen. Als de snelfietsroute een succes is bij de gebruikers dwingt dit ook beter beheer af.

Communityvorming
Marketing en branding als thema in ruimtelijke planning is nog redelijk nieuw. Planners zijn over het algemeen zo overtuigd van de noodzaak en de wenselijkheid van een project, dat het verhaal erachter vanzelfsprekend lijkt. Maar dat is niet zo. In de planning en de voorbereiding van een project is goede communicatie nodig om partijen te overtuigen, ook om straks de snelfietsroute gevuld te krijgen met gebruikers. Communityvorming rondom de snelfietsroute speelt hierin een belangrijke rol. Bij een volgend snelfietsrouteproject zouden vanaf de start de marketing en branding, zoals de juiste naam, het goed logo en een website, nog meer aandacht moeten krijgen.

Het concept als communicatiemiddel
Het is erg lastig om een snelle rechte lijn te maken door een verstedelijkt landschap met zo veel infrastructuur. Het RijnWaalpad is een succes geworden, omdat de betrokkenen begrepen hoe belangrijk het is om vast te houden aan het concept. Het refereren aan het begrip fietssnelweg of snelfietsroute is hierbij een belangrijk hulpmiddel geweest om de focus vast te houden. Het is een communicatiemiddel om alle beleidsniveaus, zoals de gemeenten en fietsersbond op één pad te houden. Daarnaast moet het concept ook een fysieke uiting krijgen. De gebruiker moet weten dat hij of zij op een fietspad rijdt dat een bijzondere status heeft. Dit kan door het gebruik van kleur, specifieke verlichting en de bewegwijzering.

---

applications also came out of the idea competition: a light-based art work for a long tunnel that changes colour in reaction to passing cyclists, and an app that gives the cyclists information about their own performance and that of others. In addition, landscape designs were realised for screening off the cycle route from other infrastructure, as well as for a green terrace, symbolically placed at the route's half-way point. Such measures increase the users' experience and act as a stimulus for the cyclist.

Attractiveness
In addition to being direct and comfortable, an express cycle route also needs to be attractive. This aspect is perhaps less important for an express cycle route than for a recreational route, but any opportunity to make an express cycle route more attractive should not go unused. Much effort has been devoted to landscape architecture and vistas to provide cyclists with an enjoyable view, and in doing so, increase the route's attractiveness. We were confronted with dilemmas that meant sacrificing a vista for the sake of safety and comfort, e.g., screening off the route from other infrastructure and protecting it from the wind. In choosing the route, the starting point used was the shortest line between two points. We then sought to create the most attractive route possible between those two points.

Coordination of Management
The management of the RijnWaalpad is in the hands of the municipalities, at the local level. The city region holds consultations with the municipalities and gives them guidelines. For example, the maintenance of the route has to be organised by all municipalities, in partnership. In managing a regional infrastructure at the local level, problems of a practical nature can sometimes arise. Actually, such management should be organised at a higher level, with the express cycle route managed as one single element. The enthusiasm for the project plays a big role in this regard. The clearly observable enthusiasm in working together to get the express cycle route realised should also be reflected in the management process. If the route becomes a success with the users, this will also contribute to ensuring that there is good management in place.

Community Formation
Marketing and branding are quite new as themes in spatial planning. Planners are generally so convinced of the need for and the desirability of a project that they think the story behind it is automatically clear to everyone. But that is far from being the case. In planning and preparing a project, good communication is necessary when it comes to convincing parties of the project's value, as well as ensuring the route has sufficient users when it's finished. It is here that community formation around the project plays an important role. In any subsequent express cycle route project, even more

Activiteiten laten komen, niet regisseren
Bij de tracékeuze van het RijnWaalpad is geen rekening gehouden met de aansluiting op (recreatieve) functies en voorzieningen. De snelfietsroute loopt vooral naar de belangrijkste werkgebieden gericht op de forens. De ontwikkeling van activiteiten langs de route zal vooral van onderaf moeten opkomen, in plaats dit van bovenaf te regisseren. Een ondernemer kan geattendeerd worden op het feit dat er een fietsroute komt, maar de ondernemer wil 'eerst zien en dan geloven' voordat hij daadwerkelijk zal investeren. Het gaat pas werken als de route eenmaal in gebruik is genomen. Anders is het heel lastig om ondernemers bewust te maken van het economisch potentieel van de fietser.

Maatwerk nu – standaardisering later
Het zou heel goed kunnen dat er een netwerk gaat ontstaan van snelfietsroutes, maar daar zal toch algauw minimaal twee decennia overheen gaan. Ook bij de ontwikkeling van de snelweg is op een gegeven moment de noodzaak ontstaan van meer uniformering en standaardisering. Met recreatieve fietspaden is precies hetzelfde gebeurd. Die lagen er, en op een gegeven moment is er netwerkvorming. Er volgen concepten over hoe met dit netwerk omgegaan kan worden en dit leidt dan tot uniformering. Stedelijke regio's moeten de vrijheid krijgen om maatwerk te maken, maar dan wel met oog voor wat er elders gebeurt. In dit stadium moet er in eerste instantie toch worden uitgegaan van regionale verscheidenheid; maatwerk passend bij de eigen opgave. Door (technische) standaardeisen worden kansen misgelopen en is er straks niet één snelfietsroute echt klaar.

---

emphasis should, from the start, be placed on marketing and branding, including a good website and choosing the right name and logo.

The concept as a means of communication
It's no small task creating a fast, straight route through an urbanised landscape with so many infrastructures. The RijnWaalpad has become a success because the parties concerned understood how important it is to keep to the concept. Making reference to the term cycle highway or express cycle route has been a valuable tool for maintaining focus. It is a means of communication that enables you to keep all policy participants, e.g., the municipalities and the Cyclists' Association, on one and the same path. In addition, it is important that the concept be given palpable form. Users must know that they are riding on a cycle path with a special status. This can be accomplished through the use of colour, special lighting or signage.

Don't direct activities – let them happen
In selecting the route for the RijnWaalpad no account was taken of (recreational) functions or facilities along the route. The route is primarily intended for getting the commuter to and from the main work centres. Developing activities along the route will primarily need to happen in a bottom up manner, as opposed to directing it top down. Of course it's possible to call entrepreneurs' attention to the fact that a cycle route is coming, but entrepreneurs tend to have a 'seeing-is-believing' approach to investing. This will kick in once the route has come into operation. Conversely, making entrepreneurs aware of the economic potential of cyclists is a difficult proposition.

Custom Work Now – Standardisation Later
It is entirely feasible for a network of express cycle routes to form, but most probably this will take at least two decades to happen. At a certain point in the development of the motorway, there came a need for uniformity and standardisation. The exact same thing happened with recreational cycle paths. The paths were there, and at a certain point in time, networks started forming. Concepts were then devised for approaching these, and that in turn led to standardisation and uniformity. City regions must be given the freedom to do custom work, while at the same time taking note of developments elsewhere. At this stage, regional variation should be expected, i.e., custom work for your own specific local needs. Standardising technical requirements now could lead to missed opportunities, without a single express cycle route being completed as a result.

DE GEÏNTERVIEWDEN

Jaap Modder was tot eind 2012 voorzitter bij de Stadregio Arnhem Nijmegen. Als voorzitter van de Stadsregio hield hij zich bezig met het bestuur, visievorming en de strategische (ruimtelijke) ontwikkeling van de regio Arnhem Nijmegen. Verder is hij hoofdredacteur bij het blad S&RO, columnist en auteur voor verschillende vakbladen en boeken, publieke spreker en docent.

Sjors van Duren is adviseur mobiliteit bij de Stadsregio Arnhem Nijmegen en leidt het programma Regionaal Fietsnetwerk waarin verschillende snelfietsroutes in de regio worden gerealiseerd. Hierbinnen is hij projectleider van het RijnWaalpad en verantwoordelijk voor de inhoudelijke coördinatie van het project.

THE INTERVIEWEES

Jaap Modder was until late 2012 chair of the City Region Arnhem Nijmegen. In this capacity, he was involved with administration, vision forming and strategic (spatial) development for the city region. Modder has authored several books, is editor-in-chief of S&RO and is active as a columnist for a number of professional journals, and as a public speaker and lecturer.

Sjors van Duren is a mobility adviser for the City Region Arnhem Nijmegen and directs the programme, Regional Cycle Network, under which a number of express cycle routes are presently being realised in the city region. As project manager for the RijnWaalpad, he bears responsibility for coordinating all aspects directly related to the project.

Interview Nørrebrogade

PIA PREIBISCH BEHRENS
HOOFD FIETSPROGRAMMA KOPENHAGEN

KLAUS GRIMAR
PROJECTLEIDER NØRREBROGADE EXPERIMENTEN

NIELS JENSEN
PROJECTLEIDER GROENE FIETSROUTES

Interview Nørrebrogade

PIA PREIBISCH BEHRENS
HEAD, COPENHAGEN CYCLE PROGRAMME

KLAUS GRIMAR
PROJECT MANAGER, NØRREBROGADE EXPERIMENTAL PROGRAMME

NIELS JENSEN
PROJECT MANAGER, GREEN CYCLE ROUTES

In Kopenhagen wordt fietsen als katalysator van stedelijk leven gezien en niet alleen als een manier van vervoer. Pia Preibisch Behrens vat het aanleggen van fietssnelwegen dan ook niet op als een geïsoleerde opgave, maar als een integraal stedelijk project waar de hele buurt, bewoners en winkeliers beter van moeten worden. Hiervoor worden de fietsroutes met aandacht voor de ruimtelijke en sociaal-economische context in de bestaande structuren geïntegreerd. Het is volgens haar zaak om de fietser bewust te maken van de diverse bestaande fietsvoorzieningen en in te spelen op de beleving van de fietser. Projectleider Klaus Grimar zet, bij de praktische transformatie van de Nørrebrogade naar Cycle Superhighway, sterk in op tijdelijke experimenten. Volgens hem dé strategie om innovatieve oplossingen te kunnen testen en te evalueren, en vooral ook om draagvlak bij burgers en overheidsinstellingen te genereren. Voor Pia Preibisch Behrens, Klaus Grimar, Niels Jensen, die dagelijks aan de fietsinfrastructuur in Kopenhagen werken, is de politieke vastberadenheid op het allerhoogste niveau essentieel voor het succes van de fietsstad Kopenhagen. Zij zien voor de toekomst de volgende uitdagingen bij het ontwerpen van fietsinfrastructuur – of beter de stedelijke ruimte waar fietsinfrastructuur onderdeel van is: het verder flexibiliseren van het ruimtegebruik in de tijd en het inspelen op klimaatverandering.

Fietsen als katalysator voor stedelijkheid
Kopenhagen wil een groei van het fietsgebruik, omdat fietsers een belangrijke bijdrage leveren aan een betere openbare ruimte en het stedelijk leven. Dit is voor de stad een nieuwe manier van kijken naar de betekenis van de fiets. Voorheen werd fietsen alleen als een manier van vervoer gezien. Een paar jaar geleden is echter het besef ontstaan van de bijdrage die de fiets levert aan het stedelijk leven. Als mensen zich in de openbare ruimte begeven, willen ze naar anderen kijken. Als fietser zie je andere mensen en draag je tegelijkertijd eraan bij dat er meer mensen op straat zijn en dat zij er langer willen verblijven. De stad wordt daardoor intensiever.

Verschillende types fietsroutes
De Cycle Superhighway richt zich op gebruik door woon-werkverkeer, meestal over de stedelijke hoofdwegen. Het routeverloop is in samenwerking met meer dan twintig buurgemeenten vastgesteld en speelt in op de potentie om 50.000 woon-werkreizigers in de grotere regio Kopenhagen uit de auto en op de fiets te krijgen. De kwaliteitseisen aan de Cycle Superhighways zijn hoog: voldoende breedte voor een goede doorstroming, veiligheid en geen ontbrekende schakels. Daarnaast moet ook het onderhoud van hoog niveau zijn.

De groene fietsroutes zijn een alternatief voor de drukke Cycle Superhighways en zijn meer gericht op recreatief gebruik. Ze liggen voor het grootste deel binnen de gemeentegrenzen van Kopenhagen. De routes zijn zo veel mogelijk gescheiden van andere infrastructuur. Waar dit niet mogelijk is, lopen ze door rustige, aantrekkelijke straten. De Nørrebro Groene Route is bijvoorbeeld door bestaande parken heen gelegd en op delen zijn de route

In Copenhagen, cycling is regarded not just as a mode of transport, but as a catalyst for urban living. As Pia Preibisch Behrens puts it, laying cycle expressways is not an isolated task, but an integral urban project from which the entire relevant district, its residents and its shopkeepers can benefit. To that end, a great effort is made to take account of the spatial and socio-economic context when integrating cycle routes into existing structures. In her view, it is imperative to make cyclists aware of the range of existing cycling facilities and take account of how cyclists experience these. In the functional transformation of Nørrebrogade into a cycle superhighway, project manager Klaus Grimar has made much use of temporary experiments – according to Grimar, *the* strategy for testing and evaluating innovative solutions, and above all for generating support bases among both citizens and government bodies. To Pia Preibisch Behrens, Klaus Grimar and Niels Jensen, all of whom work on a daily basis on Copenhagen's cycle infrastructure, political determination at the highest level is essential to the success of Cycling City Copenhagen. In the process of designing cycle infrastructure – or more precisely, the urban space of which the cycle infrastructure forms part – they identify the following as important future challenges: further flexibility of spatial use over time and taking account of climate change.

Cycling as a Catalyst for Urban Living
Copenhagen would like to see bicycle use grow, as cyclists make an important contribution to improving the public space and urban life. Yet the bicycle has not always been viewed in this light. Until recently, it was simply one of several modes of transport. However, in the past few years, people have been placing a much higher value on the contribution made by cycling to urban life. When people enter the public space, they like seeing other people. As a cyclist, one not only sees other people, but also contributes to increasing the number of people in the street and to their desire to stay there longer. As a result, the intensity of urban life is increased.

Different Types of Cycle Routes
Cycle superhighways are focused on commuter traffic, especially on main urban roads. Their routes, determined in partnership with more than twenty neighbouring municipalities, are aimed at getting 50,000 commuters in Greater Copenhagen out of their cars and onto their bicycles. The qualitative requirements for cycle superhighways are high: there must be no links missing and their widths must be sufficient in ensuring good circulation and safety. Furthermore, maintenance must meet high standards.

The green cycle routes, most of which are located within Copenhagen's municipal borders, are intended as an alternative to hectic cycle

en de aangrenzende groene ruimte samen ontworpen. Op andere delen worden sportfaciliteiten, pleinen en parken later aan de route toegevoegd. De ruimtelijke eisen voor de groene fietsroutes zijn hoger dan die voor de Cycle Superhighways.

Bewustmaking en beleving
In Kopenhagen is het fietsnetwerk langs de hoofdwegen al bijna helemaal aangelegd. Voor de aanleg van de Cycle Superhighways hoefde er niet veel verbeterd te worden. Het gaat om het bewustzijn van de gebruiker dat er een goede fietsverbinding is en dat die een realistisch alternatief is voor de auto of de trein. Bij de eerste Cycle Superhighway is er over de hele lengte van zeventien kilometer een oranje lijn geschilderd. Voor fietsers was het makkelijk en begrijpelijk, omdat alleen maar de lijn gevolgd hoeft te worden om het centrum van de stad te bereiken. Dit werkte erg goed voor de communicatie van de route en het bewustzijn bij de gebruiker.
Voor de groene routes is het belangrijk dat de fietser een goede ervaring en beleving heeft. Voor de Cycle Superhighway is dit ook belangrijk, maar hier staat vooral voorop dat het een goede woon-werkfietsroute is over langere afstanden. Snelheid staat hier meer centraal. Maar als de mogelijkheid zich voordoet om de Cycle Superhighway te combineren met groen, dan wordt dit gedaan.

Een stedelijk project, niet alleen een fietspad
De Nørrebrogade is eigenlijk meer een stedelijk project dan specifiek een fietsproject. De vraag ging vooral over wat er met het hele gebied moest gaan gebeuren. Het district Nørrebro is een jonge, multiculturele buurt met een hoge dichtheid. Het autoverkeer is teruggebracht om de bereikbaarheid en doorstroming van het bus- en fietsverkeer te verbeteren. Dit is gedaan door een herinrichting naar twee rijbanen voor auto's en bussen, een drie tot vier meter breed fietspad en op sommige plekken vijf meter brede trottoirs. Een deel van de straat is nu afgesloten voor autoverkeer en alleen bussen mogen doorrijden. Het autoverkeer is 40% gereduceerd. Er is meer ruimte voor fietsers en voetgangers, waardoor de Nørrebrogade vriendelijker en aangenamer is dan voorheen. Er is nu sprake van een kritieke massa aan gebruikers, die de levendigheid van de straat heeft versterkt.

Integratie in bestaande structuren
Bij de Nørrebrogade is de bestaande infrastructuur geüpgraded. De totale route, met een lengte van twintig kilometer, is een combinatie van traditionele en nieuwe interventies. Verder buiten het stadscentrum, in de wijken, is de infrastructuur meer traditioneel. Richting het stadscentrum, waar het drukker wordt met fietsers, is naar nieuwe oplossingen gezocht. De Cycle Superhighway bestaat uit een combinatie van verbeterde delen, invullingen van ontbrekende schakels en innovatieve ingrepen in de vorm van verkeersexperimenten. Bij de integratie van de route in bestaande structuren wordt vooral gezocht naar een oplossing voor het ruimtegebrek in de sterk verstedelijkte gemeenten. Daar is het erg moeilijk om nieuwe infrastructuur binnen de bestaande straatprofielen aan te leggen.

---

superhighways and tend to be more for recreational use. They have been kept as separate as possible from other infrastructure. Where this has not been possible, they run through quiet, attractive streets. The Nørrebro Green Route, for example, runs through existing parks, and for some stretches, the route and the adjacent green area were even designed together. At other locations, sport facilities, squares and parks were subsequently added to the route. The spatial requirements for green cycle routes are higher than those for cycle superhighways.

Raising Awareness; the Cyclist's Experience
In Copenhagen itself, the laying of the cycle network along the major roads is now almost entirely complete. Little remains to be done in the way of improvement prior to the construction of the cycle superhighways. The main task is to make users aware that a good connection by bicycle is be available to them and that cycling is a realistic alternative to travelling by car or train. For the first cycle superhighway, an orange line was painted along its entire 17-km length, making things simple and easy for cyclists, as all they had to do was follow the line to reach the city centre. This had a positive effect on both user awareness and communication generally. For green routes, it is important that cyclists experience them positively and enjoy using them. Naturally, this is also applies to the cycle superhighways, but here the highest priority is for them to be good cycle routes for travelling long distances between home and work, with much emphasis on speed. But where it's possible to combine a cycle superhighway with greenery, it is done.

An Urban Project, Not Just a Cycle Path
Nørrebrogade is actually more an urban project than specifically a cycling project. The essential question was deciding what to do with the entire area. The Nørrebro district is a young, multi-cultural, high-density area. Automobile traffic was reduced in order to improve the accessibility and circulation of bus and cycle traffic. This was accomplished by switching to a two lane street to accommodate the car traffic and buses, a three to four-metre-wide cycle path and in some places five-metre-wide sidewalks. The street was closed to car traffic at one stretch, where only the buses are allowed to pass through. Car traffic has been reduced by some 40% and it is more intensively used by cyclists and pedestrians, making Nørrebrogade much more pleasant than it used to be. A critical mass has been attained with regard to users, thus increasing the vitality of the street.

Integration Into Existing Structures
The Nørrebrogade project meant upgrading the existing cycling infrastructure. The entire route, with a length of 20 km, features a combination of traditional and innovative interventions. Where it is further away from the city centre, in the residential neighbourhoods, the infrastructure is

Een sterke politieke wil
De Nørrebrogade is een tamelijk radicaal project, tot stand gekomen door politieke daadkracht. Ongeveer tien jaar geleden werd al geconstateerd dat in de Nørrebrogade congestieproblemen waren. De fietspaden waren overvol, waardoor de doorstroming stagneerde. De bussen op de belangrijkste buslijn van de stad liepen vertragingen op. De trottoirs waren smal en slecht onderhouden. In eerste instantie is er geprobeerd de problemen op te lossen met individuele deelprojecten, maar op een gegeven moment heeft de burgemeester het initiatief genomen om alle problemen aan te pakken en één masterplan te maken voor het hele gebied. Het was een combinatie van een duidelijke, urgente problematiek en de politieke overtuiging deze problemen consequent aan te willen pakken. De huidige burgemeester heeft nu besloten de volgende stap te nemen, vanwege het succes dat behaald is en de publieke steun die het project krijgt.

Experimenten als ontwikkelstrategie
Het gefaseerd werken en de tussentijdse evaluaties zijn belangrijke succesfactoren. Hierdoor geef je de politieke besluitvorming tijd om te reageren. Het is trouwens ook makkelijker om een vergunning te krijgen voor een tijdelijk experiment. Na een jaar is er het risico dat de vergunning ingetrokken wordt, maar dan is er bijvoorbeeld wel al inzichtelijk gemaakt dat het project werkt. Door ingrepen te testen, zijn er meer mogelijkheden en kan er gezocht worden naar de optimale oplossing. De testperiode geeft ruimte voor evaluatie en dialoog met de betrokken partijen. En wat geleerd wordt, kan in de realisatie van het project worden meegenomen. Bij de start van het Nørrebrogade-project is er in eerste instantie uitgegaan van een testperiode van drie maanden.

De fietser als klant
Een groep winkeliers in de Nørrebrogade was aanvankelijk bang voor omzetverlies door het terugbrengen van het autoverkeer. Er passeerden 17.000 auto's per dag. Nu is het autoverkeer met 40 procent gereduceerd, maar aan de andere kant is er nu een toename van 7.000 fietsers per dag. Een belangrijk aspect was de houding van de meeste winkeliers in de straat, die de fietser juist als een potentiële klant zagen. Dit heeft vooral te maken met het type winkel. Het aantal kleinere winkels en vooral cafés is geëxplodeerd. De transformatie is nu al zichtbaar. Zo is er een toename in het aanbod van commerciële functies, gericht op een andere (fietsende) doelgroep.

Tegemoetkomen van betrokkenen
Ten tijde van het publieke debat met het bedrijfsleven aan de Nørrebrogade kwam de voorzitter van de winkeliers met de vraag of er niet iets bedacht kon worden om het imago van de buurt te verbeteren en te promoten. Samen met de betrokkenen is erover nagedacht hoe de Nørrebrogade aantrekkelijker kon worden gemaakt door *branding* en het organiseren van activiteiten. Er is toen een informatiecampagne gestart met kaarten van de wijk. Deze kaarten zijn verspreid, onder andere in

more traditional. For the part closer to the centre, and where there is more cycling activity, new solutions were sought. The cycle superhighway consists of a combination of improved sections, links added where they were lacking and innovative interventions in the form of traffic experiments. In integrating the route into existing structures, highest priority was given to seeking a solution to the shortage of space in highly urbanised municipalities, where it is extremely difficult to construct new infrastructure within existing street profiles.

A Strong Political Will
Due to its quite radical nature, the Nørrebrogade project would not have been possible without political decisiveness. Some ten years ago, it was already established that the street had congestion problems. Its cycle paths were overcrowded, causing circulation to stagnate. The city's most important bus line experienced delays. The sidewalk was narrow and in poor condition. Initially, an attempt was made to solve these problems by means of problem-specific projects, but ultimately, the city's mayor took the initiative in drawing up a single masterplan for the entire area to deal with all of the problems at once. It represented a combination of an acute set of problems and the political will to solve them in a coherent manner. Copenhagen's present mayor has now decided to take the next step in the project, due both to the success thus far achieved and the public support the project enjoys.

Experimentation as a Development Strategy
Phased execution and interim evaluations can make an important contribution to making a project a success. It gives the political decision-making process sufficient time to react. In addition, it is easier to obtain permission if a temporary experiment is involved. There is a risk that permission will be withdrawn in a years' time, but by then it is quite possible that the project's efficacy will have been demonstrated. Through the testing of interventions, new possibilities are revealed and the best solution can be sought. The test period provides space for evaluation and dialogue with the parties concerned. What is learned here can be included in the project's realisation. (For the Nørrebrogade project, a test period of three months was initially agreed.)

The Cyclist as a Customer
A number of shopkeepers in Nørrebrogade were initially afraid they might undergo a loss of business as a result of reduced automobile traffic. At that time, 17,000 cars went by each day. That number has now gone down by 40%, while, at the same time, 7,000 more cyclists use the route each day than previously. But it depends on what type of business you run. An aspect that played an important role in the process was that most shopkeepers in the street viewed the added cyclists as new potential customers. The number of smaller shops and especially cafés in Nørrebrogade has truly exploded. The transformation of the street is now visible:

het openbaar vervoer, publieke gebouwen en winkels. Daarnaast is de precarioheffing tijdelijk opgeheven, waardoor de winkeliers gratis hun winkeluitbreiding op het trottoir kunnen neerzetten. Verder is de verkeersregulatie in het masterplan herzien, is er getest of het makkelijker kon worden gemaakt om Nørrebro met de auto in te komen, is de verlichting verbeterd en de snelheid naar veertig kilometer per uur verlaagd.

Nadenken over flexibel ruimtegebruik
Door een gebrek aan ruimte in Kopenhagen zal er in de toekomst meer moeten worden nagedacht over flexibel ruimtegebruik. De straten moeten flexibele ruimte bieden voor andere activiteiten en evenementen, zoals muziek en markten. Bredere trottoirs en pleinen, waar grotere activiteiten kunnen plaatsvinden, ondersteunen dit. Maar dan wel op tijden van de dag dat er minder autoverkeer is en op plekken waar het busvervoer niet doorheen hoeft. Een recent voorbeeld zijn parkeerplaatsen die overdag aan fietsen en 's nachts aan auto's ruimte bieden. Het profiel van de straat wordt daarmee flexibel georganiseerd naar gebruik en dagdeel. Toen het project van start ging, passeerden er 30.000 fietsers per dag door de Nørrebrogade. Dit is na fase één inmiddels gegroeid naar 40.000. Voor de tweede fase van het project moet opnieuw worden nagedacht over capaciteit en parkeervoorzieningen.

Ontwerpen aan het veranderend klimaat
Er moet meer aandacht en bewustzijn komen voor klimaatverandering en de gevolgen zoals piekregenval. Een voorbeeld: vorig jaar is er zo veel regen gevallen dat er nu nog problemen zijn. De schade die toen is veroorzaakt, heeft de stad veel geld gekost. Dit betekent concreet nadenken over meer groen voor wateropvang. In Nørrebrogade zijn er bijvoorbeeld bomen op de trottoirs geplaatst. Door alle kabels en pijpleidingen was het echter bijzonder lastig hiervoor voldoende ruimte te vinden. Wellicht kunnen de fietspaden ook een rol spelen in de opvang en afvoer van regenwater?

the range of commercial functions has increased, directed toward a different target group, namely, cyclists.

Meeting the Needs of the Parties Concerned
In the period when the public debate with the Nørrebrogade business sector was happening, the chairperson for the shopkeepers asked if it would be possible to come up with an idea for improving and promoting the area's image. Consultations were held with all of the parties concerned, to find a way to make Nørrebrogade more attractive through branding and by organising activities. An information campaign was initiated featuring maps of the district. The maps were distributed in shops and public buildings, as well as to those travelling via public transport. In addition, the 'municipal encroachment tax' was temporarily suspended, enabling shopkeepers to expand their business onto the sidewalk without charge. In addition, the way in which traffic regulation was laid down in the masterplan was revised, testing was carried out to determine if automobile access to the Nørrebro district could be made easier, the illumination system was improved and the maximum speed was reduced to 40 kmph.

Thinking About More Flexible Use of Space
Due to the shortage of space in the city, new ideas will be needed in future to promote more flexible use of space. The streets must provide flexible space for activities and events, such as music and fairs. Wider sidewalks and squares, where larger-scale activities can take place can contribute positively – but to be sure, at times of day with less automobile traffic and at locations where buses don't need to come through. A recent example: car parks that are used during the day for bicycles and at night for cars. In this manner, the street profile is organised flexibly in accordance with use and time of day. When the Nørrebrogade project commenced, some 30,000 cyclists per day used Nørrebrogade. Following Phase 1, this number grew to 40,000. Concerning Phase 2, more ideas are needed about capacity and parking facilities.

Designing and Climate Change
More attention must be paid, and greater awareness is needed, in respect to climate change and its consequences, e.g., peaks in rainfall. One example: last year, so much rain fell that it is still causing problems. The damage caused at the time of the rainfall resulted in high financial costs for the city. The conclusion: concrete plans must be devised for increasing the amount of green that can be used for water capture. The city looks into whether additional trees in the streets can contribute to a solution, but the vast amounts of cables and piping present made it particularly problematic to find sufficient space for the trees. Perhaps, in the future, the cycle paths themselves could contribute to the capture and drainage of rain water?

DE GEÏNTERVIEWDEN

Pia Preibisch Behrens is hoofd van de afdeling fietsprogramma van de stad Kopenhagen en betrokken bij de ontwikkeling van strategie en planning op de schaal van de stad.

Klaus Grimar is architect en projectmanager van het Nørrebrogade project bij de afdeling planning van de stad Kopenhagen.

Niels Jensen is verkeerskundige op de afdeling planning van de stad. Kopenhagen en projectmanager van het groene fietsroutenetwerk.

THE INTERVIEWEES

Pia Preibisch Behrens is head of the city department responsible for the cycle programme and was involved in the development of strategy and planning at the urban level.

Klaus Grimar is an architect on the staff of the planning department of the City of Copenhagen and is project manager for the Nørrebrogade project.

Niels Jensen is a cycle traffic expert on the staff of the planning department of the City of Copenhagen and is project manager for the city's green cycle-route network.

Interview Londen

NICK CHITTY
AUTEUR CYCLE SUPERHIGHWAYS DESIGN GUIDANCE

ROBERT SEMPLE
PROGRAMMAMANAGER CYCLE SUPERHIGHWAYS-PROJECT

Interview London

NICK CHITTY
AUTHOR, CYCLE SUPERHIGHWAYS DESIGN GUIDANCE

ROBERT SEMPLE
PROGRAMME MANAGER, CYCLE SUPERHIGHWAYS PROJECT

Het stimuleren van fietsgebruik is in Londen topdown-beleid. Nick Chitty en Robert Semple zijn erbij betrokken dit beleid te vertalen naar praktische oplossingen en deze uit te voeren. De Cycle Superhighways moeten goed zichtbaar zijn in het straatbeeld van Londen. En dan niet alleen voor de fietser maar juist ook voor anderen, zoals de automobilisten. De keuze voor de ligging van de routes – op hoofdassen – en de kleur blauw als herkenbaar beeldmerk hebben hiermee te maken. Naast zichtbaarheid zijn navigeerbaarheid en creëren van waarde de opmerkelijkste kenmerken van de fietssnelwegen in Londen. Het gesprek met Nick Chitty en Robert Semple leidt tot een interessante interpretatie: de Cycle Superhighways als een collateraal effect van de congestion fee en het bevorderen van busvervoer; de tolheffing maakte op bepaalde plekken verkeersruimte vrij voor gescheiden busbanen, die vandaag dubbel dienstdoen als fietsroutes. Een opgave voor de toekomst is het beter verbinden van fietsinfrastructuur met openbaar vervoer. Verder zien zij potentie in hoogwaardige fietsinfrastructuur voor korte ritten rond buurt- en stadsdeelcentra, als aanvulling op de Cycle Superhighways, die gericht zijn op langere woon-werk fietsritten naar de City.

Top down
Het project Cycle Superhighwayst is deel van een beleid van bovenaf. Het manifest WAY TO GO! van Boris Johnson ging in op alle urgente vervoerskwesties en geeft fietsen een belangrijke plaats. Het manifest behandelt de potentie van korte fietsritten in centraal Londen en van langere woon-werkverplaatsingen op de fiets. Deze topdownbenadering vanuit een globale visie voor Londen heeft onder meer het Cycle Hire project en de Cycle Superhighways, voortgebracht. Vervolgens is bepaald welke eigenschappen de Cycle Superhighways zouden moeten krijgen. Het moest anders zijn dan wat er eerder was gedaan en een groei in het fietsgebruik kunnen bewerkstelligen. Dit leidde onder meer tot het gebruik van de hoofdwegen voor fietsroutes, in plaats van deze vooral op secondaire wegen te ontwikkelen.

Routekeuze
Er is daarom nauwkeurig naar deze corridors gekeken en er zijn twaalf routes vastgesteld. Ongeveer 60 procent van de twaalf oorspronkelijk vastgestelde Cycle Superhighways zijn hoofdroutes die onder het beheer van Transport for London (TfL) vallen. De rest valt onder het beheer van de boroughs. Sommige routes zijn een combinatie van beide. Het unieke aan dit project is, ongeacht wie er de verantwoordelijke autoriteit is, dat de route als één geheel gerealiseerd wordt. Voor de eerste twee gerealiseerde pilotroutes zijn twee routes met verschillende eigenschappen aangewezen. De CS7 gaat over een drukkere TfL-weg. Hier ligt het fietspad meestal op de rijbaan. De CS3 daarentegen loopt veelal over rustigere borough-wegen. Op het buitentraject langs een drukkere weg is het fietspad meestal gescheiden van de rijbaan. Het concept heeft zich bewezen en gedurende het proces heeft TfL er veel van geleerd voor de volgende routes. De eerste twee routes, CS3 en CS7, zijn geopend in juli 2010 en de routes CS2 en CS8 in juli 2011.

123

In London, a top-down policy is being employed to stimulate bicycle use. Nick Chitty and Robert Semple are involved in translating this policy into practical solutions and managing their execution.. The cycle superhighways should be tangible in London's street picture, and at that, not just for cyclists, but particularly for others such as vehicle drivers, as well. The choice of location for routes – on main axes – as well as the colour blue as a recognisable visual cue are part of this. Aside from visibility, the aspects of navigability and value creation are the most notable features of London's cycle superhighways. The conversation with Nick Chitty and Robert Semple leads to an interesting interpretation: cycle superhighways as a collateral effect of the congestion fee and the promotion of transport by bus; the levying of a toll yielded, in places, traffic space for individual bus lanes which also serve as cycle routes. In the future, aspects such as improving the connection between cycle infrastructure and public transport can be envisaged. There is also potential for high-quality cycle infrastructure for short journeys around neighbourhood and urban-district centres, this to go alongside the cycle superhighways primarily intended for cycling longer distances when commuting into the City.

Top-down
The London cycle superhighways project is part of the product of a top-down policy. Mayor Boris Johnson's comprehensive mission statement on all of the city's urgent transport issues, entitled WAY TO GO! assigned an important role to cycling. The statement treats the potential of both short bicycle trips in central London and those involving longer home-work distances by bicycle. This top-down approach, embedded in an integral vision for London, resulted in, amongst other things, Cycle Hire and Cycle Superhighways. In turn, it was determined what features the cycle superhighways should have. They needed to be different from what already had been done and to yield an increase in bicycle use. This led, among other things, to the use of main roads for cycle routes as opposed to developing them mainly on secondary roads.

Choice of Route
For this reason, the corridors were subjected to thorough analysis and, in turn, twelve routes selected. Ca. 60% of the twelve cycle superhighways originally selected were on main routes that fall under the authority of Transport for London (TfL). The remainder falls under the authority of the boroughs. Some routes are a combination of the two. What is unique about the project is that, regardless of under whose authority a route falls, the route is always realised as a unified whole. Two routes with different features were allocated for the first two pilot routes to be realised. CS7 runs over a busier TfL road. Here, the cycle path is mainly on the carriageway. In contrast, CS3 runs for long stretches over quieter borough roads, and on the outer section alongside a busier road the

Private sponsoren
Het Cycle Superhighways-project is door TfL gefinancierd. Barclays is de sponsor van het Cycle Hire-project en ook de Cycle Superhighways.[1] Op publiek verkrijgbaar promotiemateriaal staat de naam van Barclays als sponsor, maar verder zijn er geen bedrijfslogo's zichtbaar op straat. Verdere reclame en branding op straat is niet toegestaan. Daarbij gaat het merendeel van het budget naar de realisatie van de fysieke infrastructuur en de rest naar andere activiteiten, zoals studies en analyses.

Definitie van kenmerken
De ontwerpcriteria voor de Cycle Superhighways zijn gebaseerd op richtlijnen. Om de Cycle Superhighways herkenbaar te maken, zijn er een enkele kenmerken gedefinieerd: continuïteit, zichtbaarheid, navigeerbaarheid, comfort, veiligheid en waarde. Zichtbaarheid gaat heel erg over de publieke zichtbaarheid en toegankelijkheid van het project. Het helpt de gebruiker om de route te vinden en te volgen. In eerdere fietsprojecten was dit misschien een punt van kritiek: het was onduidelijk waar een route begon of eindigde. Bij kruisingen ontbrak het soms aan de nodige voorzieningen. De definitie van kenmerken voor de Cycle Superhighways was dus eigenlijk een reflectie op wat er allemaal eerder was gedaan en wat beter moest.

Zichtbaarheid, navigeerbaarheid en waarde[2]
De kleur blauw is een belangrijk fysiek kenmerk voor het Cycle Superhighways-project. Het is voor iedereen, en niet alleen de fietser, duidelijk dat er een fietsvoorziening is. Door de zichtbaarheid is er een groeiend bewustzijn in Londen voor de fietser als gelijkwaardige weggebruiker. Dit helpt voor de marketing van het project en tevens de veiligheid. Eigenlijk heeft zichtbaarheid meerdere voordelen, zo draagt het ook bij aan de continuïteit en navigeerbaarheid van de route. En een goede navigeerbaarheid geeft de gebruiker vertrouwen. Naast het blauw van de rijbaan wordt de zichtbaarheid versterkt met bewegwijzering, kaarten en verticale informatiezuilen. De zuilen geven, zoals op een subway map, de route en reistijden weer aan de hand van vaste herkenningspunten langs de route. Het kenmerk waarde gaat over de potentie van een route om meer fietsbewegingen te genereren en om waarde toe te voegen aan de omgeving.

Pakket aan maatregelen
Nieuw aan het Cycle Superhighways-project is vooral dat de route van begin tot eind over een langere afstand, tien kilometer en meer, als één route wordt behandeld. Dit wordt bereikt met de continuïteit van de fysieke ingrepen en met een compleet pakket van ondersteunende maatregelen. De vernieuwing zit in het samenbrengen van de maatregelen in één pakket eerder dan in de individuele maatregelen op zich. De ondersteunende maatregelen zijn bijvoorbeeld training, scholing en fietsparkeervoorzieningen. Dit is een heel belangrijk aspect van het project. Er wordt op een proactieve wijze het gesprek gezocht met bedrijven en organisaties langs de route, waarbij

---

cycle path is often separate from the carriageway. The concept proved itself, and during the process TfL learned a great deal from it for the subsequent routes. The first two routes, CS3 and CS7, were opened in July 2010, and CS2 and CS8 in turn in July 2011.

Private Sponsors
The cycle superhighways project is financed by TfL. Barclays is the sponsor of the Cycle Hire project and also the Cycle Superhighways.[1] Barclays is mentioned as a sponsor on publicly available promotional material; no company logos are visible on the routes. Any other advertisements and branding are not permitted. The majority of the budget goes to realising the physical infrastructure and the rest to other tasks, e.g., studies and analyses and supporting measures such as cycle training and education.

Definition of Features
The design criteria for the cycle superhighways are based on guidelines. To make the cycle superhighways recognisable, a few features have been defined: continuity, visibility, navigability, comfort, safety and value. Visibility largely involves a project's public visibility and accessibility. It helps users to find and follow the route. In previous cycle projects, this has perhaps been a weaker point: it was not clear where a route began or ended. At junctions, the requisite facilities were sometimes missing. Thus, defining the features for the cycle superhighways was both a reflection of everything that had been done previously and everything that had to be improved.

Visibility, Navigability and Value[2]
The colour blue is a key feature of the cycle superhighways project. It clearly denotes cycle facilities to everyone, not just cyclists. This in turn has resulted in a growing awareness in London of the cyclist as an equal among road users. This has a positive effect on both the marketing of the project and safety. Visibility brings other advantages. For example, it contributes to the continuity and navigability of the route. And good navigability inspires trust among users. In addition to the use of the colour blue for the paths, visibility is also supported by means of signage, maps and vertical information columns. Like the maps on the underground, the latter provide the route and journey times in terms of fixed recognition points along the route. Value involves the potential of a route to generate more bicycle movements and add value to its context.

Package of Measures
The most essential innovation of the cycle superhighways project is the fact that, from beginning to end, even for longer stretches, e.g., 10 km and more, each route is treated as one single route. This is achieved through the continuity of the physical interventions made, as well as through a complete package of supporting measures. These

financiële ondersteuning voor bijvoorbeeld het realiseren van fietsfaciliteiten op locatie en fietstrainingen voor medewerkers worden aangeboden. Het Cycle Superhighways-project gaat dus om meer dan alleen de fysieke infrastructuur.

De kleur blauw
Een blauwe baan moet minimaal 1,5 meter breed zijn. Als dit niet mogelijk is, wordt een blauw patroon of signalering als alternatief toegepast. Het blauw is eveneens symbolisch voor het project en is bedoeld om te benadrukken dat het om een nieuw initiatief gaat. In Londen is groen een veelgebruikte kleur voor fietspaden. Blauw was een nog ongebruikte kleur. In vorige projecten is er alleen kleur gebruikt om plaatselijk de veiligheid te verbeteren of de route herkenbaar te maken. Maar voor de Cycle Superhighways is een bredere benadering gekozen. Het gaat niet alleen om veiligheid, maar ook om continuïteit en navigeerbaarheid.

Congestion fee en fiets
Het tolsysteem, ingevoerd in 2003, heeft een bijdrage geleverd aan de haalbaarheid van het Cycle Superhighways-project. Gelijktijdig met de congestion fee is er prioriteit gegeven aan het verbeteren van het busvervoer. Een maatregel was de gescheiden busbaan op de hoofdwegen. En bijwerking was dat veel mensen de busbanen gebruikten om vrij van het autoverkeer te kunnen fietsen. Dit leidde tot een groei van het fietsverkeer op de hoofdwegen. Het aantal fietsers was daarvoor al aan het toenemen, maar het tolsysteem gaf het fietsen een boost en meer relevantie aan de fiets als vervoersmodaliteit. De gescheiden busbanen zijn toen voor de Cycle Superhighways gebruikt. Het was ook daarvoor wettelijk toegestaan om over de busbanen te fietsen. Maar de Cycle Superhighways gaven hieraan voor het eerst een visuele bevestiging en benadrukten dat fietsers de busbaan konden gebruiken.

Bus en fiets
Het gebruik van de busbanen door de fietser hangt sterk af van de breedte van de busbaan. Er is gezocht naar wat hiervoor de beste afmetingen zijn. Er zijn zogenaamde smalle busbanen die de breedte van de bus hebben. Als er geen verkeer is kan de bus om de fietser heen, anders wacht de bus achter de fietser. Andersom wacht de fietser vaak achter de bus bij de bushalte. Er is veel werk gemaakt van het verbreden van de smalle busbanen op de route van de Cycle Superhighways, zodat er voldoende ruimte is voor fietsers en bussen om elkaar binnen de busbaan in te halen. Terugkijkend kan gesteld worden dat er een relatie bestaat tussen de congestion fee, de promotie van het busvervoer en de introductie van de Cycle Superhighways. Dit is echter eerder een collateraal effect. Primair was het doel de openbaarvervoercapaciteit snel te verhogen, om van de bus een alternatief voor de auto te maken. De verbeterde busbanen vormden later de basis voor velen van de Cycle Superhighways routes.

---

form an important pillar of the project. What is innovative about them resides more in bringing them together in one package than in any individual one in and of itself. The supporting measures include, e.g., training and other instruction, and bicycle parking facilities. Further, TfL proactively seeks dialogue with companies and other organisations along the route and provides financial support, for example for cycle facilities on their premises and employee cycle training. So the cycle superhighways project is about more than just physical infrastructure.

Blue
A blue cycle lane must have a width of at least 1.5 m. Where this is not possible, a blue motif or indication is employed. Blue is also symbolic for the project as a whole and emphasises the newness of the initiative. In London, green is already used a lot for cycleways. Blue was as yet not in use. In previous projects colour was only used as an aid in improving safety locally, or to denote a route. But for the cycle superhighways a wider-ranging approach was opted for. It's not just about safety, but continuity and navigability, as well.

The Congestion Fee and the Bicycle
The toll system introduced in 2003 has contributed to the feasibility of the cycle superhighways project. Simultaneously with the congestion fee, priority was given to improving bus transport. One relevant measure involved separate bus lanes on main roads. It was a secondary benefit that many people had been using bus lanes in order to cycle without automobile traffic around them. This led to increased cycle traffic on the main roads. The number of cyclists had already been increasing prior to that time, but the toll regime definitely gave cycling a boost, and greater relevance to the bicycle as a mode of transport. The separate bus lanes were then employed as part of the cycle superhighways. It had been permitted by law before then to cycle on bus lanes. But the cycle superhighways for the first time gave this visual confirmation and emphasised the fact that cyclists could use these lanes.

Bus and Bicycle
The extent to which a bus lane is used by cyclists strongly depends on the width of the lane. TfL looked into what would be the best measurements for them. There are, for example, so-called narrow bus lanes that are the width of a bus. If there is no traffic, a bus can go around the cyclist; otherwise the bus waits behind the cyclist. Conversely, cyclists must often wait behind buses at bus stops. Much has been done to widen the narrow bus lanes on the routes of the cycle superhighways, so that there is sufficient space for cyclists and buses to overtake one another within a bus lane. Looking back, it can be asserted that a relationship exists between the congestion fee, the promotion of bus transport and the introduction of cycle superhighways. This is however more of a collateral effect. The primary goal was to bring about a rapid increase in the capacity of public transport in order

Specifiek ruimtelijk programma
Het verbinden van een specifiek ruimtelijk programma aan de Cycle Superhighways is nog niet onderzocht of gerealiseerd. Wat geïdentificeerd kan worden, is de relatie van de Cycle Superhighways met wonen. Een aantal jaren geleden werd bij de eerste woningbouwontwikkeling geadverteerd met een goede fietsverbinding naar de City. Hier wordt het interessant. Voor commerciële voorzieningen is de relatie minder evident. Retailers denken nog steeds dat iedereen met de auto komt.

Verbinden met openbaar vervoer
Door het terugdringen van de auto wordt de bereikbaarheid van openbaarvervoerknooppunten in de toekomst nog belangrijker. Er zijn rond busstations al mogelijkheden om fietsen te parkeren. Maar de volgende stap is om betere schakels te maken tussen fiets en openbaarvervoer.

Aandacht voor het lokale
Een ander aandachtspunt is het beter organiseren van korte, lokale fietsbewegingen. De Cycle Superhighways zijn duidelijk gericht op woon-werkverkeer en lange ritten. Het uitgangspunt was om mensen vanuit Groot-Londen met het centrum van de stad te verbinden en de mensen van daar verder te verspreiden. In de toekomst zou er ook over moeten worden nagedacht hoe het fietsverkeer rond buurt- en stadsdeelcentra gefaciliteerd kan worden. Dit zou de lokale economie kunnen stimuleren.

---

to make bus travel an alternative to automobile travel. The improved bus lanes subsequently formed the basis for many of the proposed cycle superhighway routes.

Specific Spatial Programme
Connecting a specific spatial programme to the cycle superhighways has been neither studied nor realised. What can be identified is the relationship between cycle superhighways and residential housing. Some years ago, there was an advertisement for the first housing development programme featuring a good cycle connection to the city. This aspect is of obvious value. For commercial facilities, though, it is less obvious. Retailers still think that all their customers will come by car.

Connecting the Bicycle to Public Transport
By reducing the amount of automobiles in traffic, the accessibility of public transport junctions will be more important in future. Around bus stations, there are already facilities for parking bicycles. But the next step is to realise better connections between cycling and public transport.

Attention Paid to Local Aspects
Another point for attention is improving the organisation of short, local bicycle movements. The cycle superhighways are clearly oriented toward commuter traffic and long journeys. The starting point was to connect people from Greater London with the city centre and to promote dispersion within the centre. In future, new ideas will be needed for facilitating cycle traffic around neighbourhood and borough centres. This could serve as a stimulus to local economies.

DE GEÏNTERVIEWDEN

Robert Semple is senior programmamanager voor Transport for London (TfL) en één van de managers voor het Cycle Superhighways-project.

Nick Chitty is regionaal programmaplanner voor TfL en heeft de ontwerprichtlijnen voor de Cycle Superhighways in London ontwikkeld. Hij was van 2003 tot 2010 de projectmanager van TfL voor het London Cycle Network Plus programma en betrokken bij de ontwikkeling van de London Cycling Design Standards, gepubliceerd in 2005.

1 Er is een historie in het Verenigd Koninkrijk van commerciële steun aan infrastructuurprojecten door private sponsoren.
2 De drie kenmerken zichtbaarheid, navigeerbaarheid en waarde onderscheiden zich van de in Nederland gebruikelijke CROW-criteria voor fietsinfrastructuur.

THE INTERVIEWEES

Robert Semple is a senior programme manager for Transport for London (TfL) and one of the managers of the cycle superhighways project.

Nick Chitty is a regional programme planner for TfL and developed the Cycle Superhighways Design Guidance.. He was TfL's project manager for the London Cycle Network Plus programme from 2003-2010 and was involved with developing the London Cycling Design Standards, published in 2005.

1 There is, incidentally, a history of commercial support to infrastructural projects by private sponsors in the UK.
2 The three features, visibility, navigability and value differ from the CROW criteria for cycle infrastructure in use in the Netherlands.

Interview Noordbahntrasse

KLAUS LANG
ADFC WUPPERTAL SOLINGEN / WUPPERTALBEWEGUNG

CLAUS-JÜRGEN KAMINSKI
WUPPERTALBEWEGUNG

RAINER WIDMANN
STAD WUPPERTAL

Interview Nordbahntrasse

KLAUS LANG
ADFC WUPPERTAL/SOLINGEN, WUPPERTALBEWEGUNG

CLAUS-JÜRGEN KAMINSKI
WUPPERTALBEWEGUNG

RAINER WIDMANN
CITY OF WUPPERTAL

Klaus Lang, Rainer Widmann en Claus-Jürgen Kaminski zijn respectievelijk vanuit de lokale fietsersbond, de stad en een burgerinitiatief betrokken bij een uniek bottom-upproject: de Nordbahntrasse in Wuppertal. Ze berichten dat de Wuppertalbewegung 3,4 miljoen euro aan private fondsen voor het project wist te verzamelen. Ze stellen dat de route, die misschien de eerste echte *Radschnellweg* van Duitsland zal worden, oorspronkelijk niet als snelfietsroute is bedacht, maar als veelzijdige langzaamverkeerroute met meerwaarde voor stadsontwikkeling, toerisme en, door het inzetten van langdurige werklozen voor de bouw van de route, ook voor opleiding en werkgelegenheid. De drie heren zijn het erover eens: zonder het initiatief van de Wuppertalbewegung zou de transformatie van de Nordbahntrasse nooit van de grond zijn gekomen. De slimme en mediagenieke burgeracties in de beginfase waren hiervoor essentieel. De ongecompliceerde aanpak en de voortvarendheid van het burgerinitiatief bleken in de uitvoeringsfase echter niet zonder problemen. Een oplossing zien de drie ervaringsdeskundigen in het overdragen van verantwoordelijkheden op het juiste moment: het burgerinitiatief als initiator en (publieks) trekker; de stad in de uitvoering. Volgens hen is het bij dit soort publiek-private samenwerking essentieel de cultuurverschillen tussen ambtelijk apparaat en private initiatiefnemers te overbruggen en elkaar aan te vullen.

Geen fietsproject
Het idee voor de Nordbahntrasse was in eerste instantie niets gefocust op fietsen. De initiatiefnemers van de Nordbahntrasse zijn eigenlijk allemaal mensen die niet fietsen. Het ging erom het oude spoortracé te bewaren. De ontwikkeling van de fietsroute was eigenlijk een vehikel om de viaducten en tunnels te behouden. Toentertijd is het begrip fietssnelweg dan ook niet gevallen in de discussie. Het gaat bij de Nordbahntrasse niet om snelheid, maar om überhaupt de fiets allereerst te ontdekken als potentie voor de stad. Wuppertal is gelegen in een langgerekt dal, volgebouwd en compact, waar geen plaats is voor nieuwe verkeerswegen. Door de heuvels is het moeilijk om te fietsen. Maar met de komst van de e-bike ontstaan er nieuwe mogelijkheden. De uitgangspunten voor de route zijn: een weg voor alle mogelijke vormen van langzaam verkeer en een vlakke verbinding door Wuppertal, ingepast in het bestaande wegennet en aangesloten op het grotere toeristische fietsroutenetwerk.

De burgerbeweging als initiator
In 2006 heeft dr. Carsten Gerhardt het initiatief genomen voor behoud van het tracé. De stad vond dit een goed idee, maar had niet voldoende financiële middelen. Het project zou pas in een tijdsperiode van vijftien tot twintig jaar gerealiseerd kunnen worden. De Wuppertalbewegung kwam op gang om draagvlak te creëren en om de nodige financiële middelen te werven. De stad stelde een projectteam samen en de Wuppertalbewegung heeft toen een aantal slimme publieksacties geïnitieerd. Een van de eerste was het snoeien van struiken en bomen boven op een groot viaduct samen met vierhonderd vrijwilligers. Iedereen

Through their respective affiliations with the local cyclists' association, the city government and a citizens' initiative, Klaus Lang, Rainer Widmann and Claus-Jürgen Kaminski all became participants in a unique bottom-up project: Wuppertal's Nordbahntrasse project. They report that the *Wuppertalbewegung*, or Wuppertal Movement, succeeded in collecting € 3.4 million in private funds for the project. The route, which could become Germany's first genuine *Radschnellweg*, or cycle expressway, was originally not intended as a rapid cycle route, but as a versatile slower-traffic route with added value for urban development, tourism and – through the deployment of long-term unemployed for the route's construction – training and employment. All three agree that, without the initiative of the Wuppertalbewegung, the transformation of the Nordbahntrasse would never have got off the ground. The smart and mediagenic citizens' actions in the project's initial phase played an essential role in this regard. In the execution phase, however, the uncomplicated approach and assertiveness of the citizens' initiative and the city's scepticism concerning the initiative's ability to execute the construction properly and comply to the rules on tenders did result in problems. All three experiential experts agree that it is essential, with such public-private cooperative undertakings, to bridge over the cultural differences between the private initiators and the relevant bureaucratic apparatus and for the two to supplement and complement one another.

Not a Cycling Project
Initially, the idea for the Nordbahntrasse was not focused on cycling. The initiators of the Nordbahntrasse project were in fact all non-cyclists. The original impulse was just about preserving the old train route. Developing the cycle route was initially conceived as a way to keep and illuminate the beautiful bridges and tunnels. Back then, the term, 'cycle expressway' was not even mentioned in discussions. Originally, speed was not involved – the bicycle's potential for the city had yet to be discovered. Situated in an elongated valley, Wuppertal is crammed with buildings- it is high in density- with no space for new traffic arteries. Its many hills are a hindrance to cycling, although, with the advent of the e-bike, this situation is now far less problematic. The ambitions for the route are to have a road for all types of slow traffic and a level connection through Wuppertal, integrated into the existing road network and connected to the larger touristic cycle network.

Citizens' Movement as Initiator
In 2006, Dr Carsten Gerhardt conceived the initiative to preserve the train route. The idea appealed to the municipal authorities, but they lacked sufficient financial means for realization. The project would only be realizable over a period of fifteen to twenty years. The Wuppertalbewegung came into action to create a necessary support base and collect the requisite funds. The city put a project team together and the Wuppertalbewegung

snapte dat dit belangrijk was om het kunstwerk te behouden. Het gebeurde allemaal zonder vergunningen en zelfs de brandweer heeft meegeholpen. Een andere actie was een feestelijke opening met de minister-president, van een eerste proeftracé van tweehonderd meter, aangelegd door de burgers zelf, direct gelegen naast een lyceum. Zo was de intentie van de route meteen duidelijk. Het succes is vooral te danken aan de doorgaans positieve berichtgeving van de pers over het project, de overtuigingskracht van Carsten Gerhardt en van het project zelf. Een dergelijk positief publiek beeld is voor een infrastructuurproject uitzonderlijk te noemen.

Verkeerskundige meerwaarde
Momenteel zijn er weinig goede fietsroutes in Wuppertal. Fietsen is er niet comfortabel. De verkeerskundige meerwaarde van de Nordbahntrasse is dat de route gescheiden is van het autoverkeer. Het tracé gaat door dichtbebouwde woongebieden, bedrijventerreinen en langs het stadhuis – een grote werkgever. De route is een alternatief voor het autoverkeer en de bus. Ook biedt de route kinderen een mogelijkheid om veilig te leren fietsen. Er zijn in het verleden hele generaties Wuppertaler opgegroeid zonder überhaupt te leren fietsen.

Meerwaarde voor stadsontwikkeling
Het stedelijke deel van de Nordbahntrasse loopt als een tien kilometer lange as over de volle lengte van de stad en verbindt vele hoofdstadsdelen met elkaar. Er wonen ongeveer 100.000 inwoners in de omgeving en er liggen veel scholen aan het tracé. Over deze tien kilometer bevinden zich ook veel verlaten bedrijventerreinen. De doelstelling is om het tracé interessant te maken voor jonge (creatieve) ondernemers en om de omliggende zwakkere woongebieden aantrekkelijker te maken.

Toeristische meerwaarde
Na realisatie zullen er zich ongeveer 40.000 mensen per dag over het stedelijk deel van het tracé heen bewegen. De toeristische betekenis van de route heeft deels gezorgd voor financiering. Dit werd mogelijk door het tracé onderdeel te maken van het bovenregionale recreatieve fietsnetwerk. Toeristisch is de route spectaculair door de wisselende beleving met de vele tunnels en viaducten.[1] Dit trekt toeristen en op langere termijn andere economische activiteiten aan. Deze benadering past in de traditie van de stad met de Schwebebahn: een combinatie van functionele infrastructuur en toeristische attractie.

Vleermuizen en sociale veiligheid
Een grote uitdaging voor het realiseren van de Nordbahntrasse is de aanwezigheid van vleermuizen in de tunnels, die de continuïteit van de route in gevaar brengt. Enkele milieugroeperingen claimden een algehele sluiting, avondsluiting of seizoenssluiting en het niet verlichten van de tunnels. Verlichting is echter een essentiële voorwaarde voor de sociale veiligheid. Stad en Wuppertalbewegung hebben het gezamenlijke belang dat de Nordbahntrasse in de publieke opinie

initiated a number of smart public actions. One of the first of these was to trim shrubbery and prune trees atop a large bridge with the help of 400 volunteers. Everyone realized that this was essential if this public work was to be preserved. It all took place without permits and even the fire department pitched in. Another action was a ceremony (in the presence of the prime minister of North-Rhine-Westphalia) officialising the opening of the first test route, 200 m in length, laid by citizens themselves, and located directly beside a grammar school. This immediately made the intention of the project clear to the public. The project's success was above all a result of the generally positive reports it received from the press, Dr Gerhardt's powers of persuasion and, last but not least, the wide appeal of the project itself- a rarity when it comes infrastructural projects.

Added Value / Traffic
At present, it cannot be said that Wuppertal has many good cycle routes. Cycling here is not very safe or comfortable. The traffic-related added value of the Nordbahntrasse consists in the fact that the route is separate from automobile traffic. The route runs through densely developed residential areas and business estates as well as by the town hall, one of Wuppertal's big employers. It forms an alternative to automobile and bus traffic and provides children with a safe way to learn how to cycle (entire generations of Wuppertalers previously grew up without learning how to cycle at all!).

Added Value / Urban Development
The urban portion of the Nordbahntrasse forms a ten-kilometre-long axis through the entire city and connects many of the main urban districts. Some 100,000 Wuppertal residents live in the vicinity of the route and several schools and a number of disused business estates are also located along it. The objective is to make the route interesting for young (creative) entrepreneurs and to make the surrounding weaker residential areas more attractive.

Added Value / Tourism
Once the project is realized, some 40,000 people are expected to travel along the route's urban portion each day. The route's significance to tourism, largely due to its being integrated into the superregional recreational cycle network, has succeeded in attracting funding. In tourism terms, the route is indeed spectacular, due to the range of contrasting experiences it offers with its many tunnels and bridges.[1] In the longer term, this is expected to attract additional economic activities, as well. Such an approach harmonizes well with an established Wuppertal tradition: the city's *Schwebebahn* (monorail), which has long served as a combination of functional infrastructure and tourist attraction.

Bats and Safety
One great challenge in realizing the Nordbahntrasse has been the presence of bats in the tunnels, which could threaten the route's continuity; full, evening

als een veilige route wordt gepositioneerd. De oplossing werd gevonden in het permanent afsluiten van een tunnel en het openstellen en verlichten van de andere tunnels 24/7/365. Verder worden vergaande maatregelen getroffen voor de bescherming van de vleermuizen en het monitoren van de populatie.

Financiering
De kosten van het project worden voor 80 procent gefinancierd met bijdrages vanuit de federale overheid, de deelstaat Nordrhein-Westfalen en de Europese Unie. De resterende 20 procent moest volgens de financieringsregels lokaal gefinancierd worden. Omdat de stad Wuppertal zelf geen geld had, kwam de Wuppertalbewegung hiervoor in beeld. Ze begon fondsen te werven en in totaal is 3,4 miljoen euro aan giften verzameld ter aanvulling van de publieke budgetten. Naast instellingen en grote bedrijven zoals de Sparkasse, die 250.000 euro gaf, hebben in totaal drieduizend Wuppertalers het project privaat gesteund met bedragen tussen 100 en 5.000 euro. Toen de kosten tijdens de aanleg stegen werd de vereiste lokale eigen bijdrage ook verhoogd tot 6 miljoen euro. Om dit gat te dichten, is het idee ontstaan om mensen uit de zogenaamde tweede arbeidsmarkt (dat zijn bijvoorbeeld langdurig werklozen) in te zetten bij de bouw van de route. Hun prestaties worden beschouwd als deel van de vereiste lokale eigen bijdrage.

Uitvoering door de tweede arbeidsmarkt
De financiën en de gedeeltelijke bouwuitvoering door de tweede arbeidsmarkt hebben de ontwerpkeuzes en de materialisering van de route medebepaald: omdat de ongeschoolde arbeiders niet kunnen asfalteren maar wel bestrating kunnen leggen, is bijvoorbeeld gekozen voor een gemengd profiel met betonstenen.[2] Een probleem bij het werken met de tweede arbeidsmarkt was het gebrek aan specialistische kennis en kunde. Dat heeft het bouwproces vertraagd. Het betrekken van de tweede arbeidsmarkt heeft niet alleen een bijdrage geleverd aan de vereiste eigen lokale bijdrage, het heeft ook laten zien dat de tweede arbeidsmarkt een waardevolle bijdrage kan leveren mits men rekening houdt met de vaardigheden van de betrokken mensen. Een ander positief punt is dat veel mensen die gewerkt hebben aan het tracé vanuit de tweede arbeidsmarkt doorgestroomd zijn naar de eerste arbeidsmarkt.

Verschillen van inzicht
In het begin was de Wuppertalbewegung ook verantwoordelijk voor de uitvoering. Maar de verschillen van inzicht tussen de Wuppertalbewegung en de stad kwamen snel aan het licht: De Wuppertalbewegung wilde snel en ongecompliceerd aan de slag en vond bijvoorbeeld het werken met een uitvoeringsplan onnodig ingewikkeld en duur. De stad daarentegen stelde extra strenge eisen aan de planning en uitvoering uit vrees voor toekomstige onderhouds- en beheerskosten. Ook was de stad, als financieel eindverantwoordelijke, bang voor terugvorderingen van toegekende subsidies

or seasonal closure of the tunnels, as well a ruling against the use of illumination, was claimed by some environmental groups. This is a problem as lighting is clearly an essential prerequisite for making users feel safe, and it is in the interests of both city and Wuppertal Movement to promote the Nordbahntrasse to the public as a safe route. The solution agreed upon is the permanent closure of one tunnel, and opening and illuminating the other tunnels 24/7/365, accompanied by extensive measures to protect the bats, and an on going monitoring of the development of the bat population.

Financing
Eighty per cent of the project's costs are being financed by the national government, Land Nordrhein-Westfalen and the EU. According to the financing rules in force, the remaining 20 per cent was supposed to come from local authorities. But, as the city of Wuppertal had no available funds, the Wuppertalbewegung took on the challenge of realizing this part of the financing. As a result of its efforts a total of € 3.4 million in donations was collected to complement public funding. In addition to institutions and large companies, e.g., the Sparkasse, which donated € 250,000, a total of over 3000 Wuppertalers have given financial support, with donations ranging from €100 and € 5000. When overall project costs increased during the building phase the required local contribution was required to match that and went up to € 6 million. This was achieved by employing people from the so-called second labour market (e.g., long-term unemployed) to help build the route, and to regard their labour as part of the necessary local contribution.

Execution via the Second Labour Market
Finances and the project's partial execution via the second labour market Have influenced both the design choices and the materials used for the route. For example, because untrained labourers could not be expected to asphalt, but could lay pavement, a mixed profile with concrete stones was opted for.[2] A lack of specialized knowledge and expertise led to the building process proceeding more slowly than normally. However the implication of the second labour market was not only helpful in achieving part of the local contribution, but also demonstrated that the second labour market is able to give a valuable performance, provided that you are considerate to the special conditions of its members. Another positive aspect was that many who had worked on the route were able to enter the first labour market via the second.

Differences in Approach
At the start of the project, the Wuppertalbewegung was also responsible for execution. But differences in approach between the movement and the city soon emerged: the movement wanted to get to work quickly and in an uncomplicated manner and found working with, e.g. an implementation plan, too

door hogere overheden, als de aanbestedingsregels niet strikt zouden worden opgevolgd. Het kwam tot conflicten en daarom nam de stad nam uiteindelijk de rol van opdrachtgever van de Wuppertalbewegung over voor de volgende uitvoeringsfasen.

Overdracht op het juiste moment
Zonder de Wuppertalbewegung was het project er nooit gekomen. Een goed georganiseerde burgerbeweging kan een financieel zwakke stad zeker helpen om een ambitieus project te realiseren. Nadeel is dat een samenwerking tussen stad en burgerbeweging conflictgevoelig is. De ideale oplossing zou zijn dat de burgerbeweging het project voorbereidt en dan naar de stad stapt, die het vervolgens omzet en uitvoert. De Wuppertalbewegung begeleidt het project nu, maar is verder niet bij het operatieve bouwproces betrokken. Dit vraagt echter om veel vertrouwen. De Wuppertalbewegung heeft immers het geld verzameld en moet erop vertrouwen dat de stad het geld op de juiste manier uitgeeft. Het proces zou verbeterd kunnen worden met een mediator die het vertrouwen van beide kanten heeft.

Geleidelijk verbeteren
Grote delen van de Nordbahntrasse worden naar verwachting in 2014/2015 voltooid, maar er blijft nog werk aan de winkel; bij voorbeeld rustplaatsen en fietsenstallingen op toegangswegen. De hoop is om dit in de toekomst te realiseren met aanvullende private financieringen en het vinden van sponsoren. Ook is er nog vraag naar creatieve ideeën voor verbetering van de ruimtelijke kwaliteit van de infrastructuur en de aanleg van voorzieningen zoals mooie zitbanken. Het is een zichtbare fietsroute, die eigenlijk meer moet zijn dan zomaar een fietsroute. Ook is er te weinig ingezet op de integratie van de fietsroute in het bestaande wegennet. Het gaat hier vooral om veiligheid en het functioneren van de aansluitingen en oversteekplekken. Maar ook de herkenbaarheid en zichtbaarheid van de Nordbahntrasse in de stad zouden moeten worden verbeterd.

Onderhoud waarborgen
Een belangrijk aspect is hoe je op langere termijn de kwaliteit van het tracé kunt garanderen door reiniging en (winter)onderhoud. In eerste instantie is de Wuppertalbewegung verantwoordelijk voor het onderhoud van het tracé. De Wuppertalbewegung heeft zich verplicht om op eigen kracht acties te organiseren, burgers te mobiliseren en de tweede arbeidsmarkt in te zetten. De stad heeft de financiële bijdrage aan het onderhoud beperkt, maar het is denkbaar dat de stad hier in de nabije toekomst een grotere rol op zich zal moeten nemen, bijvoorbeeld door het inzetten van strooiwagens. Het onderhoud van de bruggen wordt bijvoorbeeld door de stad betaald en vindt om de vijf à zes jaar plaats.

---

complicated and costly. The city, on the other hand, imposed extra strict requirements for both planning and execution due to its concerns regarding future maintenance and management costs. In addition, as the party bearing ultimate financial responsibility, the city feared possible government reclamations of subsidies granted if the rules on tenders were not strictly adhered to. This resulted in conflicts; the city ultimately took over the role of client from the Wuppertalbewegung for subsequent execution phases.

Transfer at the Right Time
Without the Wuppertalbewegung, the project would never have come to anything. A well-organized citizens' movement can clearly be of help to a financially strapped city in realizing an ambitious project. The only drawback is that such a cooperative arrangement of city and citizen's movement is susceptible to conflicts. Some think it would be an ideal solution for a citizens' movement to prepare the project and then to approach the city; which in turn would flesh it out and execute it. The Wuppertalbewegung now watches over the project while the city is in charge of the operative construction process. This however calls for a high degree of trust. In the final analysis, it was the movement that succeeded in collecting € 3.4 million, and now it must have faith that the city will spend this money properly. Such processes could be improved through the input of a mediator who enjoys the trust of all parties concerned.

Gradual Improvement
The Nordbahntrasse is supposed to be finished in the main parts in 2014/2015. But there will be things left to do like working on the rest areas and bicycle sheds on access roads. The idea is to realize these with supplementary private financing and by finding sponsors. There is also a need for more creative ideas for improving the spatial quality of the infrastructure and adding features such as attractive benches. It is a visible cycle route, and one that should actually become more than just a cycle route. Also, too little has been done to integrate the cycle route into the existing road network, a task primarily involving safety and proper functioning of connections and crossings. In addition, visibility and recognisability of the Nordbahntrasse in the city could also be improved.

Guaranteeing Maintenance
An important aspect to consider is how the quality of the route will be guaranteed over the long term through (winter) maintenance. In the first instance, it is the Wuppertalbewegung itself that bears responsibility for maintaining the route; it has also promised independently to organize special actions, as well as to mobilize citizens and, once again, employ the second labour market. The city has limited its financial share to the maintenance, but it is possible that, in the near future, the city will have to take on a larger role, for example by deploying winter service vehicles. Maintenance for the bridges is already funded by the city and is carried out every five to six years.

DE GEÏNTERVIEWDEN

Klaus Lang is voorzitter van de ADFC (Allgemeiner Deutscher Fahrrad-Club) in Wuppertal/Solingen, een belangenvereniging voor fietsers in Duitsland en sinds vele jaren actief betrokken bij de Wuppertalbewegung.

Rainer Widman is verkeerskundige en hoofd van de afdeling verkeer bij de stad Wuppertal en projectleider van het project Nordbahntrasse.

Claus-Jürgen Kaminski is lid van de Wuppertalbewegung en gepensioneerd hoofd van de juridische afdeling van de stad Wuppertal.

1 De verlichting van de indrukwekkende spoorwegviaducten zal de attractiewaarde in toekomst verder verhogen. In het kader van een landelijke competitie zijn voor het project 2 miljoen euro subsidie toegekend.
2 Naast het inspelen op de vaardigheden van de tweede arbeidsmarkt, bestond vanaf het begin van het profielontwerp de uitgesproken intentie een ruimtelijke scheiding van de verkeersstromen aan te brengen: een asfaltstrook voor de fietser en een strook van betonstenen voor de wandelaar.

THE INTERVIEWEES

Klaus Lang is chair of the General German Cyclists' Club (ADFC), Wuppertal/Solingen, an organization that represents the interests of cyclists in Germany, and has for a number of years played an active role in the Wuppertalbewegung.

Rainer Widmann is a traffic expert and head of the traffic department in Wuppertal's municipal government, as well as being process manager of the Nordbahntrasse project.

Claus-Jürgen Kaminski is a member of the Wuppertalbewegung and was, until his retirement, head of the legal department of Wuppertal's municipal government.

1 The illumination of the impressive bridges will be an additional attraction. 2 Million Euros were awarded to the project in a nationwide competition for use of modern LED technology.
2 Besides taking the special conditions of the second labour market into account, the design of the route profile was primarily determined by the intention to separate flows spatially: a stroke of asphalt for cyclists and a pavement of concrete stones for the pedestrians.

Innovat

Innovat

es

ions

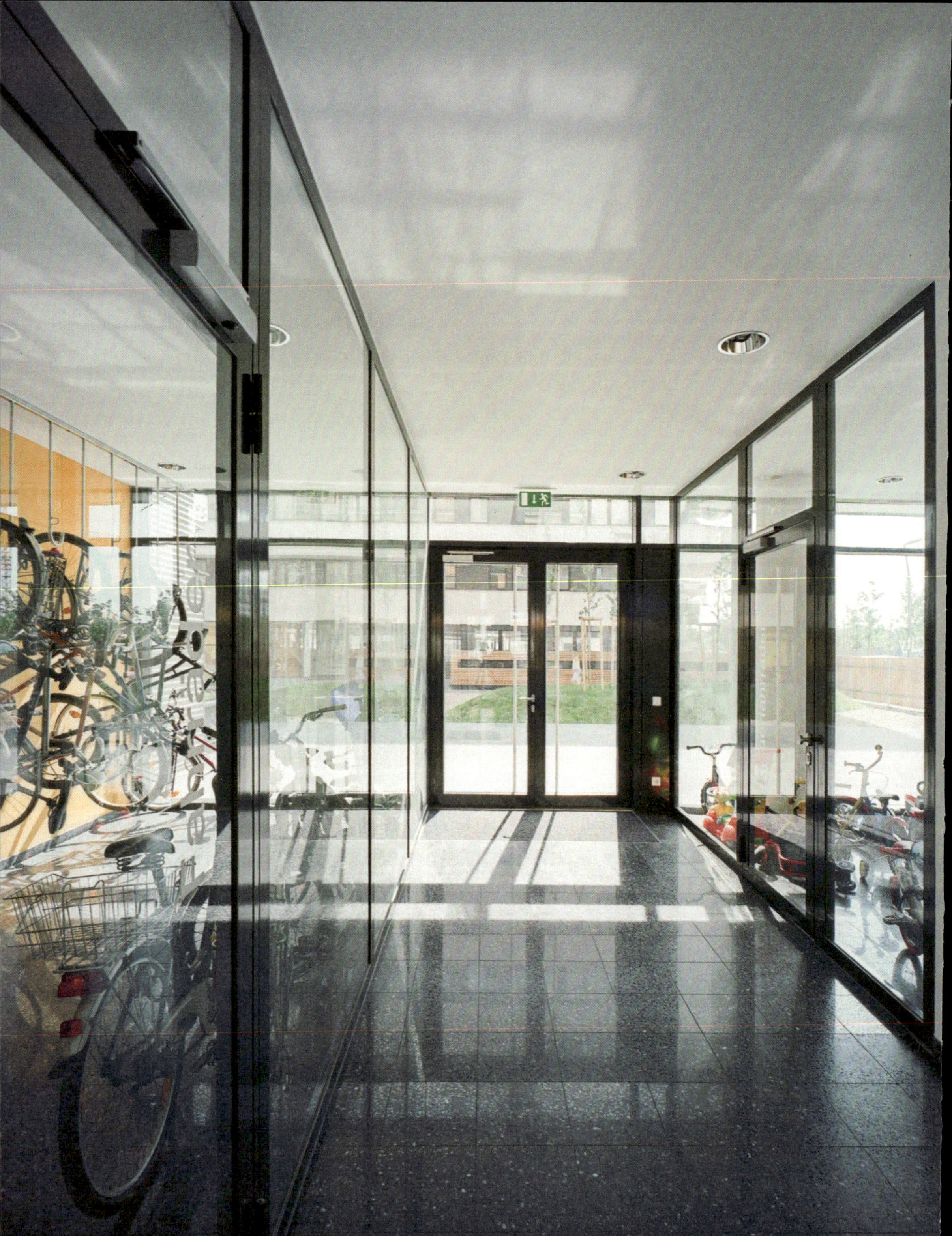

BIKE CITY

Initiatief / **initiative**:	Christoph Chorherr (wethouder stad Wenen) en Gemeinnützige Siedlungs- und Bau AG (GESIBA) + Bauträger Austria Immobilien GmbH (BAI) / **Christoph Chorherr (alderman in Vienna's City Council); Gemeinnützige Siedlungs- und Bau AG (GESIBA) + Bauträger Austria Immobilien GmbH (BAI)**
Ontwerp / **design**:	Königlarch architekten/Gmeiner Haferl (landschap) / **Königlarch architects / Gmeiner Haferl (landscape)**
Status / **status**:	gerealiseerd (2008) / **realized (2008)**

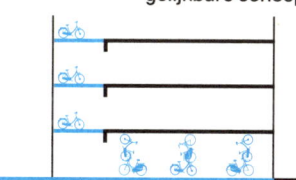

Bike City is een woningbouwproject toegesneden op de behoeftes en wensen van de stedelijke fietser. De grootste innovatie is het omzeilen van de gemeentelijke eis om minimaal één autoparkeerplek per woning te realiseren. Voor de 99 appartementen is alleen iets meer dan de helft van de normaal verplichte, dure, ondergrondse parkeerplekken aangelegd. De bespaarde kosten zijn geïnvesteerd in extra voorzieningen voor de fiets en de verbetering van de leefkwaliteit van de bewoners, zoals een sauna en gemeenschappelijke ruimtes. De hele begane grond van Bike City is gereserveerd voor 'fietsen en wellness'.

Bike City heeft in totaal 330 fietsparkeerplekken in goed ontworpen transparante stallingen. Het merendeel ligt op maaiveldniveau dicht bij de ingangen. Om het fietscomfort verder te verhogen, is een fietsenmaker in het gebouw geplaatst. Om het meenemen van de fiets naar de woning te vergemakkelijken, zijn de liften en ontsluitingswegen extra ruim gedimensioneerd. Buiten het gebouw zijn water- en drukluchtvoorzieningen ter beschikking. Bike City is echter niet anti-auto. Naast de 56 autoparkeerplekken is ook *car-sharing* onderdeel van het multimodale concept. Het project is een groot succes. Voor de 99 woningen waren meer dan 5.000 aanmeldingen. Zelfs private partijen ontwikkelen nu vergelijkbare concepten elders in Wenen.

BIKE CITY

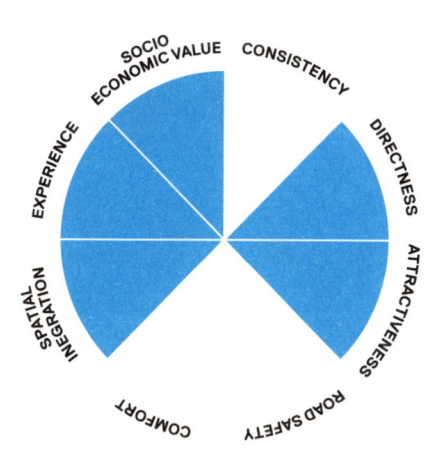

Bike City is a housing project tailor-made to the needs and wishes of the urban cyclist. Its most obvious innovation is the way it circumvents the municipal requirement of a minimum of one car parking space per apartment: for its 99 apartments, only slightly more than half of the normally obligatory, expensive, underground parking spaces were constructed. The costs saved were consequently invested in cyclists' facilities and ones improving the residents' quality of life, for instance a sauna and common spaces. The entire ground floor of Bike City is devoted exclusively to 'cycling and wellness.'

Bike City has a total of 330 bicycle parking spaces in well-designed transparent facilities. For the most part, these are at street level, near the entrances. In order to further increase cyclists' comfort, a bicycle repairer has been located in the building. To make it easier to bring a bicycle into the apartments, the lifts and access roads have generous dimensions. Water and compressed air facilities for cyclists are available outside the building. Nevertheless, it would be incorrect to conclude that Bike City is anti-car. In addition to its 56 car parking spaces, carpooling also forms part of the building's multimodal concept. The project became a great success, attracting more than 5,000 applications for its 99 apartments. Private parties are now developing comparable concepts at other locations in Vienna.

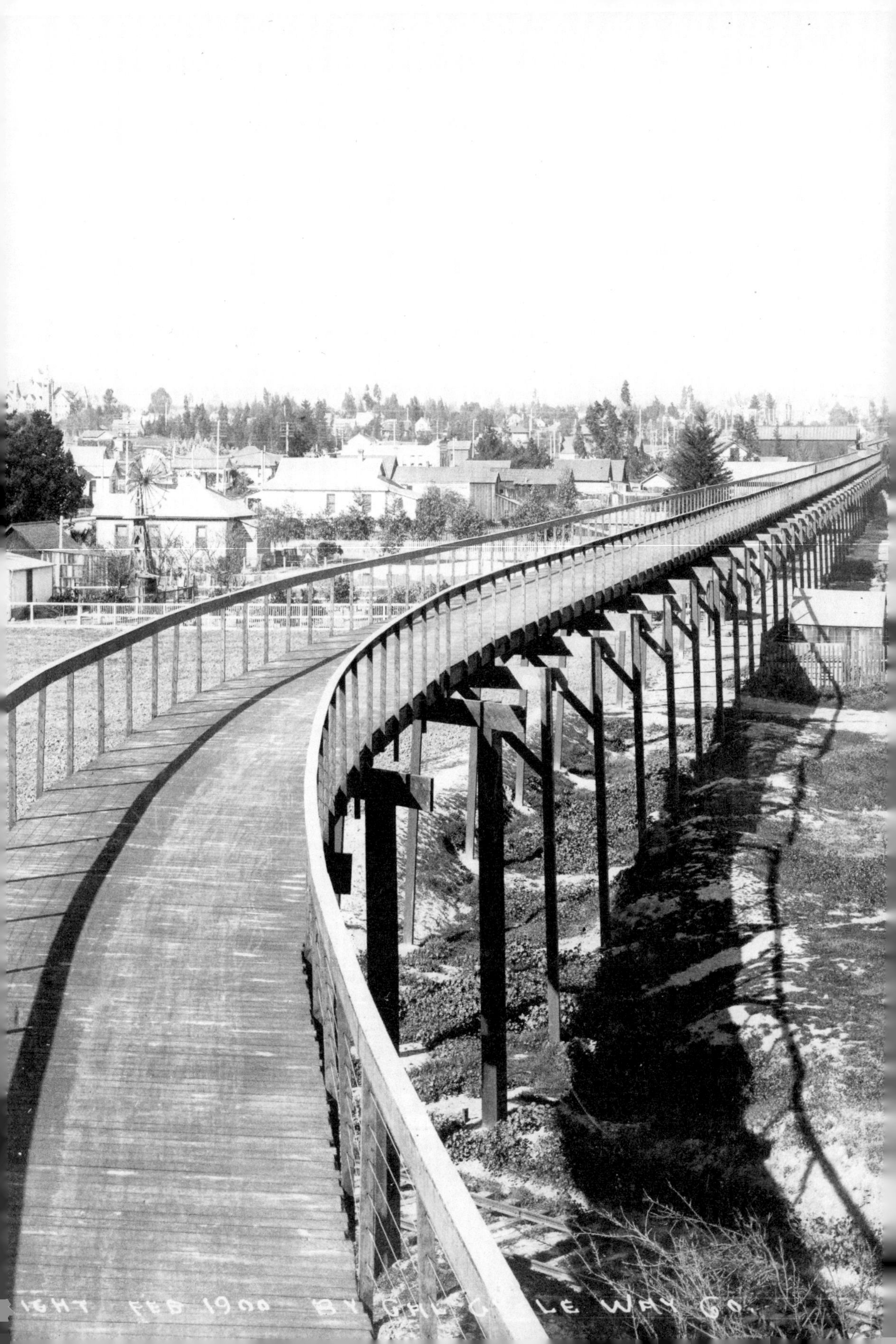
IGHT FEB 1900 BY CAL C LE WAY CO.

DE CALIFORNIA CYCLEWAY

Initiatief / **initiative:** Horace Dobbins en Henry Harrison Markham / **Horace Dobbins and Henry Harrison Markham**
Ontwerp / **design:** California Cycleway Company, 1900 / **California Cycleway Company, 1900**
Status / **status:** ontmanteld, enkele jaren na ingebruikname / **dismantled only a few years after opening**

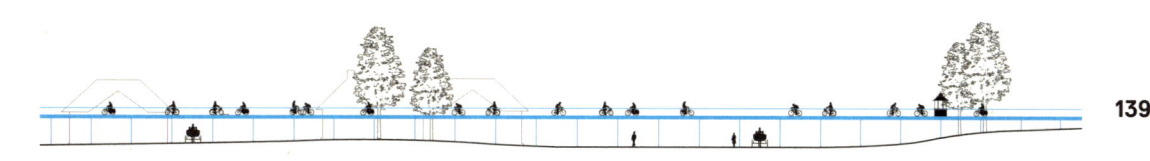

De California Cycleway tussen Pasadena en Los Angeles is de eerste en tot vandaag misschien wel de enige echte fietssnelweg. De opgetilde fietsbaan van hout met een totale lengte van veertien kilometer werd bedacht tijdens de *bicycle craze* aan het eind van de negentiende eeuw. Kruisingsvrij en zonder steile hellingen, gevrijwaard van paarden, zwerfhonden en voetgangers, was de California Cycleway de perfecte infrastructuur voor het toen opkomende nieuwe type fiets met kettingaandrijving. Andere voertuigen of voetgangers waren niet toegestaan op de route.

Aan de uiteinden van de baan bevonden zich (tol)stations waar men fietsen kon stallen, repareren en huren. Een enkele rit kostte tien dollarcent, een retourtje vijftien dollarcent. De Cycleway was zelfs voorzien van elektrische verlichting. De California Cycleway Company rekende op 100.000 gebruikers per jaar. De opkomst van de auto en het openbaar vervoer maakte echter al na enkele jaren een einde aan de fietssnelweg, die nooit winstgevend was. Interessant detail is dat op het tracé van de California Cycleway later de eerste autosnelweg van de Verenigde Staten aangelegd werd, vandaag bekend als de Pasadena Freeway.

CALIFORNIA CYCLEWAY

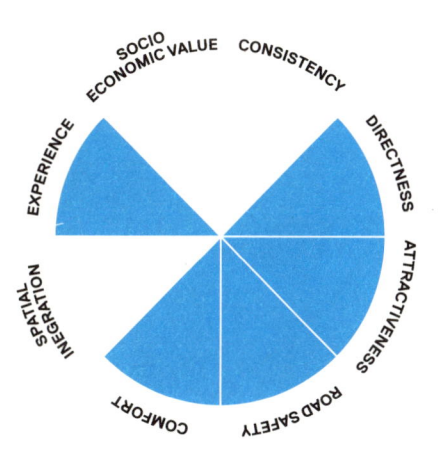

The California Cycleway between Pasadena and Los Angeles represents the world's first, and up to now perhaps only, genuine cycle highway. The elevated wooden cycle path, with a total length of 14 km, was conceived during the bicycle craze at the end of the nineteenth century. Free of steep inclines, junctions, horses, stray dogs and pedestrians, the California Cycleway was the perfect infrastructure for the new chain-driven bicycle then gaining in popularity. Neither pedestrians nor other vehicles were allowed on the route.

At both ends of the path, there were toll stations with facilities for storing, renting and repairing bicycles. The Cycleway was even equipped with electric lighting. A trip in one direction cost 10 cents, a round-trip, 15 cents. The California Cycleway Company expected to attract 100,000 users per year. However, the advent of both the motor car and public transport meant the demise of the Cycleway, which had in fact never made a profit. Somewhat ironically, the route of the California Cycleway would later be used for America's first automobile highway, known today as the Pasadena Freeway.

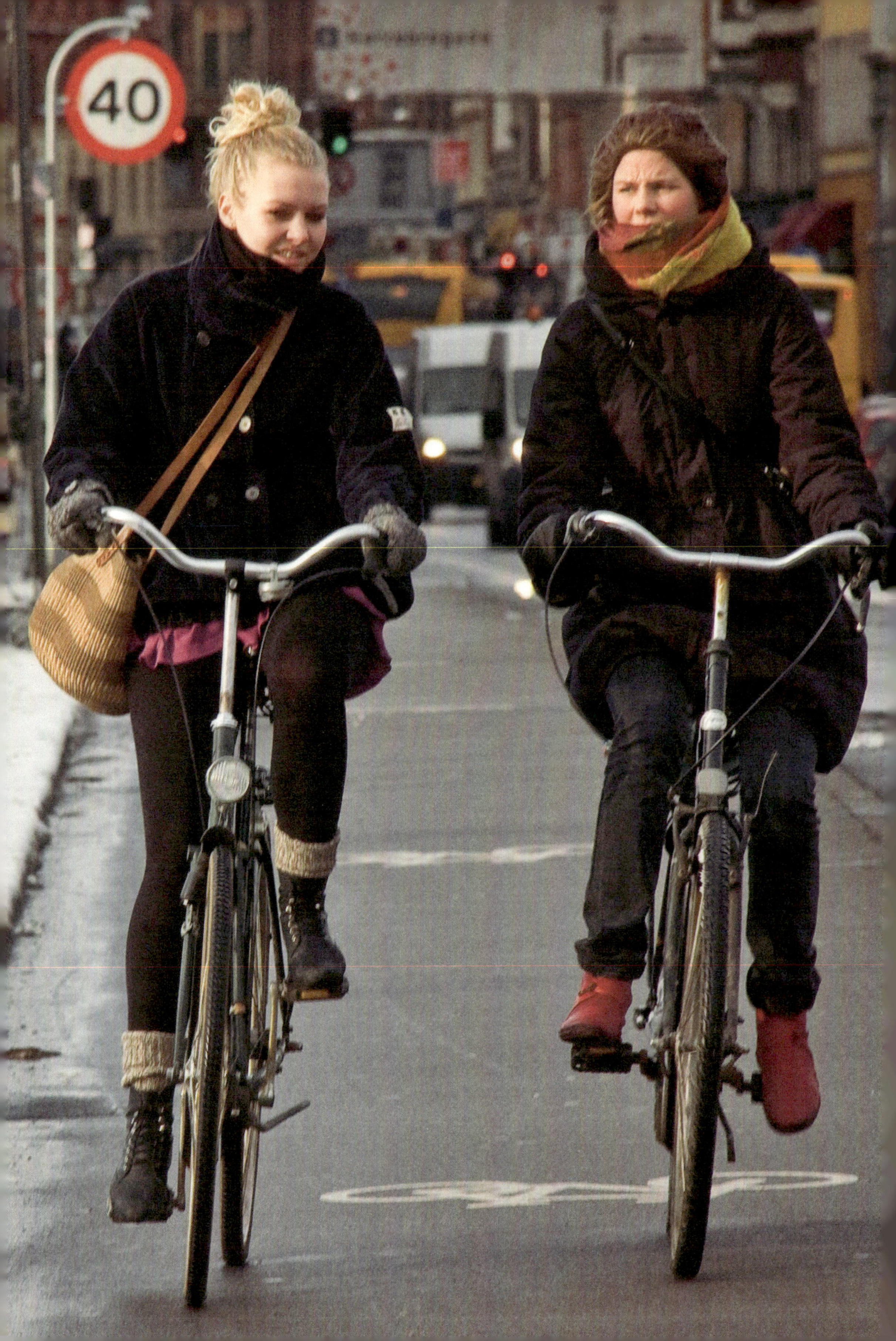
40

DE CONVERSATION LANE

De Conversation Lanes bieden de fietsers in Kopenhagen bewust de ruimte om comfortabel naast elkaar te fietsen. Het begrip werd geboren naar aanleiding van het verbreden van de fietspaden in de Nørrebrogade. Op een voormalige rijbaan voor auto's werd een nieuwe fietsstrook aangelegd, de zogenoemde Fast Lane. Voor de al bestaande fietsstrook is als tegenhanger tot de snelle baan de naam Conversation Lane bedacht. De term conversatie waardeert en formaliseert het sociale aspect van fietsen. De snelle fietser krijgt op de Fast Lane zijn eigen rijbaan, waardoor de gewone fietser, een meerderheid, ongestoord van de rest van de fietsinfrastructuur gebruik kan maken.

De stad Kopenhagen heeft als doel om tachtig procent van alle hoogwaardige fietsroutes in de stad, zoals groene routes en fietssnelwegen, te voorzien van Conversation Lanes. Dit toont de grote waarde die de stad hecht aan het sociale aspect van fietsen. Kopenhagen komt met de Fast Lanes en Conversation Lanes enerzijds de wensen van de snelle fietsers tegemoet en promoot anderzijds het sociale stedelijke fietsen voor de brede massa.

Initiatief / **initiative:** stad Kopenhagen / **City of Copenhagen**
Ontwerp / **design:** City of Copenhagens Bicycle Office / **City of Copenhagen's Bicycle Office**
Status / **status:** gerealiseerd / **realized**

CONVERSATION LANE

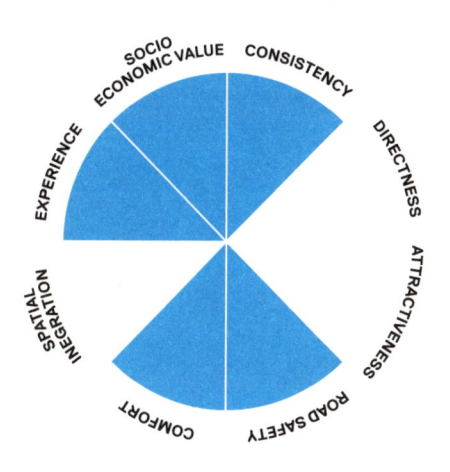

Copenhagen's conversation lanes are designed to provide cyclists with the space they need to cycle comfortably beside one another. The term 'conversation lane' was coined when the cycle paths in Nørrebrogade were being widened to create a new cyclists' lane on a former carriageway for cars: the so-called Fast Lane. To differentiate it from the new one, the existing cyclists' lane was dubbed the 'Conversation Lane.' The name also had the effect of formalizing and attaching a positive value to the social aspect of cycling. Fast cyclists, on the other hand, have, in the Fast Lane, their own individual lane all to themselves, while the rest of the cycle infrastructure can be used, undisturbed, by the 'normal' majority of cyclists.

The City of Copenhagen has set itself the goal of providing 80 per cent of all its high-quality cycle routes, such as the green routes and cycle superhighways, with conversation lanes, reflecting the high value it attaches to the social aspect of cycling. With its fast lanes and conversation lanes, Copenhagen caters on the one hand for the needs of its fast cyclists while still promoting social, urban cycling for the wider public.

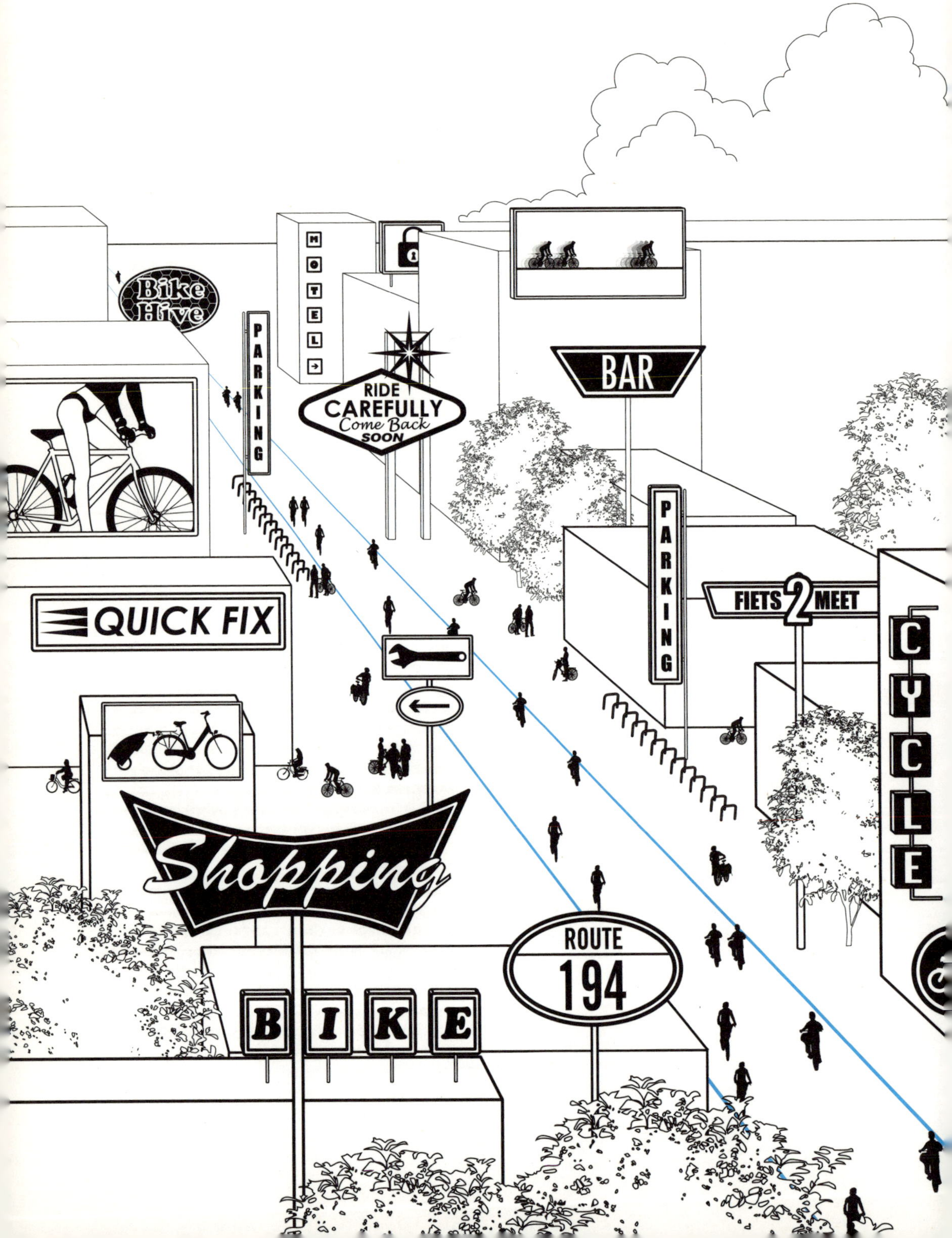

Bike Hive
PARKING
MOTEL
RIDE CAREFULLY Come Back SOON
BAR
QUICK FIX
PARKING
FIETS 2 MEET
CYCLE
Shopping
ROUTE 194
BIKE

DE CYCLE STRIP

Initiatief / **initiative**: BOVAG Fietsbedrijven[6] / **BOVAG**[6]
Ontwerp / **design**: Artgineering / **Artgineering**
Status / **status**: concept (2012) / **conceptual design (2012)**

De Cycle strip is een commerciële en culturele hotspot langs een hoofdfietsroute met diverse activiteiten gericht op de fietser. De strip anticipeert op het economisch en sociaal potentieel van fietsen, om van de bermen langs snelfietsroutes *places to be* te maken. De locatiekeuze van winkels en de eisen aan het openbaar domein zijn aan het veranderen. Commerciële voorzieningen worden langzaam minder autogericht. Het groeiend economisch potentieel van de fietser geeft aanleiding tot nieuwe businessmodellen. De eerste winkelketens spelen hier op in door etalageruimte te transformeren naar fietsparkeervoorzieningen,[1] het ontwikkelen van een eigen fietskar[2] en het verbinden van hun naam aan specifieke fietsroutes[3].

De Cycle strip is een multifunctioneel fietslint met een hoge diversiteit aan voorzieningen en werkgelegenheid, zoals creatieve broedplaatsen, innovatieve concepten voor werk- en vergaderruimte,[4] die gericht zijn op de *cycling class*. Laden en lossen en de ontsluiting voor auto's kunnen aan de achterkant van de strip gebeuren.[5] Door van een fietsroute een strip te maken, ontstaat een nieuw soort stedelijke ruimte met een sterke eigen identiteit en aantrekkingskracht; een soort van fietsgebaseerde *placemaking*.

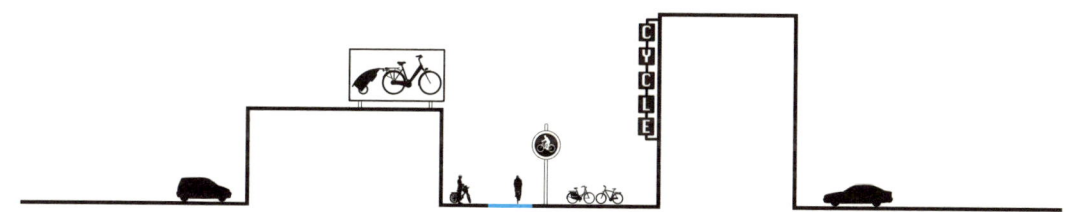

CYCLE STRIP

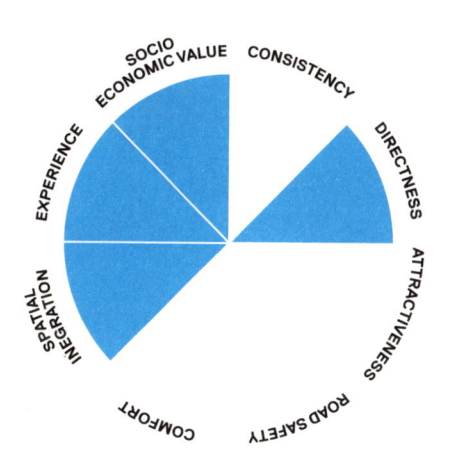

The cycle strip is a commercial and cultural hotspot along a main cycle route, featuring a range of activities of particular interest to cyclists. The cycle strip anticipates the economic and social potential of cycling to turn the roadsides along express cycle routes into 'places to be'. The choice of location of shops and the requirements placed on public areas are changing. Commercial facilities are slowly becoming less attuned to the car, while the growing economic potential of the cyclist is giving rise to new business models. Retail chains are beginning to respond to this development by transforming their display spaces into parking facilities for bicycles,[1] developing their own bicycle trailer[2] and associating their name with specific cycle routes.[3]

The cycle strip is a multifunctional zone devoted to the 'cycling classes', featuring a high diversity of facilities and employment opportunities (such as creativity centres) and innovative concepts for both conference and work space.[4] Loading space and car access can be situated to the rear of the strip.[5] Through the conversion of a cycle route into a cycle strip, a new type of strongly individual, highly attractive urban space is born: a kind of bicycle-based placemaking.

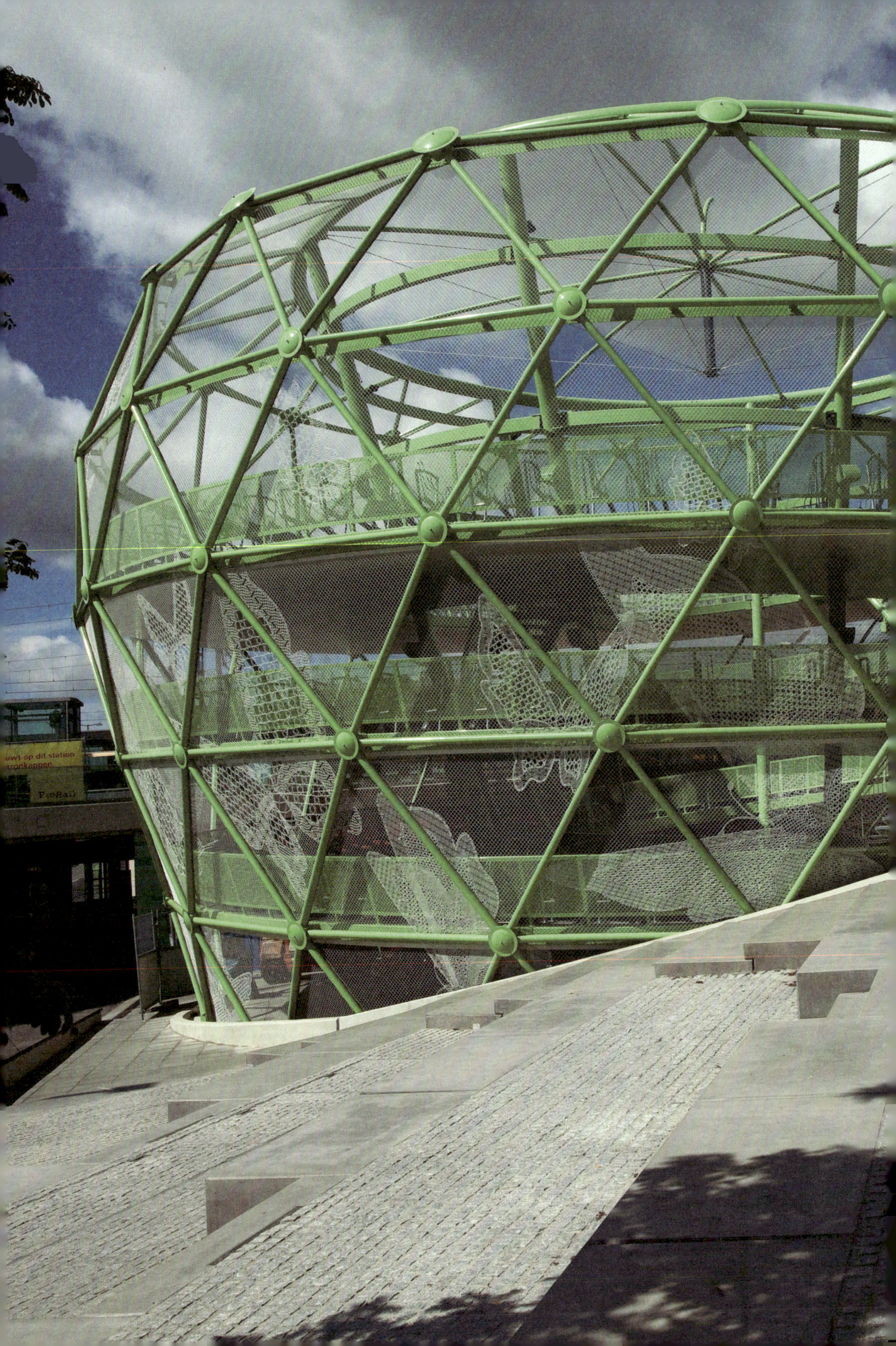
uwt op dit station

DE FIETSAPPEL

Initiatief / **initiative:** gemeente Alphen aan de Rijn / **Municipality of Alphen aan de Rijn**
Ontwerp / **design:** KuiperCompagnons / **KuiperCompagnons**
Status / **status:** gerealiseerd (2010) / **realized (2010)**

De Fietsappel is een iconisch vormgegeven fietsenstalling naast het treinstation van Alphen aan de Rijn. De stalling is zodanig gepositioneerd en ontworpen dat de treinreiziger en de fietser het als een grote, groene appel waarnemen. Hiermee is de Fietsappel een fietsvariant van postmodernistische gebouwen langs (auto)infrastructuur, ontworpen voor de waarneming in beweging. Zoals bij Venturi's *duck*, de tegenhanger van de *decorated shed*, draagt ook bij de Fietsappel de algehele vorm van het gebouw de architectonische boodschap uit.[1] De Fietsappel werkt als een landmark en geeft identiteit aan het nieuw ontwikkelde stationsgebied.

De appel heeft een doorsnede van 27,5 meter en een hoogte van 15,5 meter en biedt plaats aan in totaal 970 fietsen. Het gebouw wordt ontsloten door een hellingbaan die omhoog loopt als een spiraal (de appelschil); hierop worden de fietsen geparkeerd. De buitenschil is uitgevoerd als een transparant, ruimtelijk vakwerk, om het gevoel van sociale veiligheid te versterken. De fietsenstalling is gratis en onbewaakt, en is een aanvulling op een bewaakte fietsenstalling onder het stationsplein.

BIKE APPLE

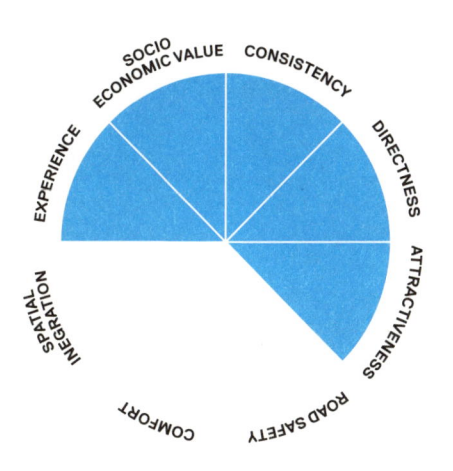

Standing beside the train station of the town of Alphen aan de Rijn, the *Fietsappel* (Bike Apple) is a distinctively designed bicycle shed which, due to its design and position, appears very much like a large green apple to both train passengers and cyclists, and is therefore a new variation on the postmodernist theme of structures located along traffic infrastructure that are especially designed to be perceived while in motion. Like Venturi's 'duck,' as opposed to his 'decorated shed,' the overall shape of the Bike Apple projects its architectural message.[1] The Bike Apple functions as a recognition point and imparts identity to the newly developed station area.

The Bike Apple is 27.5 m in diameter and 15.5 m in height and can accommodate a maximum of 970 bicycles. Access to the building is via an upward spiral ramp reminiscent of an apple skin, on which the bicycles are parked. The outer skin is executed as a transparent, spatial frame, intended to communicate a feeling of security. There is no charge for using the Bike Apple. The unattended shed functions as a supplement to an attended underground shed beneath the station.

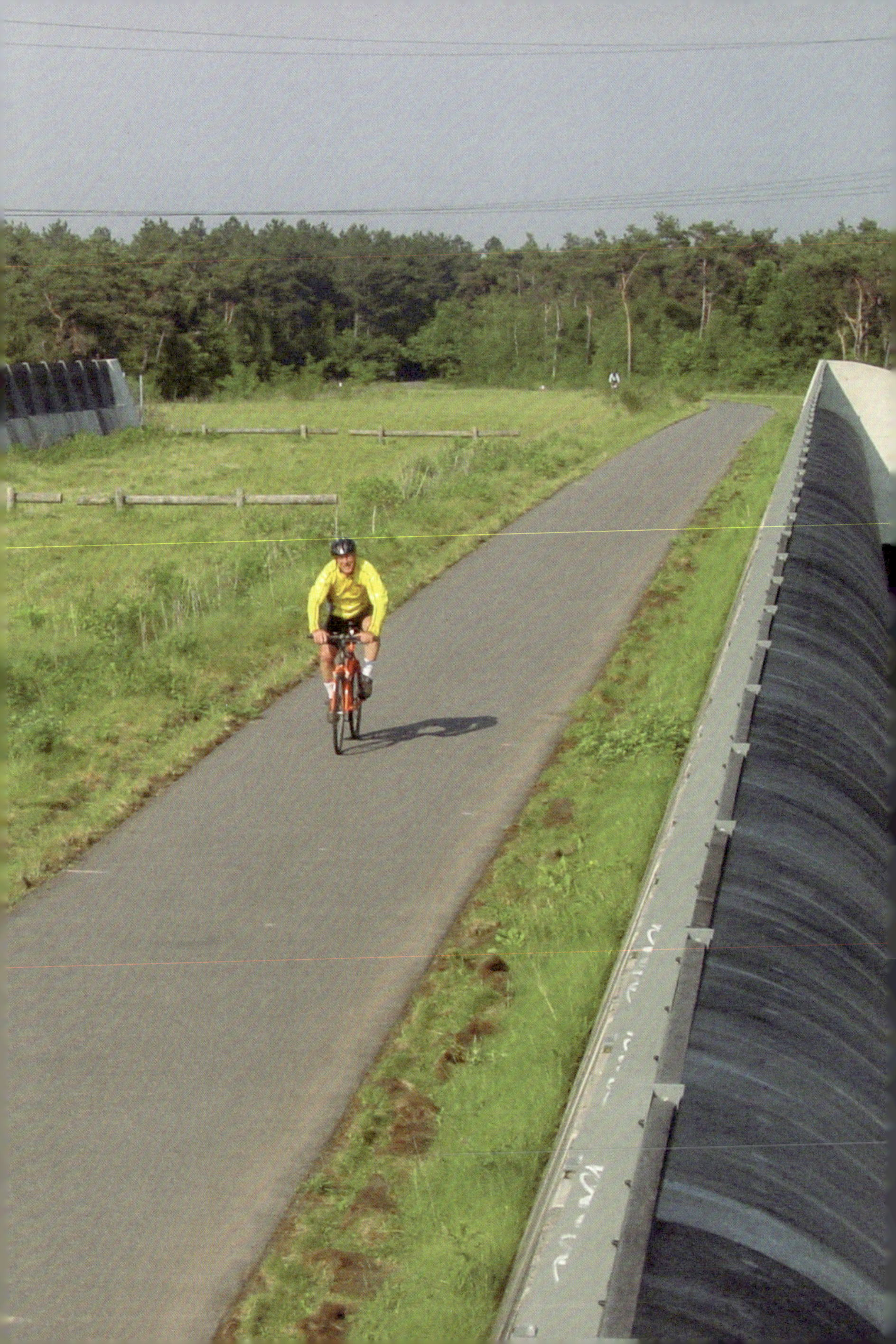

HET FIETS-ECODUCT

Het fiets-ecoduct reageert op de maatschappelijke vraag om het recreatief medegebruik van ecologische verbindingen mogelijk te maken. Ecoducten worden ingezet om de versnippering van leefgebieden van flora en fauna, vaak als gevolg van infrastructuur, tegen te gaan. Deze ecologische structuren vormen op hun beurt vaak zelf barrières voor wandel- en fietsroutes. Het idee achter het fiets-ecoduct is het openstellen en benutten van ecoducten voor fietsers en wandelaars. Dit speelt in op het nationaal beleid om openluchtrecreatie te bevorderen, door waar mogelijk natuurgebieden voor recreanten open te stellen voor een landelijk dekkend netwerk aan fiets- en wandelroutes. Vooralsnog zijn er in Nederland drie ecoducten waar recreatief medegebruik gefaciliteerd wordt.

Uit onderzoek komen de volgende ontwerprichtlijnen voor fiets-ecoducten naar voren: de passage wordt opgedeeld in een natuurzone voor fauna en een recreatiezone voor mensen. Om het gebruik door dieren niet te hinderen, is de natuurzone bij voorkeur veertig tot zestig meter breed. De recreatiezone ligt bij voorkeur aan een van de zijkanten van het ecoduct en is vijf of tien meter breed, afhankelijk van de ligging in de natuurzone. Tevens worden afschermende maatregelen tussen de zones aanbevolen, zoals een grondwal met struweel/bosbegroeiing of menswerende maar faunadoorlatende roosters.

Initiatief / **initiative:** Ministerie van Economische Zaken (cluster Ecologische Hoofdstructuur, thema ruimtelijke kwaliteit EHS en NATURA 2000) / **Ministry of Economic Affairs (cluster: Primary Ecological Structure, themes: spatial quality / Primary Ecological Structure; NATURA 2000)**
Ontwerp / **design:** Alterra Wageningen UR / **Alterra Wageningen UR**
Status / **status:** gerealiseerd / **realized**

BICYCLE ECODUCT

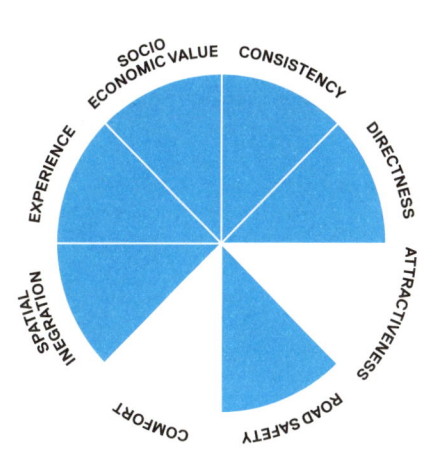

The bicycle ecoduct is a response to a widely shared wish for green corridors to be made accessible for recreational use. Ecoducts are used to counteract the fragmentation of the natural habitats of flora and fauna, frequently caused by infrastructure. Such ecological structures, however, often in turn form barriers in respect of walking and cycle routes. The underlying idea of the bicycle ecoduct is to make ecoducts accessible for use by cyclists and hikers, and is also supported by the present national government policy to promote outdoor recreation by, wherever possible, making areas of natural beauty accessible for recreation in the form of a country-wide network of cycle and walking routes. At present, there are three ecoducts in the Netherlands where recreational use is facilitated. Research has focused attention on the following design guidelines for bicycle ecoducts: the traverse in question should be divided into a nature zone for fauna and a recreational zone for people. To prevent animals from being hindered in their use of the nature zone, it should preferably be 40 to 60 m wide. The recreation zone should, where possible, be placed on one of the flanks of the ecoduct and be 5 to 10 m in width, depending on the location of the nature zone. At the same time, it is recommended that protective elements be realized between the zones, for example an earthen wall provided with thicket, woodland overgrowth or grids that impede access by people, but not by animals.

snelfietsroutes (gerealiseerd en gepland) / **express cycle routes (realized and planned)**

autosnelwegen / **motorways**

filetrajecten (uit de filetop 50) / **most congested motorways (top 50)**

HET NATIONALE PLATFORM 'FIETS FILEVRIJ'

Initiatief / **initiative**:	Fietsersbond, Ministerie van Verkeer en Waterstaat en decentrale overheden / **Fietsersbond, Ministry of Infrastructure and the Environment and local and regional authorities**
Ontwerp / **design**:	niet van toepassing / **not applicable**
Status / **status**:	zes routes zijn gerealiseerd, achttien in uitvoering, voor vier routes is een haalbaarheidsonderzoek uitgevoerd, diverse andere routes zijn in voorbereiding / **six routes have been realized, 18 are being executed; for four routes, feasibility studies have been carried out; several other routes are in the planning stage**

'Fiets filevrij' is een samenwerking tussen de Fietsersbond, het Rijk en regionale overheden ter bevordering van snelle fietsroutes. Bijzonder is het directe verband dat 'Fiets filevrij' wist te leggen tussen filebestrijding en de aanleg van snelfietsroutes. Doel van het platform is namelijk het stimuleren van fietsen in het woon-werkverkeer door de realisatie van snelle fietsroutes langs filerijke trajecten. Op die manier heeft niet alleen de fietser, maar indirect ook de automobilist baat bij de aanleg van fietsroutes; 'pro-fiets' is dan ook niet noodzakelijkerwijs 'anti-auto'. Hierdoor wist 'Fiets filevrij' zelfs in een liberaal-conservatieve regeringsperiode 80 miljoen euro voor snelle fietsinfrastructuur los te maken. 'Fiets filevrij' voert zelf geen projecten voor fietsroutes uit, maar biedt decentrale overheden inhoudelijke en procesmatige ondersteuning bij de planning, de communicatie en het monitoren van snelfietsroutes. 'Fiets filevrij' is sinds 2006 betrokken bij in totaal 28 routes in heel Nederland. De uitgesproken ambitie van het platform is het toewerken naar een landelijk netwerk van regionale snelfietsroutes met minimale kwaliteitseisen en het realiseren van een schaalsprong in investeringen in fietsinfrastructuur. De directe relatie met filebestrijding is inmiddels vervangen door een bredere relatie met de bereikbaarheid van stedelijke regio's.

NATIONAL FIETS FILEVRIJ PLATFORM

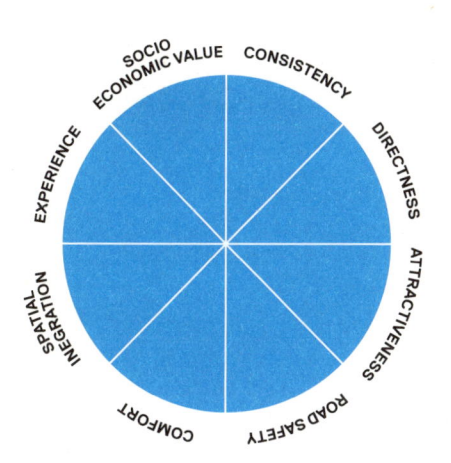

Fiets filevrij (Congestion-Free Cycling) is a cooperative effort of the Dutch *Fietsersbond* (Cyclists' Association), the national and regional governments in the Netherlands for the purpose of promoting rapid cycle routes. A particularly important feature of the platform is the direct connection it makes between combatting traffic jams and creating new express cycle routes. It has the objective of stimulating cycling in commuter traffic through the realization of rapid cycle routes along trajectories particularly subject to traffic jams. The routes offer benefits not only for cyclists, but also for motorists. Indeed, being pro-cycling does not mean being anti-car per se, which partially explains how it was possible for Fiets filevrij to obtain € 80 million for rapid cycle infrastructure under a liberal-conservative cabinet. Fiets filevrij does not itself carry out rapid cycle route projects, but rather, provides support to local and regional authorities concerning both the trajectory and content of planning, communication and monitoring of routes. Since late 2006, Fiets filevrij has been involved with a total of 28 rapid cycle routes all over the Netherlands. The platform has the explicit ambition of working towards the creation of a nationwide network of regional express cycle routes featuring minimum quality requirements, and bringing about a scale shift with regard to investment in cycle infrastructure. The direct relationship the platform once had with combatting traffic jams has gradually given way to a broader one involving the accessibility of the Netherlands' urban regions.

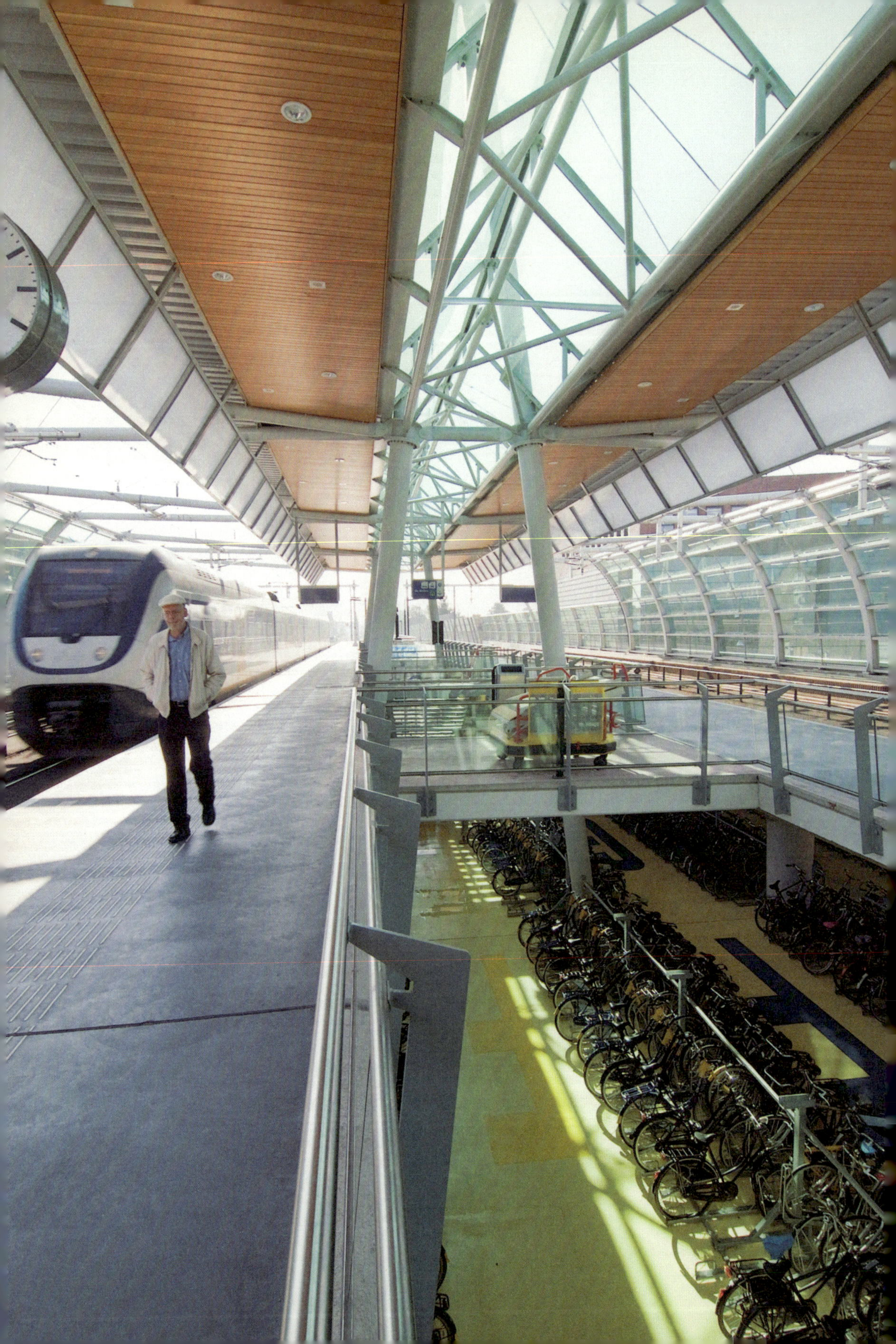

HET FIETSTRANSFERIUM

Het fietstransferium Houten biedt een oplossing voor de overlast van gestalde fietsen in de openbare ruimte rond stations, zonder de fietser op te zadelen met lange loopafstanden tot het perron. De nieuwe stalling biedt ruimte aan 3100 fietsen en is goed geïntegreerd in de heringerichte stationsomgeving van Houten. Om het fietstransferium en een doorgaande fietsroute direct onder het treinstation te kunnen situeren, is het spoor 1,80 meter opgetild. Hierdoor kan de fietser na het stallen van zijn fiets, via trap of lift, direct het perron op en de trein in.

De fietsenstalling is gratis en bewaakt. Het transferium heeft een aantal extra voorzieningen zoals een oplaadpunt voor elektrische fietsen, bagagekluizen, openbare toiletten en een fietsenwinkel met verhuur. De openingstijden van de stalling zijn afgestemd op de eerste en de laatste trein. De kosten voor het fietstransferium waren circa 10 miljoen euro, gefinancierd door de gemeente Houten, ProRail, Bestuur Regio Utrecht en het Ministerie van Verkeer en Waterstaat. Het fietstransferium Houten is ontworpen als integraal onderdeel van het stationsontwerp en is een voorbeeld hoe de schaalsprong in het fietsparkeren bij treinstations eruit kan zien.

Initiatief / **initiative:** gemeente Houten / **Municipality of Houten**
Ontwerp / **design:** Movares, Henk Woltjer / **Movares, Henk Woltjer**
Status / **status:** gerealiseerd (2011) / **realized (2011)**

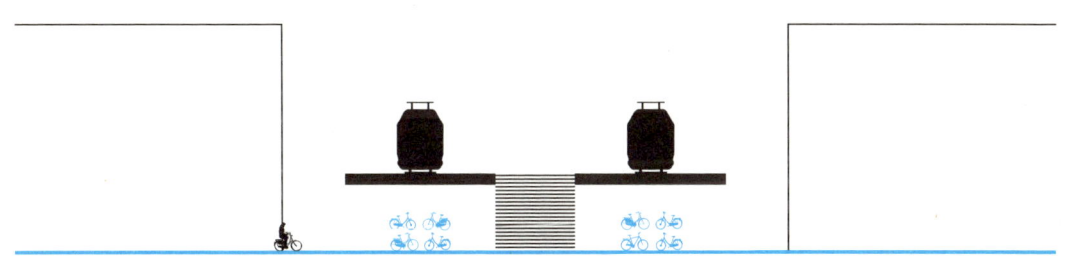

CYCLISTS' PARK-AND-RIDE

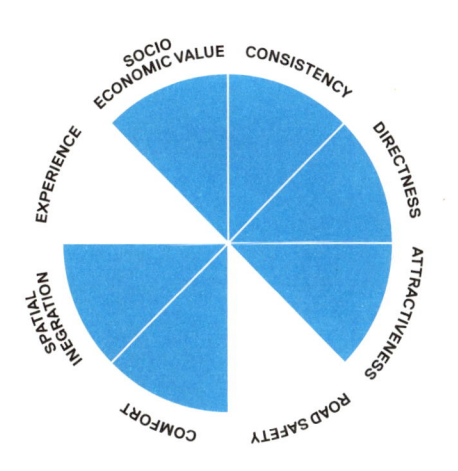

Houten's park-and-ride facility for cyclists provides a solution to the problem of excessive quantities of parked bicycles in the public space around train stations, but without forcing cyclists to walk long distances to their train. The new facility, conceived as an integral part of Houten's train station, accommodates 3,100 bicycles and is well integrated into the redesigned area around the station. To make it possible to locate the park-and-ride facility and a through route for cyclists directly under the train station, the track elevation was increased by 1.80 m. As a result, cyclists can, after parking their bicycle, directly access the train platform via stairs or lift, and board their train.

The bicycle shed is free and attended. The park-and-ride facility has a number of additional features, such as a charging point for e-bikes, lockers, public lavatories and bicycle rental. The shed is kept open for as long as trains arrive and depart. The costs for the park-and-ride facility came to approximately € 10 million and were funded by the Municipality of Houten, ProRail, Utrecht's regional administration and the Ministry of Infrastructure and the Environment. Houten's park-and-ride facility for cyclists is an example of what can be accomplished through a scale shift in bicycle accommodation at train stations.

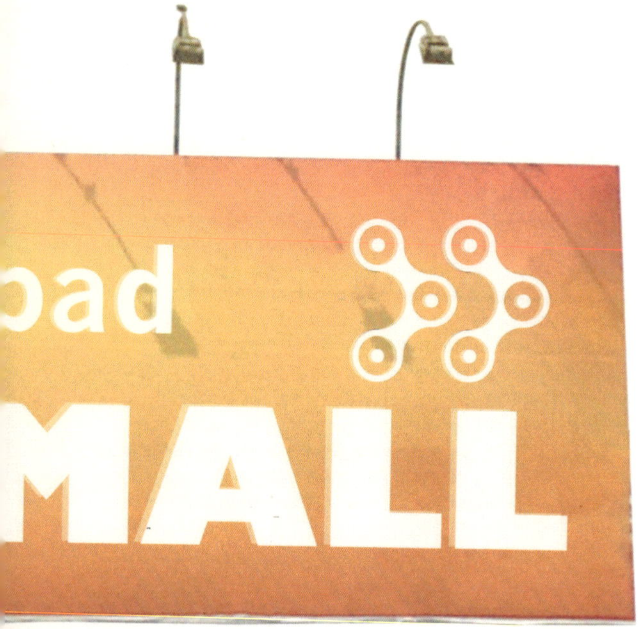
oad
MALL

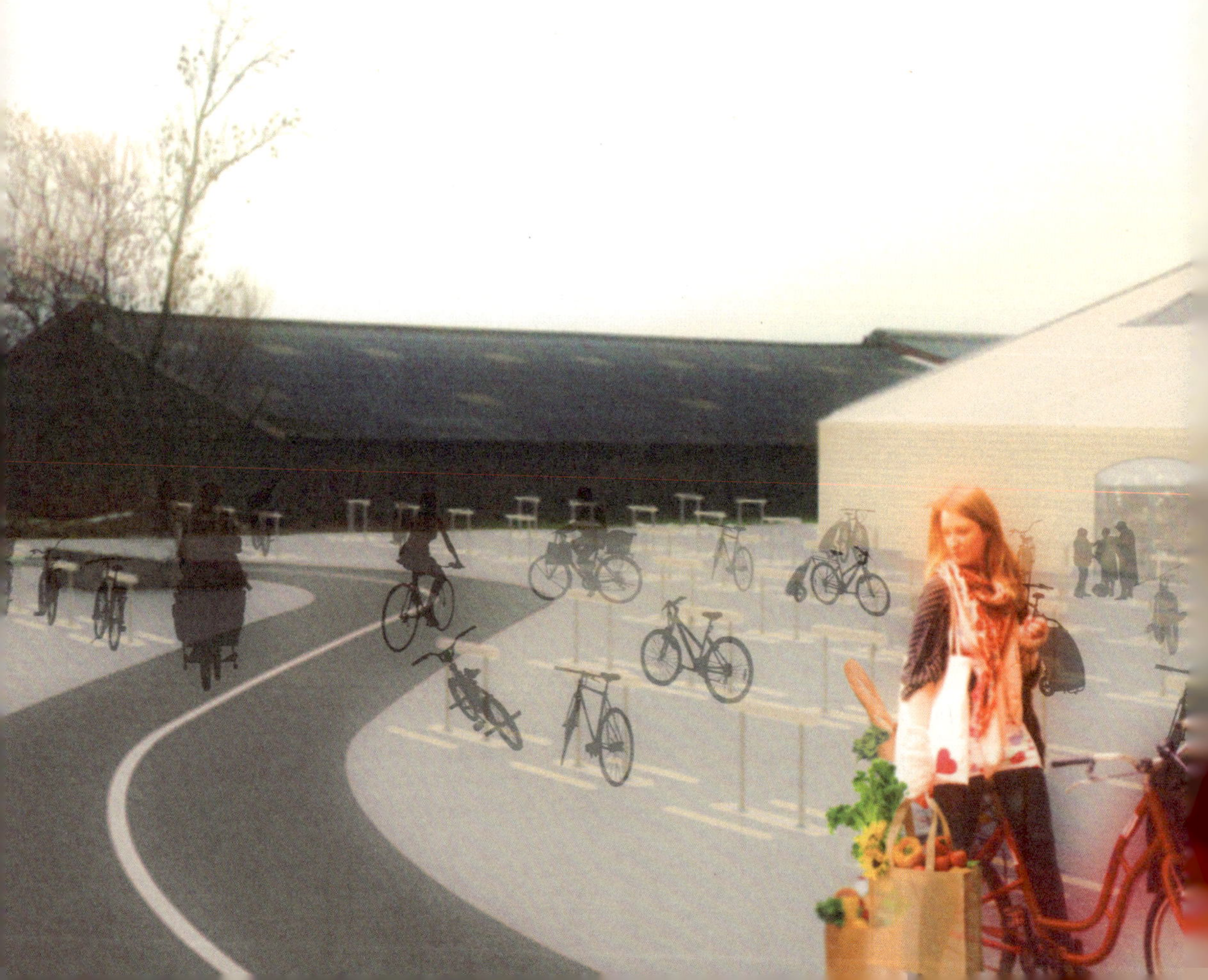

DE FIETSVRIENDELIJKE BIO-MALL

Initiatief / **initiative**: Stadsregio Arnhem Nijmegen / **Stadsregio Arnhem Nijmegen**
Ontwerp / **design**: Artgineering in samenwerking met Goudappel Coffeng / **Artgineering in cooperation with Goudappel Coffeng**
Status / **status**: concept (2011) / **conceptual design (2011)**

De fietsvriendelijke *bio-mall* is een nieuwe winkelvoorziening aan de fietssnelweg, specifiek ontworpen voor de fietsende klant. De fiets-*mall* is een nieuwe ruimtelijke en economische typologie, gerelateerd aan een nieuw type weginfrastructuur: de 'fietssnelweg'. Dit is vergelijkbaar met de opkomst van de Amerikaanse *shopping mall* als reactie op de nieuwe highways in de jaren vijftig. Zoals het oorspronkelijke shopping mall-concept van Victor Gruen heeft ook de fietsvriendelijke bio-mall een sociaal-economische agenda: naast winkelvoorziening is het ook een ontmoetingsplek voor de inwoners van de verstedelijkte regio. Anders dan de auto-mall bevordert de fiets-mall lichaamsbeweging, gezonde voeding, het milieu en de lokale economie. Voor de boeren uit de streek ontstaat een afzetmarkt dicht bij huis.

De parkeervoorzieningen zijn, zoals bij de Amerikaanse mall, ruim van opzet en geschikt voor bakfietsen, ligfietsen en fietskarren. Er is alle ruimte voor het laden van de boodschappen of om de kinderen uit de zitjes te halen. Voor e-bikes zijn oplaadpunten aanwezig, om de fiets op te laden tijdens het winkelen. De fietsvriendelijke bio-mall toont de economische potentie van grootschalige fietsinfrastructuur als drager van ruimtelijke ontwikkeling.

CYCLIST-FRIENDLY BIO-MALL

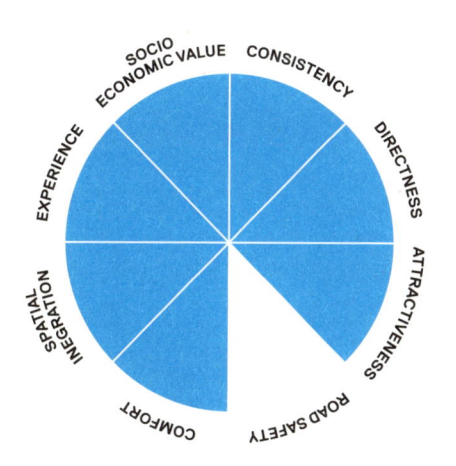

The cyclist-friendly bio-mall represents a new spatial and economic typology, linked to a new type of road infrastructure: the cycle highway. The development is comparable to the advent of the shopping mall in the US in response to the new highways of the 1950s. Like the original shopping-mall concept of Victor Gruen, the cyclist-friendly bio-mall has a socio-economic agenda: in addition to its shopping function, it is also a meeting point for residents of the urbanized area where it is located. In contrast to the auto-mall, though, it promotes physical exercise, good nutrition and environmental consciousness, as well as the local economy. And for local farmers it means a market for their products close to home.

The bio-mall's parking facilities are, as with conventional shopping malls, generously proportioned and suitable for freight bicycles, recumbent bicycles and bicycle trailers. There is more than enough room for loading one's purchases or taking the kids out of their seats, and there are charging points to recharge e-bikes while shopping. The cyclist-friendly bio-mall encapsulates the economic potential of large-scale cycle infrastructure as an agent of spatial development.

09	🚗	
11	🚗	
28	🚲	

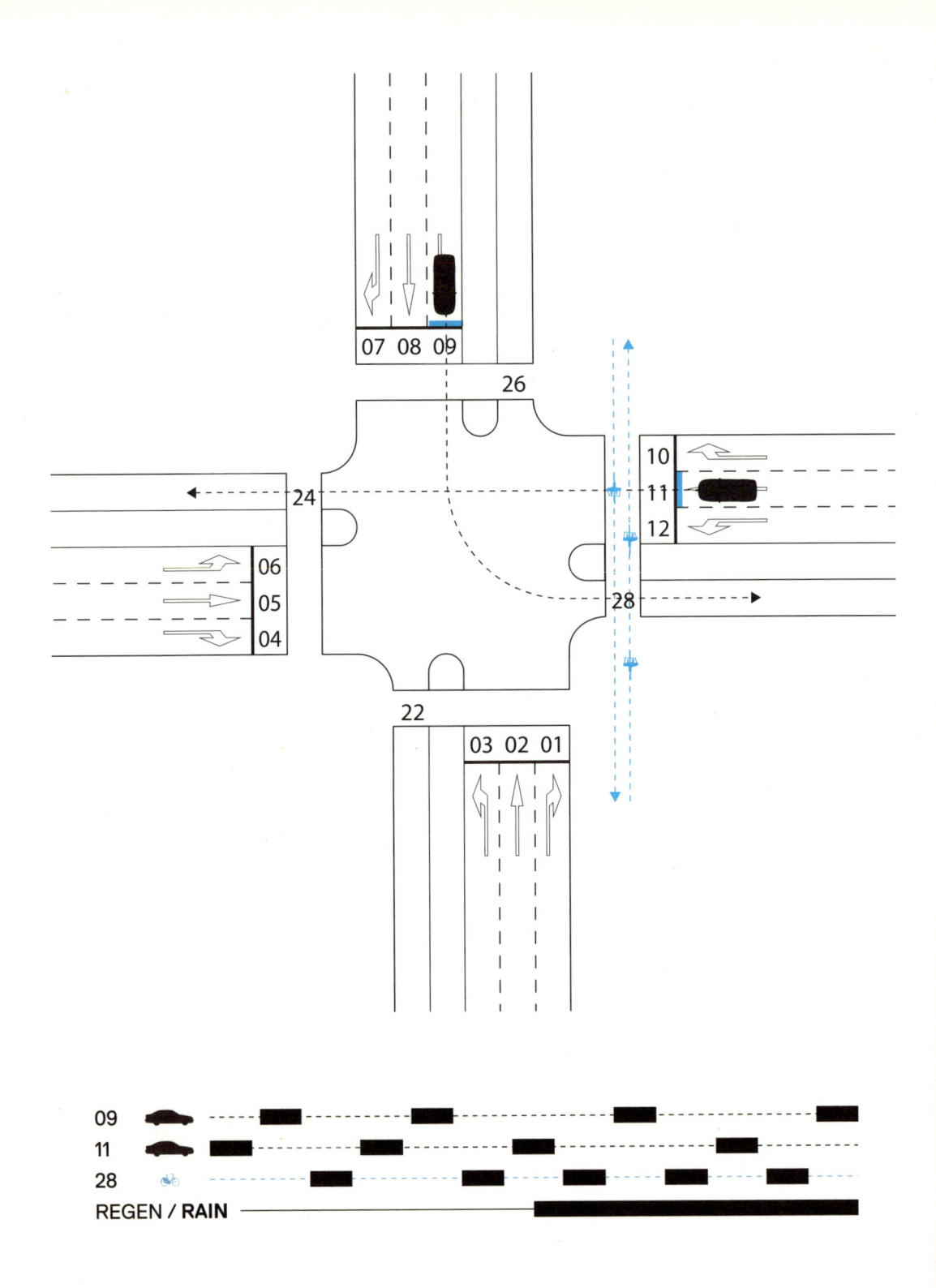

REGEN / **RAIN**

HET FIETSVRIENDELIJKE VERKEERSLICHT

Initiatief / **initiative**:	provincie Noord-Brabant, gemeente Groningen / **Province of North Brabant, Municipality of Groningen**
Ontwerp / **design**:	IT&T / **IT&T**
Status / **status**:	geslaagde proef, met vervolg (2009, 2012) / **successful trial, with follow-up (2009, 2012)**

Het fietsvriendelijke verkeerslicht geeft de fietser sneller groen bij koud en regenachtig weer. Slecht weer wordt door velen als reden genoemd om niet (meer) te fietsen. Om de fietser die slecht weer trotseert te belonen, worden in Groningen stoplichten uitgerust met regensensoren. Het stoplicht detecteert de fietser en geeft hem sneller groen bij regen of sneeuw. De reacties van de fietsers zijn positief. Automobilisten, politie en het lokale openbaarvervoerbedrijf hadden geen klachten, omdat de aangepaste verkeerslichten niet tot (veel) langere wachttijden hebben geleid.

Het idee van een weersgevoelig stoplicht voor fietsers is voor het eerst toegepast door de provincie Noord-Brabant. In 2009 werden in Grave en Oosterhout een regensensor en een thermometer aan het verkeersregelingssysteem gekoppeld. Groningen begon in 2011 met een uitgebreide proef voor deze fietsvriendelijke verkeerslichten. De extra kosten voor het installeren van regensensoren bij nieuwe verkeerslichten zijn circa 1.200 euro per verkeerslicht. Aanpassingen van oude stoplichten zijn met 10.000 euro veel duurder. Groningen plant de gefaseerde implementatie bij alle gewone stoplichten in de stad. De regensensoren zijn niet compatibel met gekoppelde verkeersregelinstallaties.

CYCLIST-FRIENDLY TRAFFIC LIGHTS

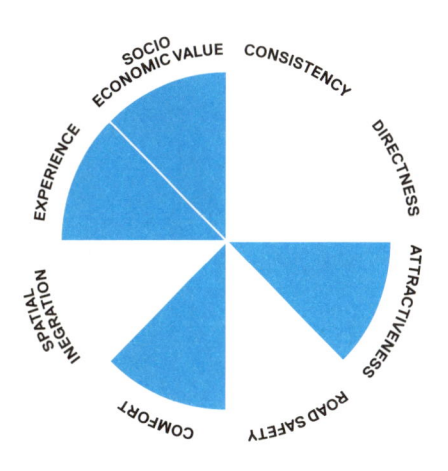

The cyclist-friendly traffic lights turn green for cyclists sooner when it's raining or snowing. Cold or inclement weather is mentioned by many as a reason to cycle less or not at all.. To reward cyclists who brave poor weather, the traffic lights in Groningen are being fitted with rain sensors. The response among cyclists has been positive. Furthermore, there have been no complaints from motorists, police or the local public transport company, as the modification has not resulted in significantly longer waiting times.

The concept of weather-sensitive traffic lights for cyclists was first implemented by the Dutch province of North Brabant: in 2009, rain sensors and thermometers were coupled to the traffic regulation systems in the towns of Grave and Oosterhout. Groningen initiated an extensive trial of its cyclist-friendly traffic lights in 2011. Despite the extra costs resulting from fitting rain sensors (for new traffic lights, ca. € 1200, but for existing lights ca. € 10,000), Groningen plans to go ahead with their phased implementation for all normal traffic lights in the city. The sensors are, however, not compatible with coupled traffic regulation systems.

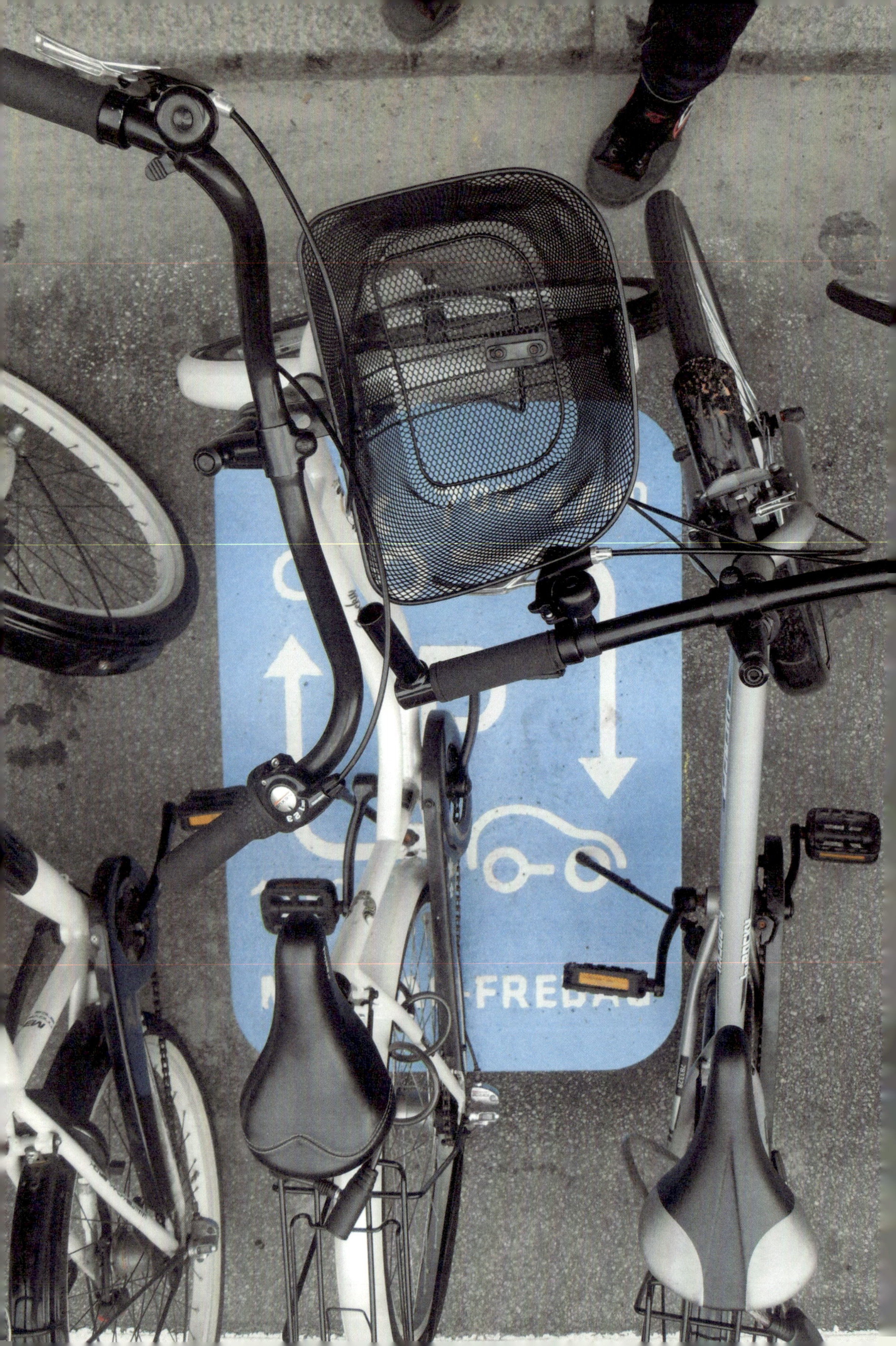
-FREDAG

FLEX PARKING

Flex Parking-zones zijn parkeerplekken in de stad die op verschillende momenten van de dag afwisselend door fietsers en automobilisten gebruikt kunnen worden. Deze innovatie speelt in op het gebrek aan straatparkeerruimte in drukke binnenstedelijke gebieden, waar verschillende gebruikers op verschillende tijdstippen gebruik van willen maken. De straten voor scholen zijn hier een typisch voorbeeld van. In Kopenhagen is men in de nabijheid van een school met een experiment gestart waarbij autoparkeerplaatsen overdag door fietsers gebruikt worden.

Tijdens schooluren, van zeven tot vijf uur, zijn vijf parkeerplekken tegenover de school gereserveerd voor fietsparkeren. 's Avonds en 's nachts zijn de parkeerplekken gereserveerd voor auto's, bijvoorbeeld voor bewoners. Het plaatsen van fietsenrekken is gezien het dubbelgebruik niet mogelijk. Flex Parking biedt een alternatief voor het opheffen van autoparkeerplaatsen en het plaatsen van fietsenrekken. Het idee is om de beperkte ruimte in de stad zo efficiënt mogelijk te gebruiken. De beschikbare ruimte wordt toegewezen aan de gebruiker die op dat moment de grootste behoefte eraan heeft.

Initiatief / **initiative:** stad Kopenhagen / **City of Copenhagen**
Ontwerp / **design:** HOE360 Consulting / **HOE360 Consulting**
Status / **status:** uitgevoerd experiment (2011) / **executed experiment (2011)**

17.00 - 07.00   07.00 - 17.00

FLEX-PARKING

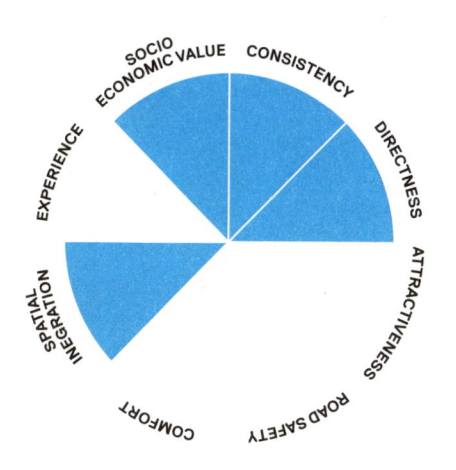

Flex-parking zones are urban parking spaces that, at different times of day, are available for use by cyclists and motorists, respectively. This innovation represents a response to the problem of insufficient street parking space in congested city-centre areas (the streets close to schools are a typical example), with different prospective users at different times of day. In Copenhagen an experiment is in progress involving the daytime use by cyclists of car parking spaces near a school.

During school hours, from 7 a.m. to 5 p.m., five parking spaces across the road from the school are reserved for parking bicycles. In the evening and at night, the same spaces are reserved for cars, for example those of neighbourhood residents. The placing of bicycle racks here is not an option, in view of the dual use of the spot. Flex-parking offers an alternative to the policy of eliminating parking spaces for cars and putting bicycle racks in their place. The underlying idea of this approach is to enable the limited space available in cities to be used as efficiently as possible. The available space is given to those users with the greatest need at a given time of day.

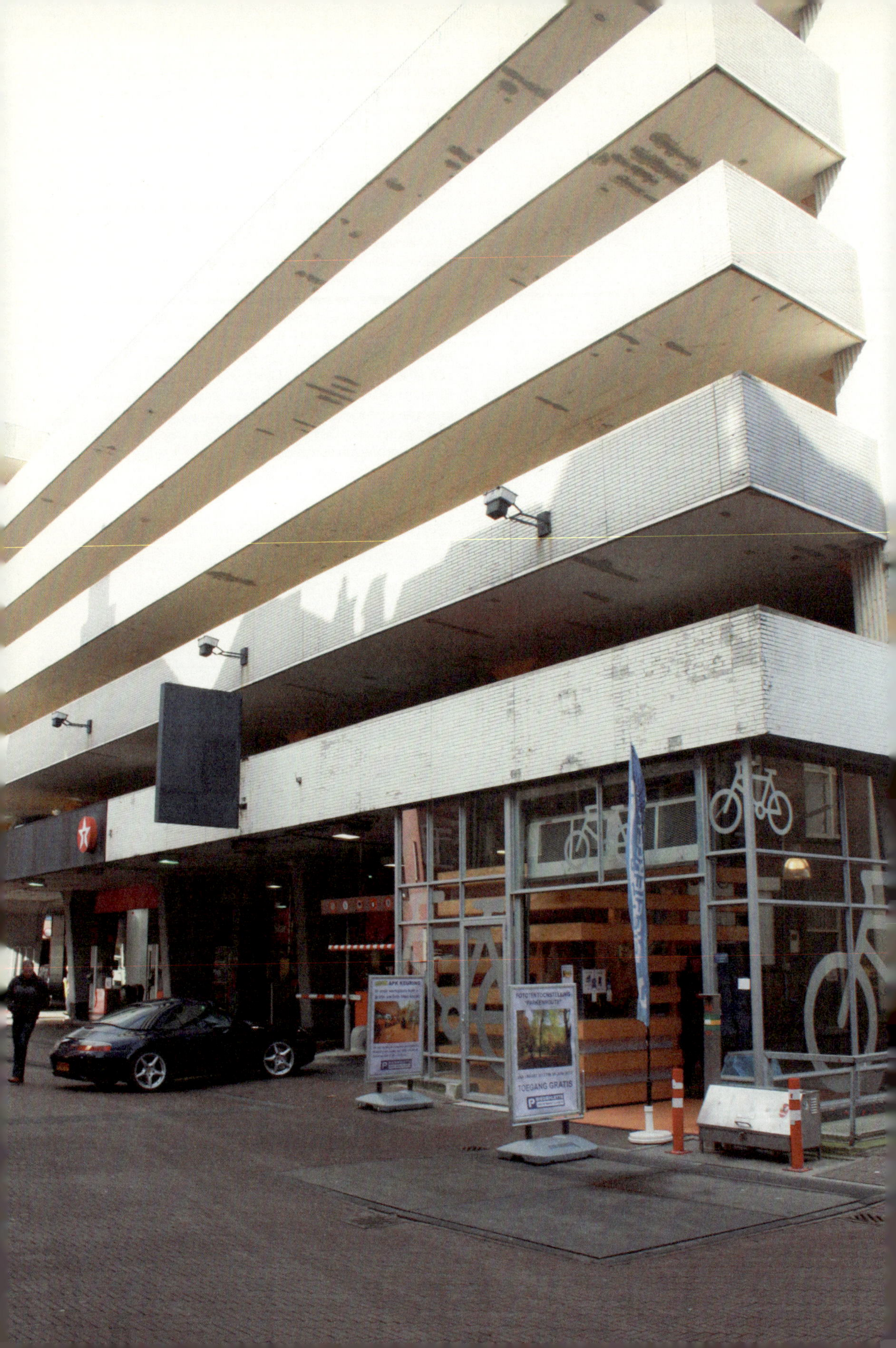
APK KEURING
FOTOTENTOONSTELLING
TOEGANG GRATIS

DE GETRANSFORMEERDE AUTOPARKEERGARAGE

Biesieklette Grote Markt in Den Haag is een voormalige autoparkeergarage die gedeeltelijk is getransformeerd tot fietsenstalling. Gelegen aan de rand van het voetgangers- en winkelgebied is deze garage een typisch voorbeeld van een voorziening die in het verleden de auto tot in de binnenstad moest faciliteren. Met de gedeeltelijke transformatie van de garage reageert de gemeente Den Haag op de verandering in het mobiliteitsgedrag van het (winkelend) publiek, dat inmiddels massaal de fiets pakt. Biesieklette Grote Markt is dan ook bedoeld om de fietsparkeerdruk in de binnenstad te verminderen en om een einde te maken aan de zwerffietsen op en rond de Grote Markt. De opening van de fietsenstalling is voor de gemeente aanleiding geweest om ook het gebied rondom de stalling op te knappen. Biesieklette Grote Markt is een (tijdelijke) openbare en bewaakte fietsenstalling. Ze biedt plaats aan 500 fietsen en is voorzien van een fietsverhuur en reparatieservice. Het stallen van de fiets is gratis. De gemeente geeft subsidie voor de huur van (een deel van) de parkeergarage voor vijf jaar en een budget van 50.000 euro voor de promotie van de stalling.

Initiatief / **initiative**:	gemeente Den Haag / **Municipality of Den Haag**
Ontwerp / **design**:	Ingenieursbureau Den Haag / **Ingenieursbureau Den Haag**
Status / **status**:	gerealiseerd (2012) / **realized (2012)**

TRANSFORMED INDOOR CAR PARK

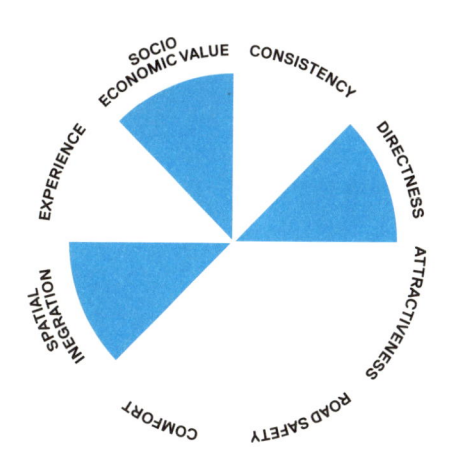

The Hague's *Biesieklette Grote Markt* is a former indoor car park that has been partially transformed into a garage for bicycles. Located on the edge of the city's traffic-free shopping zone, the car park is a typical example of a facility that in the past was devoted exclusively to accommodating car use in the city centre. With the partial transformation of the original car park, the municipality has responded to a change in mobility behaviour on the part of the public, many of whom are now opting to use the bicycle rather than the car. The idea behind the move was to reduce excessive bicycle parking in the city centre as well as eliminate the problem of illegally parked bicycles on and around The Hague's Grote Markt, or Great Market. For the municipality, creating the bicycle garage served as an occasion to beautify the entire area around it, as well. Biesieklette Grote Markt is a temporary public attended bicycle parking facility, accommodating 500 bicycles, complete with a bicycle rental and repair service. Use of the facility is free of charge. The municipality is subsidizing the rental of a portion of the parking garage for a period of five years as well as providing a € 50,000 budget for promoting the facility.

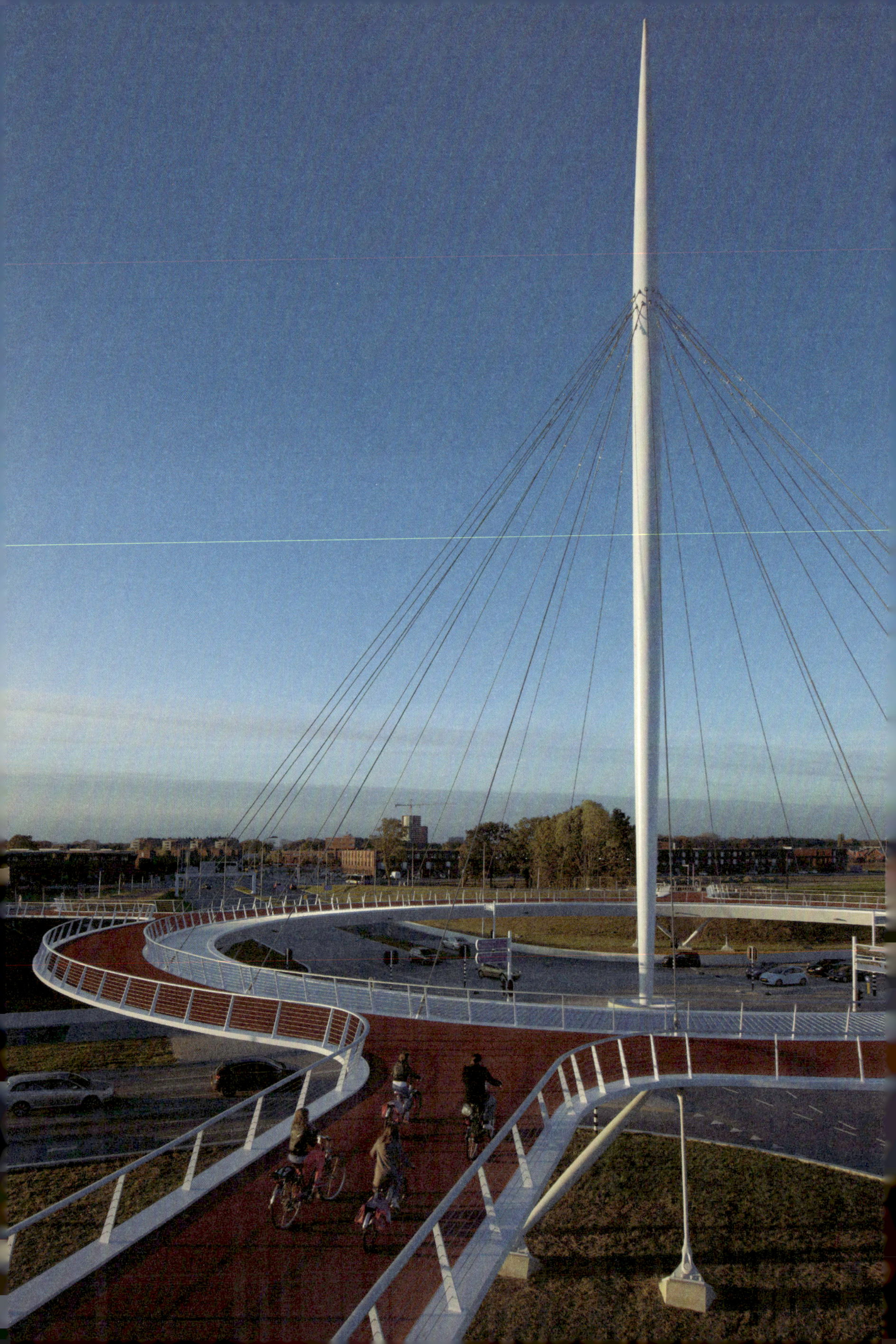

DE HOVENRING

De Hovenring is een zwevende fietsrotonde boven een druk kruispunt bij Eindhoven. De combinatie van een uitdagend verkeerskundig concept en een hoogwaardige vormgeving maakt dat de Hovenring meer is dan alleen een alternatief voor een fietstunnel of brug. Het is ook een icoon en landmark langs een nieuwe fietsroute en markeert de entree naar de stad. Dit effect wordt 's nachts versterkt door een verlichtingsconcept dat het zwevende karakter van de ring benadrukt en tevens zorgt voor een gevoel van sociale veiligheid voor de fietser.

Bijzonder is verder dat het kruispunt van de autowegen 1,5 meter verdiept is aangelegd om het hellingspercentage voor de fietser comfortabel te houden. Hierdoor hebben de groene hellingen naar de rotonde, ondanks de beperkte beschikbare ruimte, stijgingspercentages van maximaal 3 procent. De fietsrotonde met een doorsnede van 72 meter wordt gedragen door één zeventig meter hoge pyloon. Hierdoor is de kruising onder de brug vrij van kolommen waardoor het zicht voor de automobilist rondom vrij is. De fietsrotonde is in juni 2012 geopend. De kosten voor de brugconstructie bedroegen circa 6,3 miljoen euro. De totale aanneemsom inclusief kruising en hellingbanen was 11 miljoen euro.

Initiatief / **initiative:** gemeente Eindhoven en gemeente Veldhoven / **Municipalities of Eindhoven and Veldhoven**
Ontwerp / **design:** ipv Delft / **ipv Delft**
Status / **status:** gerealiseerd (2012) / **realized (2012)**

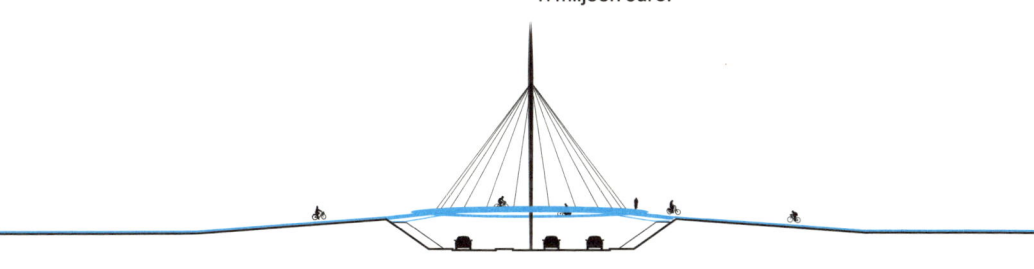

HOVENRING

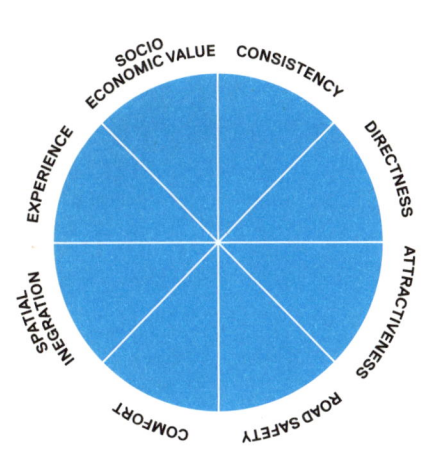

The *Hovenring* is a cyclists' roundabout that is suspended above a busy junction near Eindhoven. Thanks to a combination of a challenging traffic concept and a high-quality design, the Hovenring is more than just an alternative to a cyclists' tunnel or bridge: it is also a distinctive recognition point along a new cycle route and marks the entrance to the city. This effect is intensified in the evening by lighting that emphasizes the roundabout's suspended character while at the same time generating a feeling of security for cyclists.

Another special feature is that the junction of the motorways was deepened by 1.5 m in order to keep the gradient comfortable for cyclists. As a result, despite the limited space available, the green ramps to the roundabout have ascending gradients of 3 per cent maximum. The cyclists' roundabout (diameter: 72 m) is supported by a single 70-metre-high pylon. This in turn makes it possible for the junction under the bridge to be free of columns, yielding an entirely unobstructed view in all directions for motorists. The cyclists' roundabout was opened in June 2012. The costs of the bridge's construction amounted to approximately € 6.3 million. The total contract price, including the junction and ramps, came to € 11 million.

Rank	Total km	Company
🟩	988km	BARRY'S B...
🟥	813km	KVP TECHN...
🟦	594km	LP INVEST...
🟨	396km	GREASY B...

DE INTERACTIEVE FIETSROUTE

De interactieve fietsroute maakt van het fietsen een collectieve ervaring door de koppeling aan ICT en sociale media. Uit onderzoek blijkt dat niet alleen de kwaliteit van de infrastructuur (het fietspad) en van het vervoermiddel (de fiets) doorslaggevend is voor de keuze of en hoeveel iemand fietst, maar vooral de beleving van de rit. Apps en sociale media kunnen de beleving van een route intensiveren en een collectieve component geven. De smartphone houdt bij welke afstand men fietst, in welke tijd men dit doet en welke route men aflegt.[1] Het is zelfs mogelijk om je hartslag te laten meten en het aantal verbrande calorieën te berekenen. Door de toepassing van interactieve media kunnen deze individuele prestaties en de eigen beleving gekoppeld worden aan een community, zoals de school, het bedrijf of de sportclub.

De interactieve fietsroute combineert hiervoor bestaande technieken, zoals websites die informatie over fietsroutes verzamelen en delen[2] en locatie-gebaseerde netwerken waarmee de fietser automatisch kan inchecken op een traject.[3] Door deze ICT-toepassingen te integreren in het ontwerp van de fietsvoorzieningen kan de dagelijkse rit naar werk of school een digitale, collectieve ervaring worden.

Initiatief / **initiative:** BOVAG Fietsbedrijven[4] / **BOVAG**[4]
Ontwerp / **design:** Artgineering / **Artgineering**
Status / **status:** concept (2012) / **conceptual design (2012)**

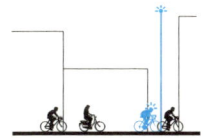

INTERACTIVE CYCLE ROUTE

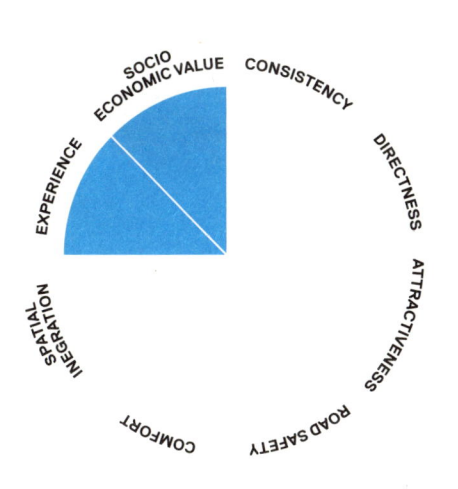

The interactive cycle route employs IT and social media to make cycling a collective experience. Research has revealed that it is not only the quality of the relevant infrastructure (cycle paths) or vehicle (bicycles) that determines whether, and how much, people cycle, but much more the cycling experience itself. Apps and social media can intensify how a route is experienced and add a collaborative aspect. Smartphones enable us to keep a record of the distance we have cycled, the duration of our trips and which route was used.[1] We can even measure our heartbeat and calculate the number of calories we have burnt. With the help of interactive media, a cyclist's performance and experience can be linked to a community, for instance their school, company or sport club.

The interactive cycle route combines available technologies, such as websites that compile and disseminate information on cycle routes,[2] and location-based networks that enable cyclists to automatically check into the trajectory of their choice.[3] Integrating such IT applications into the design of bicycle facilities can make the daily trip to and from work or school a collective, digital experience.

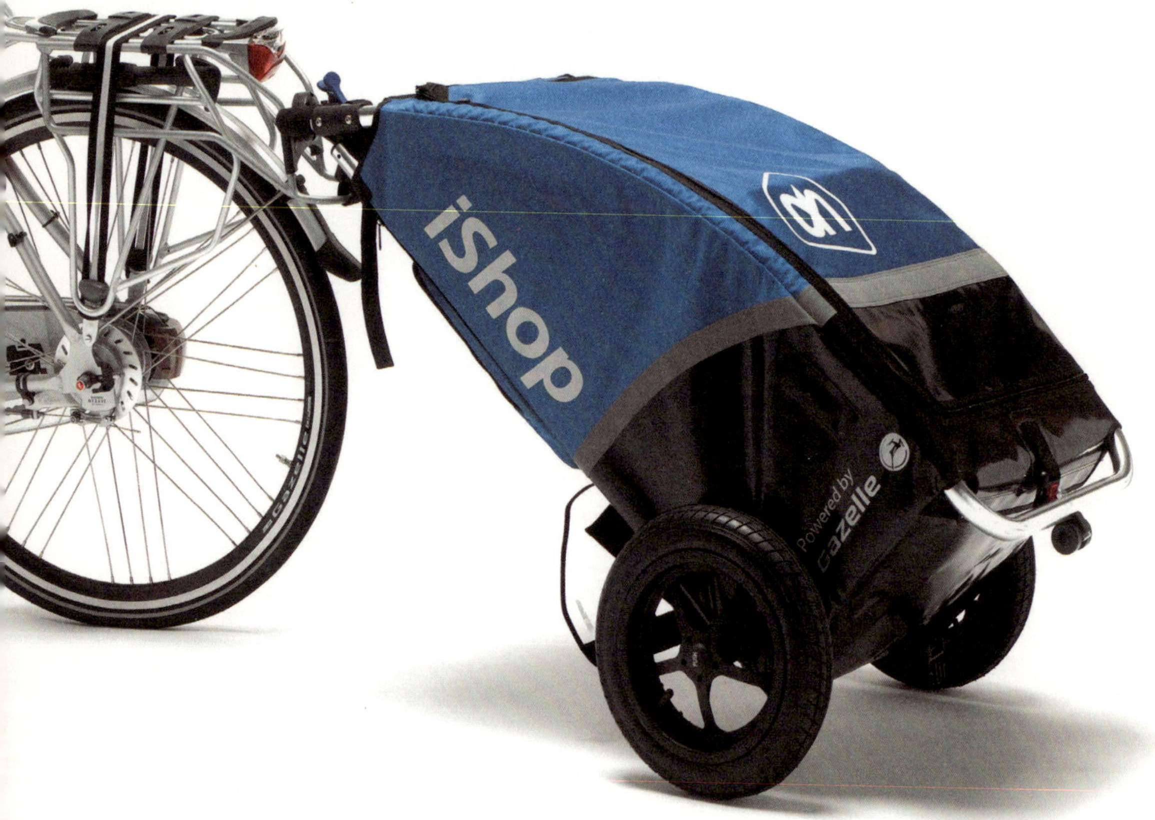
iShop
Powered by
Gazelle

DE iSHOP

Initiatief / **initiative**:	Andries Gaastra in samenwerking met Albert Heijn, Gazelle en de gemeente Apeldoorn / **Andries Gaastra in cooperation with Albert Heijn, Gazelle and the Municipality of Apeldoorn**
Ontwerp / **design**:	Van Der Veer Designers 2008 / **Van Der Veer Designers 2008**
Status / **status**:	proef zonder vervolg (2009–2010), wordt verder ontwikkeld door andere winkelketen / **trial without follow-up (2009–2010); the trolley is currently undergoing further development by other retail chains**

De iShop is een combinatie van winkelwagen en fietskar. De iShop kan door fietsende klanten in de winkel als winkelwagen worden gebruikt en na het boodschappen doen eenvoudig aan de fiets worden vastgeklikt en naar huis gereden. Het overzetten van de boodschappen van een winkelmand naar (plastic) zakken, die dan bungelend aan het stuur hangen of in de fietstas moeten worden gestopt, behoort tot het verleden. Het karretje is makkelijk aan de bagagedrager te bevestigen, heeft een koelvak en biedt ruimte voor een krat bier. De vormgeving volgt de huisstijl van de winkelketen.

De iShop is een initiatief van Andries Gaastra samen met fietsenmaker Gazelle en winkelketen Albert Heijn. Uit proeven die in 2009 en 2010 in Apeldoorn zijn gehouden, blijkt dat de gebruikers er tevreden over zijn en de supermarkt meer omzet genereert. De gebruikers van de iShop komen vaker naar de winkel en besteden meer. Voor de proef lag het gemiddelde op 58 euro per week en tijdens de proef op 66 euro, een toename van 14 procent.[1]

iSHOP

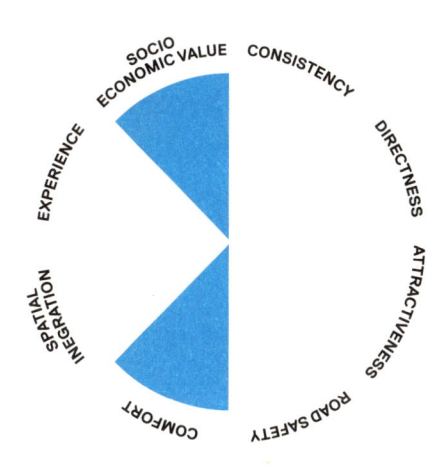

The iShop is the result of combining a shopping trolley with a bicycle trailer. Cycling shoppers can use it in a supermarket as a trolley and, when the shopping is done, easily click it onto their bicycles before cycling home. Transferring the groceries from a basket or trolley into bags, which then dangle from the handlebars or have to be stuffed into the saddle bags, is a thing of the past. The trolley is easy to attach to the luggage carrier, has a cooling compartment and is large enough to accommodate a beer crate. The iShop's design employs the house style of the retail chain.

The iShop is an initiative of Andries Gaastra in cooperation with bicycle manufacturer Gazelle and retail chain Albert Heijn. The results of trials carried out in Apeldoorn in 2009 and 2010 indicated that users are satisfied with the iShop and that its use results in increased turnover in shops where it is used, with users coming more often, and then spending more whilst there. Prior to the trial, the average amount spent per week had been € 58, during the trial this amount increased to € 66 – an increase of 14 per cent.[1]

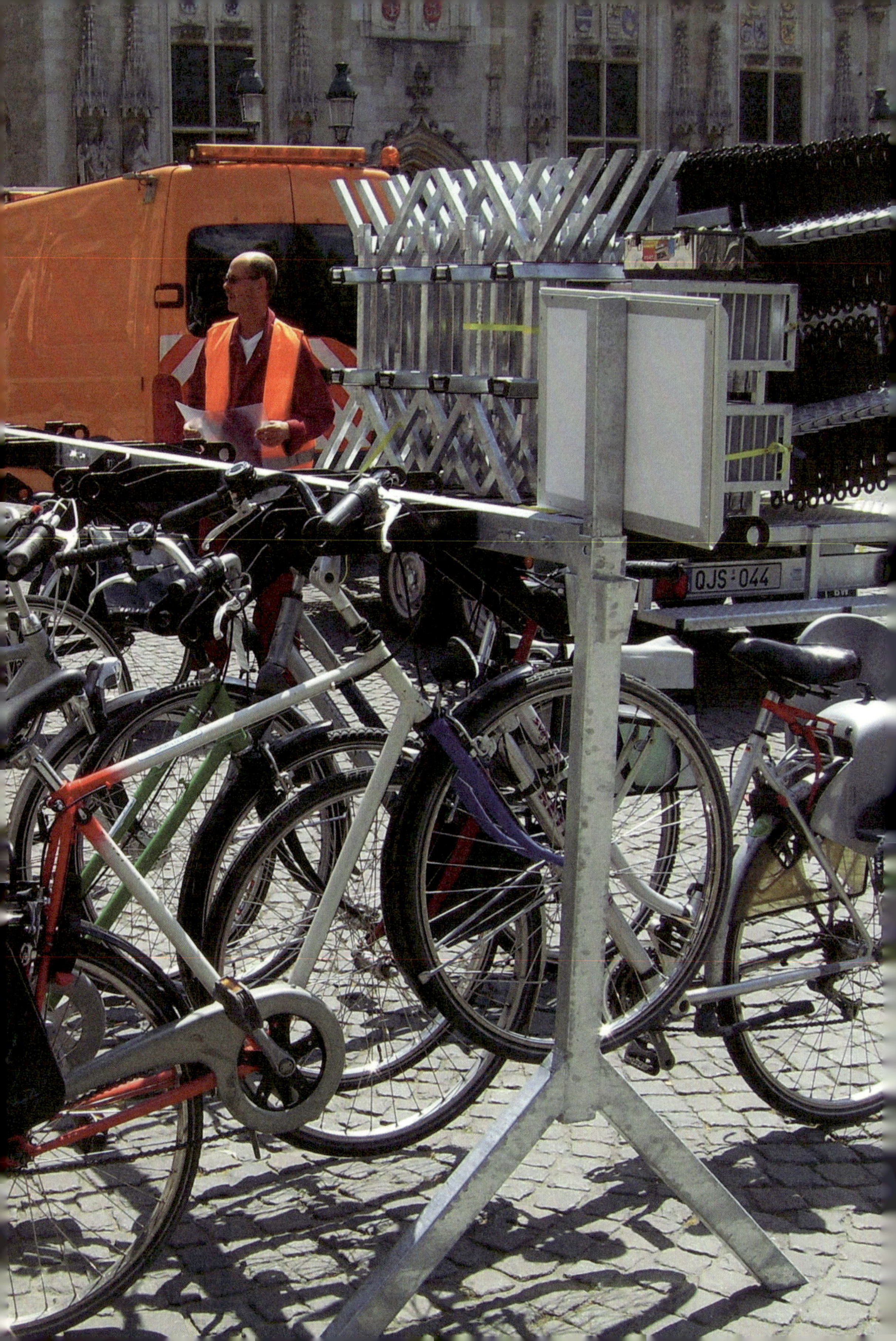
QJS-044

DE MOBIELE FIETSENSTALLING

De Movilo Brugge biedt tijdelijk extra fietsparkeerplekken waar deze nodig zijn. Hiermee speelt de mobiele fietsenstalling in op pieken in fietsparkeerbehoefte die met de bestaande voorzieningen niet gedekt kan worden, zoals tijdens evenementen. Hiervoor is een snel inzetbare, gebruiksvriendelijke mobiele fietsenstalling ontwikkeld, die in zijn geheel op een aanhangwagen opgeslagen en vervoerd kan worden.

Het systeem biedt plaats aan 300 fietsen en bestaat uit 25 modules, elk goed voor 12 fietsen. Het is zodanig ontworpen, dat voor de snelle en eenvoudige montage nauwelijks gereedschap nodig is. De bijbehorende en op maat gemaakte aanhangwagen is voorzien van een laadsysteem voor de modules, een gereedschapskoffer en affiches met informatie over bijvoorbeeld de gebruiksduur van het fietsenrek. De 300 fietsrekken nemen, opgeborgen in de aanhanger, minder dan zes vierkante meter ruimte in beslag.

De mobiele fietsenstalling is ontwikkeld en voor het eerst toegepast in Brugge. Inmiddels hebben ook meerdere gemeenten in Nederland het systeem in gebruik, waaronder Helmond en Enschede.

Initiatief / **initiative:** stad Brugge en Verhofsté / **City of Bruges; Verhofsté**
Ontwerp / **design:** Verhofsté. Public space solutions / **Verhofsté. Public space solutions**
Status / **status:** gerealiseerd (2009) / **realized (2009)**

MOBILE BICYCLE SHED

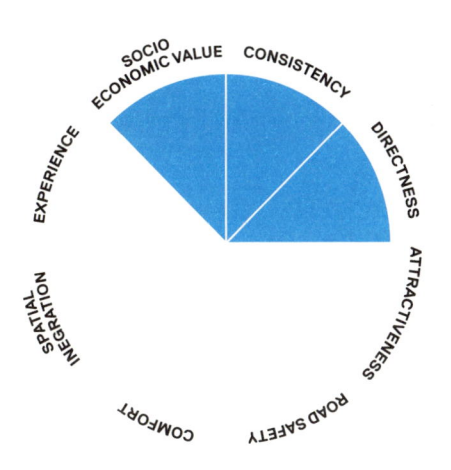

The 'Movilo Bruges' mobile cycle shed provides temporary additional bicycle parking spaces when needed. It is an example of how a mobile bicycle shed can come to the rescue when the parking capacity of existing facilities is insufficient, for example during special events. The Movilo is a rapidly deployable, user-friendly mobile bicycle shed that can in its entirety be loaded and transported on a trailer. The system can accommodate 300 bicycles and consists of 25 modules, each with space for 12 bicycles. The Movilo's design permits quick and easy assembly with the bare minimum of tools. The corresponding made-to-measure trailer is fitted with a system for loading the modules, a tool box and posters with information such as how long racks can be used. When loaded onto the trailer, the 300 bicycle racks take up less than six m2 of space. The mobile bicycle shed was developed for and first used in Bruges, Belgium. Several Dutch municipalities, including Helmond and Enschede, have now also adopted the system.

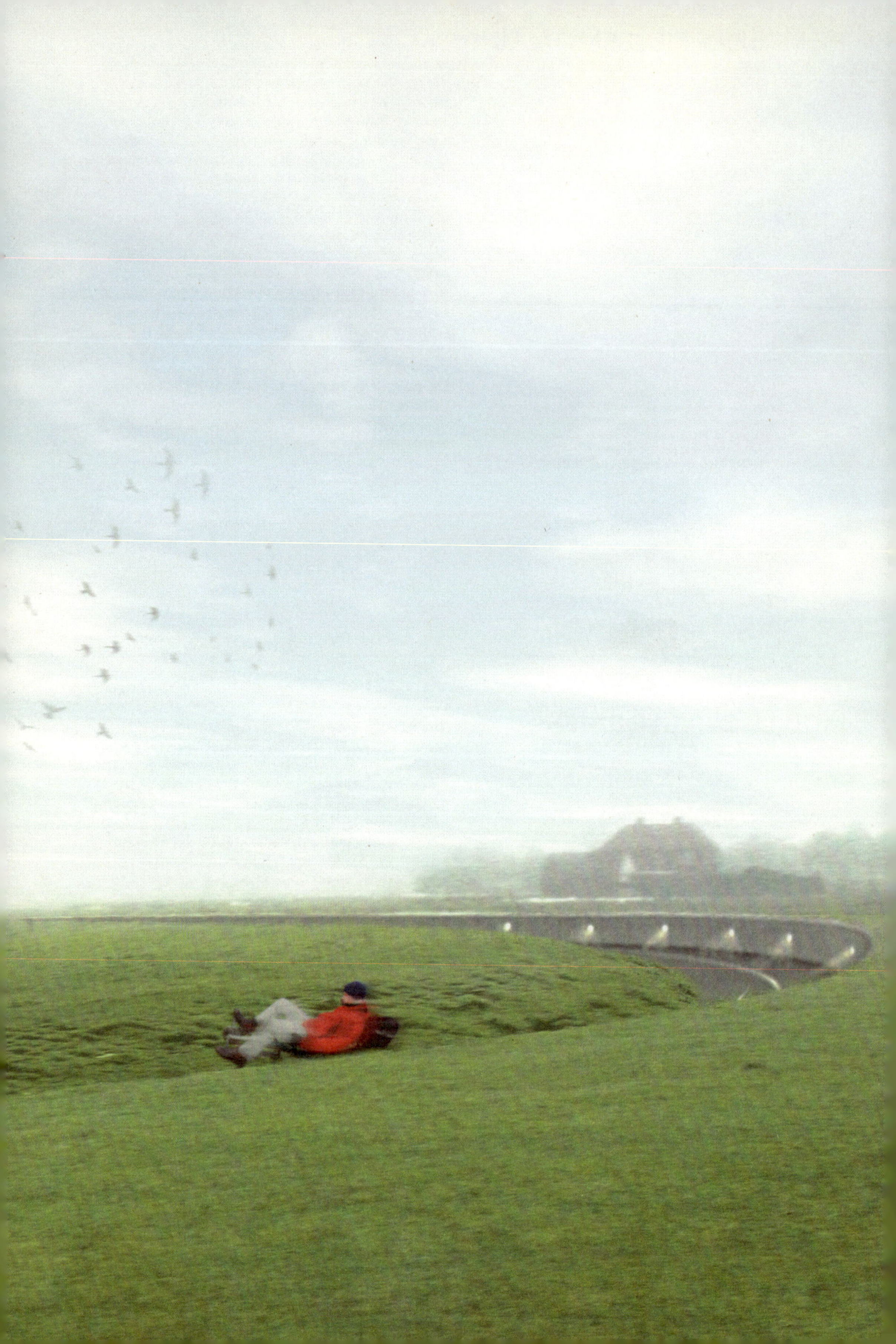

HET ONZICHTBARE FIETSPAD

Het onzichtbare fietspad reageert op de groeiende weerstand tegen de aanleg van snelle fietsroutes door natuurgebieden en landschapsparken. Ondanks de ecologische voordelen van fietsen in het algemeen is de integratie van fietsinfrastructuur in een ecologisch of recreatief waardevolle omgeving niet evident. Toename van de verharding, lichtvervuiling en verstoring van het natuurlijk beeld zijn enkele van de argumenten van de tegenstanders. Zo ook bij Park Lingezegen, een landschapspark tussen Arnhem en Nijmegen, waar het RijnWaalpad dwars doorheen zou lopen.

Het onzichtbare fietspad biedt hiervoor een oplossing geïnspireerd op het ha-ha-principe uit het Engelse landschapspark. De fietsroute ligt half verdiept, verborgen in een geul, zodat het lijkt alsof het landschap doorloopt: alleen de fietsers zijn te zien, niet het fietspad. Door de toepassing van (dynamische) rijbaanverlichting in de rand van het ha-ha, het plaatselijk verminderen van de breedte van het fietspad of het scheiden van de rijbanen, kunnen de effecten op het landschap verder worden geminimaliseerd. De subtiele integratie van fietsinfrastructuur en het tegemoetkomen aan andere belangen maken specifieke landschappelijke oplossingen mogelijk. Weerstand tegen de aanleg van fietsinfrastructuur kan hiermee worden weggenomen.

Initiatief / **initiative:**	Stadsregio Arnhem Nijmegen / **Stadsregio Arnhem Nijmegen**
Ontwerp / **design:**	Artgineering in samenwerking met Goudappel Coffeng / **Artgineering in cooperation with Goudappel Coffeng**
Status / **status:**	concept (2011) / **conceptual design (2011)**

INVISIBLE CYCLE PATH

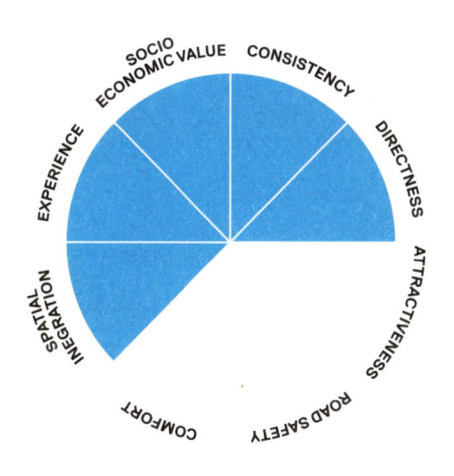

The invisible cycle path was devised in response to the growing resistance to the construction of rapid cycle routes through areas of natural beauty. Despite the clear ecological advantages of cycling, little is presently being done as regards integrating cycle infrastructure into ecologically or recreationally valuable contexts, with those opposed to such moves citing, among other reasons, increased amounts of paved surfaces, light pollution and disturbances to scenic beauty. Such arguments were used to stop a plan for the RijnWaalpad to transect Lingezegen Park, a landscape park located between Arnhem and Nijmegen.

The invisible cycle path employs a solution inspired by the ha-ha feature of English landscape parks. The invisible cycle route is semi-recessed, hidden in a trench, giving the impression of an uninterrupted landscape: only the cyclists themselves can be seen, not the cycle path. Through the use of dynamic lane illumination in the ha-ha rim, local reduction of the width of the cycle path and/or the separation of lanes, it is possible to further reduce the route's visual effect on the landscape. The subtle integration of cycle infrastructure coupled with meeting other relevant needs makes specific solutions possible. This could provide a way to deal with resistance to the laying of such cycle infrastructure.

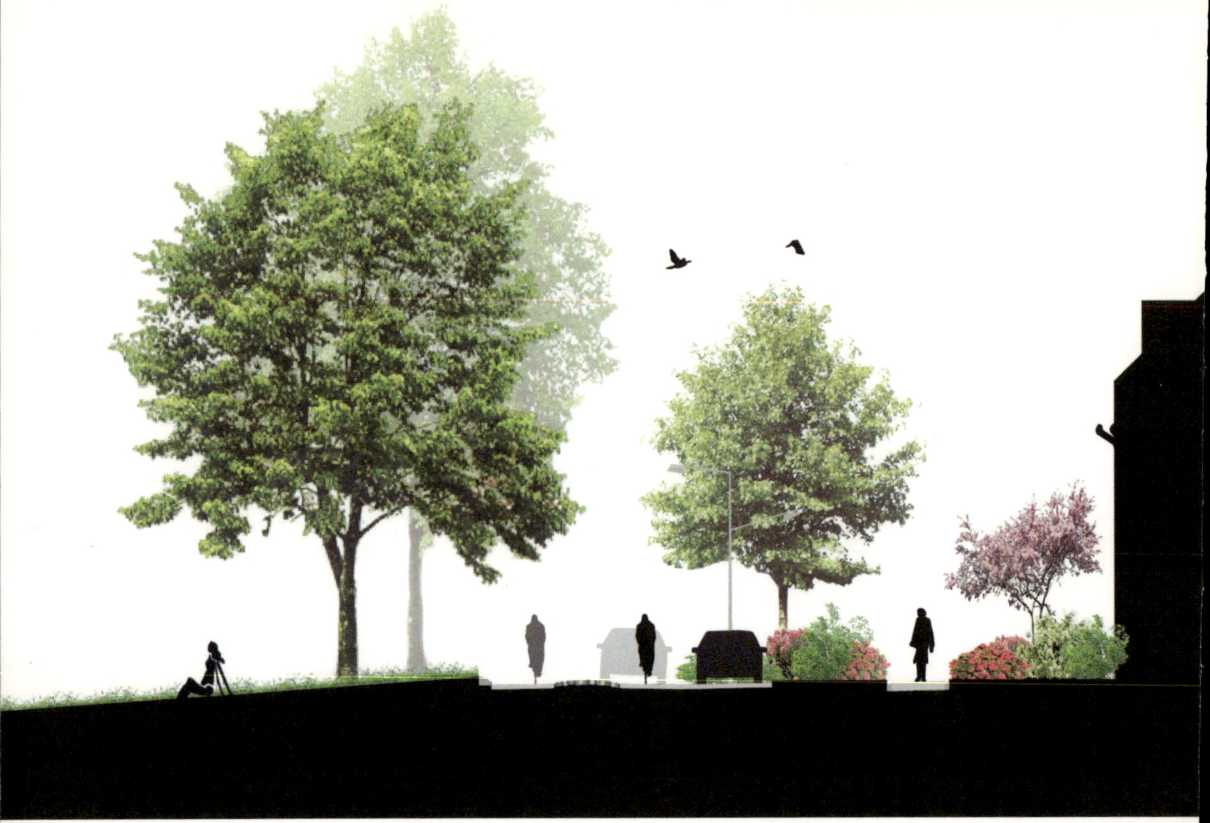

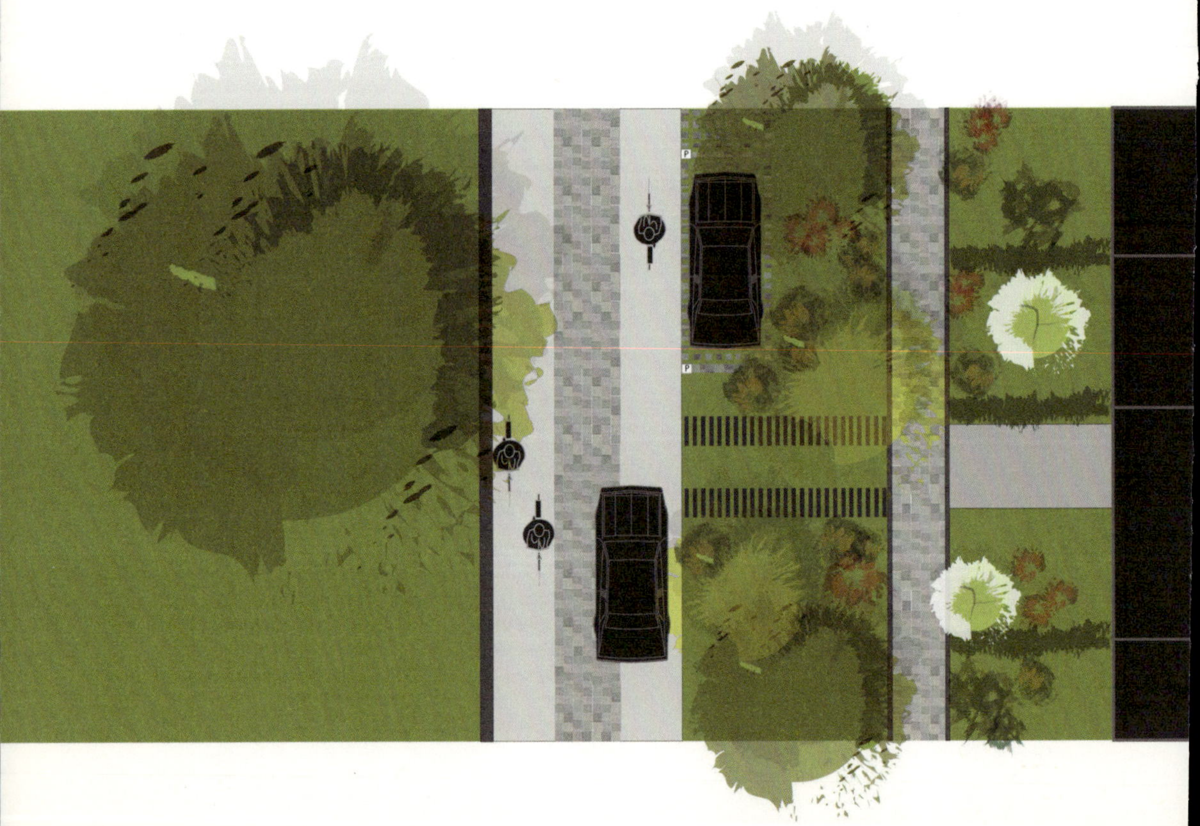
P
P

HET PARKWEG-PROFIEL

De Parkweg in Leuven is een hoofdfietsroute door een nieuw park en tegelijkertijd toegangsweg voor aanliggende bebouwing. De route loopt door het toekomstige Park Belle-Vue, dat tussen spoor en bebouwing ingeklemd ligt. Om zo veel mogelijk parkruimte over te houden, is besloten om het concept van een fietsstraat toe te passen. Hiervoor is in de aanliggende wijken de verkeerscirculatie aangepast: er worden straten geknipt, eenrichtingsverkeer ingevoerd en parkeerplekken opgeheven.

De weg zelf wordt, zoals de Amerikaanse *parkways* van Moses, als onderdeel van het parklandschap opgevat. Het profiel bestaat uit twee betonnen banen van elk 1,6 meter breed, met daartussen een bollende kasseien middenberm van 1,6 meter. Door de precieze dimensionering van het profiel moeten auto's altijd een beetje scheef, met twee banden op de kasseienstrook rijden. Dit vermindert de snelheid en het comfort van de auto's. Inhalen van fietsers wordt maximaal bemoeilijkt. De Parkweg is hiermee een aangescherpte variant van de Nederlandse fietsstraat voor de minder fietsvriendelijke Belgische context. Door de landschappelijke inpassing van de Parkweg wordt de indruk versterkt dat de auto op het fietspad te gast is.

Initiatief / **initiative:** stad Leuven (opdrachtgever) / **City of Leuven (commissioning client)**
Ontwerp / **design:** H+N+S landschapsarchitecten / Artgineering / **H+N+S landscape architects / Artgineering**
Status / **status:** in uitvoering / **under construction**

PARKWAY PROFILE

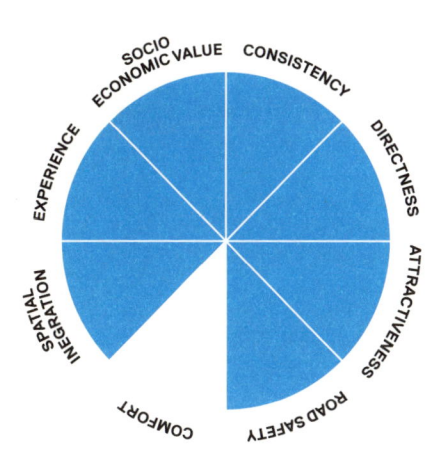

Leuven's new parkway will form an important cycle route traversing the planned Belle-Vue Park while also functioning as an access route for neighbouring housing. To maximize the amount of space left for the park, which will be jammed in between railway track and the buildings, the decision was taken to employ the concept of a 'cycle street.' For this purpose, adjustments are now being made to the traffic flow in the neighbouring areas: streets are being closed off, one-way traffic introduced and parking spaces eliminated.

As with the parkways of Robert Moses, the parkway in Leuven is to form an integral part of the park landscape itself. The profile consists of two concrete strips, each 1.6 m in width, with a bulging 1.6-metre-wide cobbled central reservation between them. The profile's strict dimensions mean that cars will automatically ride somewhat askew, with two tyres on the cobblestone lane. This will reduce the speed and comfort of car driving, and render overtaking cyclists as difficult as possible. It makes the parkway a slightly stricter version of the Dutch cycle street in the less cycling-friendly Belgian context. Through the parkway integration into the park's landscape, the impression will be intensified that here the car is a guest.

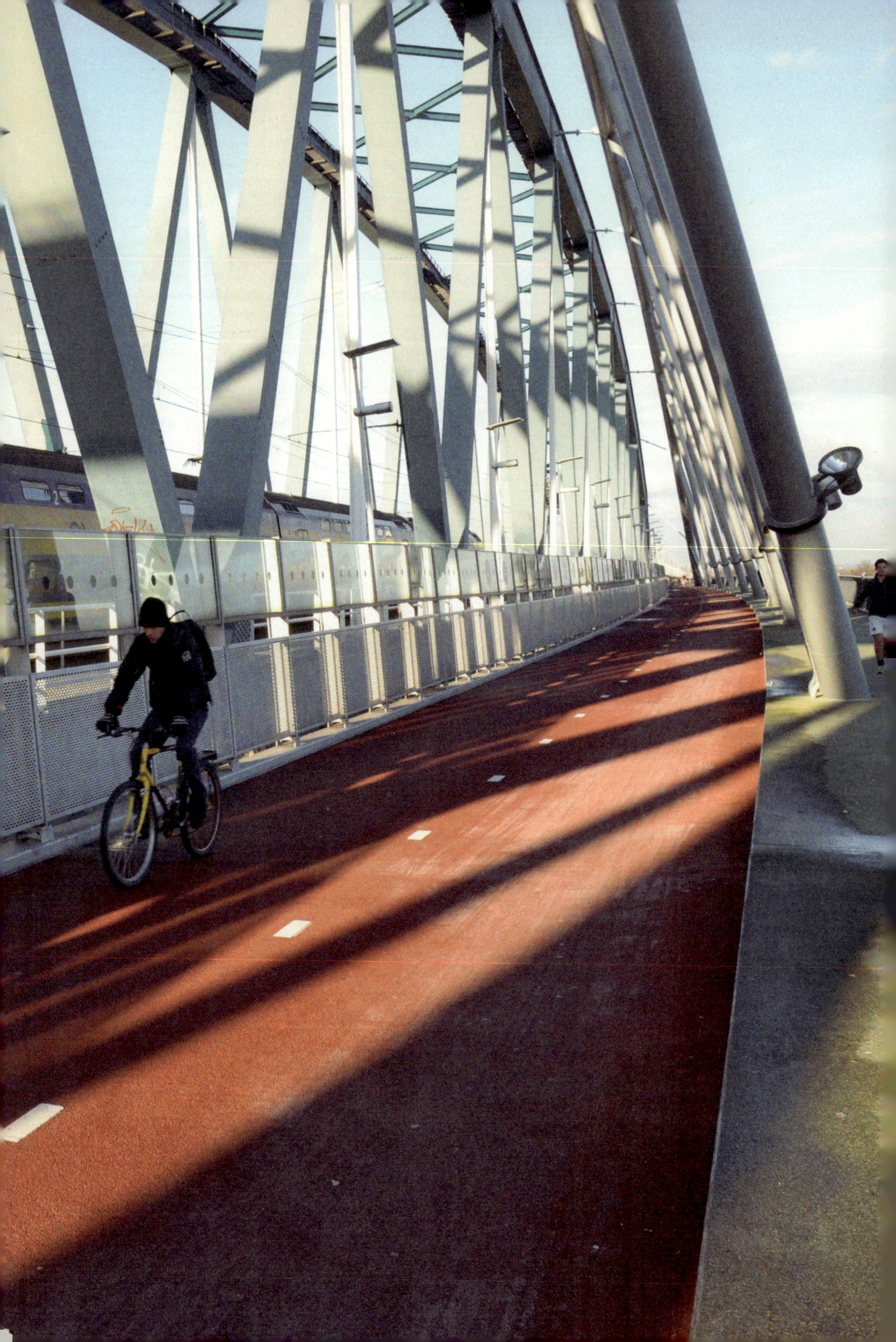

DE SNELBINDER

De Snelbinder is een beeldbepalende fietsbrug die constructief slim gebruikmaakt van een bestaande spoorbrug. De fietsbrug is een belangrijke schakel van de snelfietsroute RijnWaalpad tussen Arnhem en Nijmegen. De brug verkort de reistijd voor de bewoners van nieuwbouwlocatie Waalsprong, aan de overkant van de rivier, naar de binnenstad met tien minuten.

In plaats van de bouw van een zelfstandige fietsbrug is ervoor gekozen de fietsroute op te hangen aan de constructie van een aanwezige spoorbrug. Omdat de fietsbrug zijn krachten afdraagt aan de bestaande brugconstructie, waren geen nieuwe steunpunten nodig. Dit bleek goedkoper dan een vrijliggende fietsbrug. De naam Snelbinder refereert niet alleen aan de rubberen stroken op de bagagedrager, maar ook aan het constructieprincipe.

De Snelbinder is met een overspanning van 235 meter de langste fietsbrug van Nederland. Door middel van transparante schermen worden de fietsers beschermd tegen de wind en het voorbijrazende treinverkeer. De nieuwe fietsbrug is ook toegankelijk voor voetgangers en biedt een weids panorama over de rivier de Waal en het silhouet van de stad.

Initiatief / **initiative**: ProRail in opdracht van de gemeente Nijmegen / **ProRail, for the Municipality of Nijmegen**
Ontwerp / **design**: Movares / **Movares**
Status / **status**: gerealiseerd (2004) / **realized (2004)**

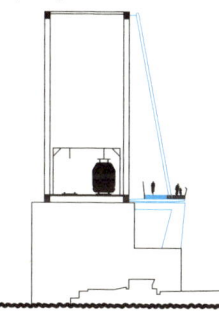

INNOVATIES

173

SNELBINDER

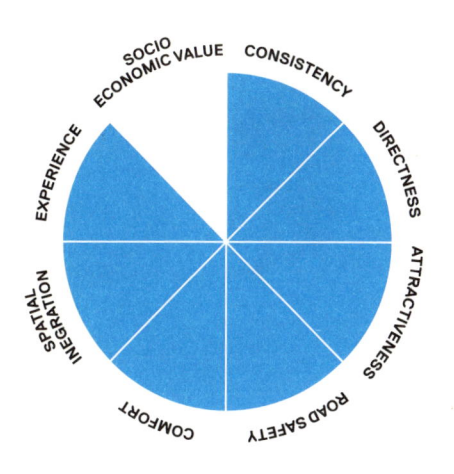

The *Snelbinder* is an iconic cyclists' bridge that makes smart use of an existing railway bridge. The cyclists' bridge is an important link in the *RijnWaalpad* express cycle route between Arnhem and Nijmegen. For residents of the new-build location, Waalsprong, on the opposite side of the River Waal, the bridge reduces travel time to the city centre by about 10 minutes. Rather than building a separate cyclists' bridge, the decision was taken to suspend the cycle route from the structure of the existing railway bridge. Because the cyclists' bridge transfers its load to the existing bridge structure, no new points of support were required. This solution also turned out cheaper than building a separate cyclists' bridge. The name, Snelbinder, meaning 'carrier strap,' not only refers to the elastic straps on a luggage carrier, but also to the design principle employed in the project.

On the Snelbinder – with its 235-metre span, the Netherlands' longest cyclists' bridge – transparent screens shield cyclists from both the wind and the train traffic racing by them. Also accessible to pedestrians, the new cyclists' bridge offers an expansive panoramic view of the river and of the city's skyline.

INNOVATIONS

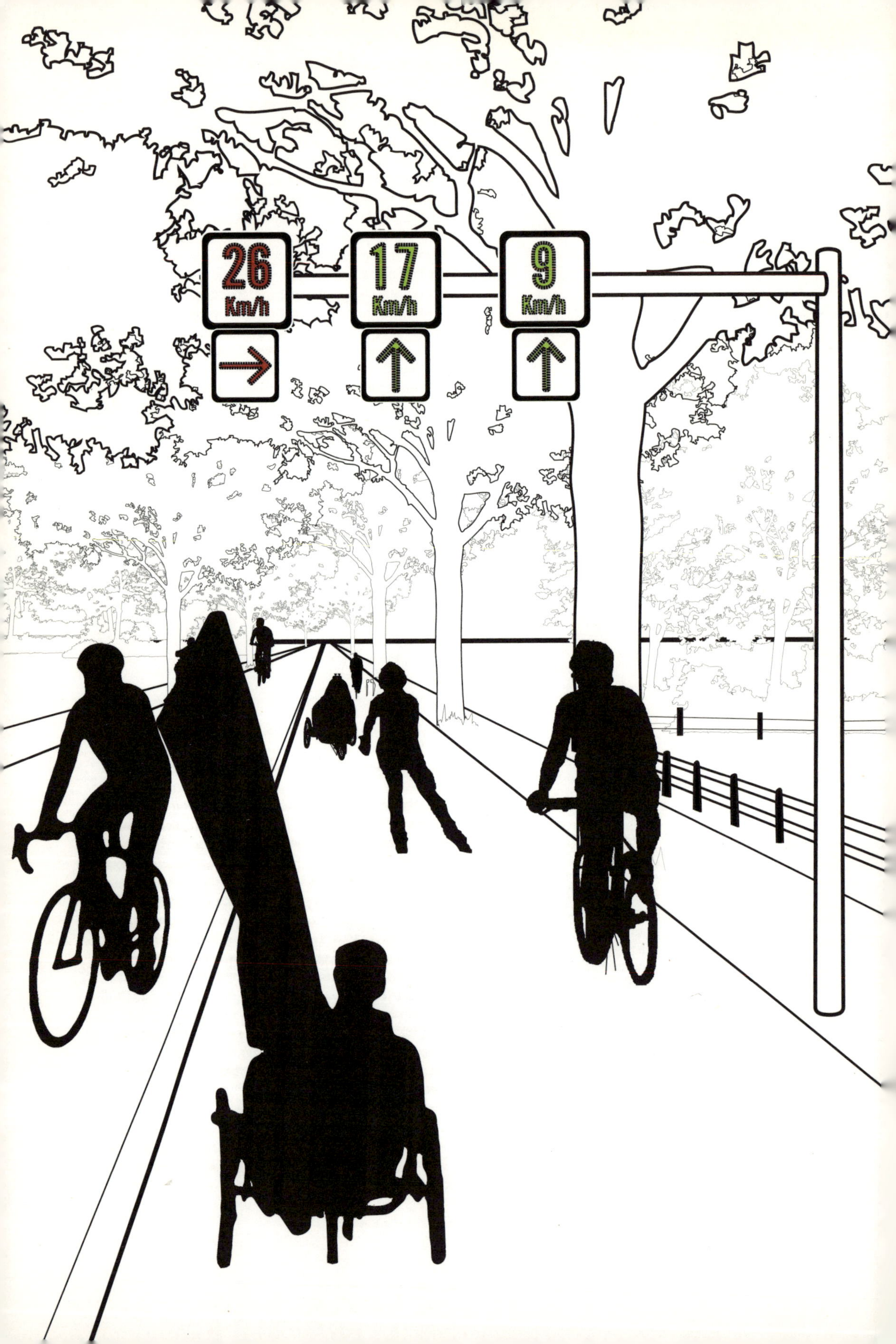
26
Km/h
17
Km/h
9
Km/h

HET SOCIALE FIETSPAD

Het sociale fietspad biedt een simpele oplossing voor het accommoderen van verschillende soorten voertuigen, met verschillende snelheden, op één fietsroute. Het concept zet in op overmaat en het zelforganiserend vermogen van verkeer. De voertuigen die het fietspad gebruiken ervaren vandaag een ongekende technische innovatiegolf. Denk aan de e-bike, de speed pedelec, diverse transportfietsen, de Segway of de Whike. Ook is inmiddels 20 procent van de verkochte fietsen elektrisch. Binnen tien jaar fietsen we daarom gemiddeld zeven tot acht kilometer per uur harder. Deze ontwikkelingen vragen om een andere benadering van de infrastructuur. Om al deze transportmiddelen te kunnen opvangen, is het sociale fietspad extra breed gedimensioneerd en doet het een beroep op het zelforganiserend vermogen van het fietsverkeer. Zoals bij een rivier stroomt het verkeer in het midden snel en aan de randen langzaam.[1] Slimme ICT-toepassingen kunnen worden gebruikt om het organiserend vermogen van het sociale fietspad te ondersteunen en de verkeersveiligheid te verbeteren. Groene golven voor fietsers dragen bij aan het verhogen van de gemiddelde snelheid, door te zorgen voor een betere doorstroming en kortere wachttijden. Snelheidsmeters langs de route belonen de fietser wanneer deze de juiste snelheid heeft of adviseren de fietser om een andere baan te gebruiken.

Initiatief / **initiative**: BOVAG Fietsbedrijven[2] / **BOVAG**[2]
Ontwerp / **design**: Artgineering / **Artgineering**
Status / **status**: concept (2012) / **conceptual design (2012)**

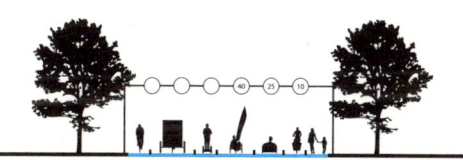

SOCIAL CYCLE PATH

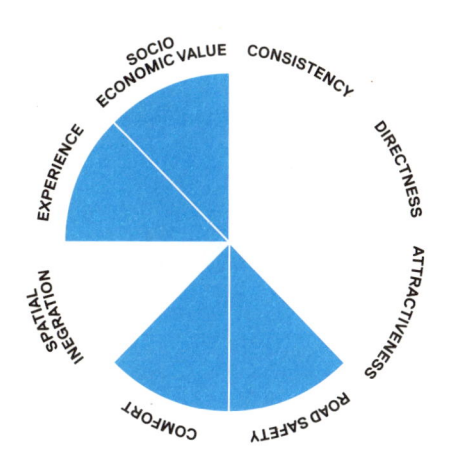

The social cycle path provides a simple solution to the problem of how to accommodate different types of vehicles, with different speeds, on one and the same cycle route. The concept places emphasis on overmeasure and the self-organizing ability of traffic. Many of the vehicles now found on a cycle route are the results of an unprecedented wave of technological advancement. Examples are the e-bike, the S-Pedelec, the Segway, the Whike and a range of transport bicycles. 20 per cent of all bicycles now sold are electric. It is currently expected that, within 10 years, people will be cycling an average of seven to eight km/h faster than at present. Such developments call for a new approach to infrastructure.

As with a river, the traffic in the middle of a cycle path flows faster, that on the edges more slowly.[1] To cater for multiple modes of transport, the unusually wide social cycle path is designed to encourage the self-organizing potential of bicycle traffic and improve traffic safety, with the help of smart IT applications. By ensuring better flow and reduced waiting times, green waves for cyclists contribute to increasing average speed. Speed indicators along the route reward cyclists when they are moving at the right speed or alternatively advise them to use a different lane.

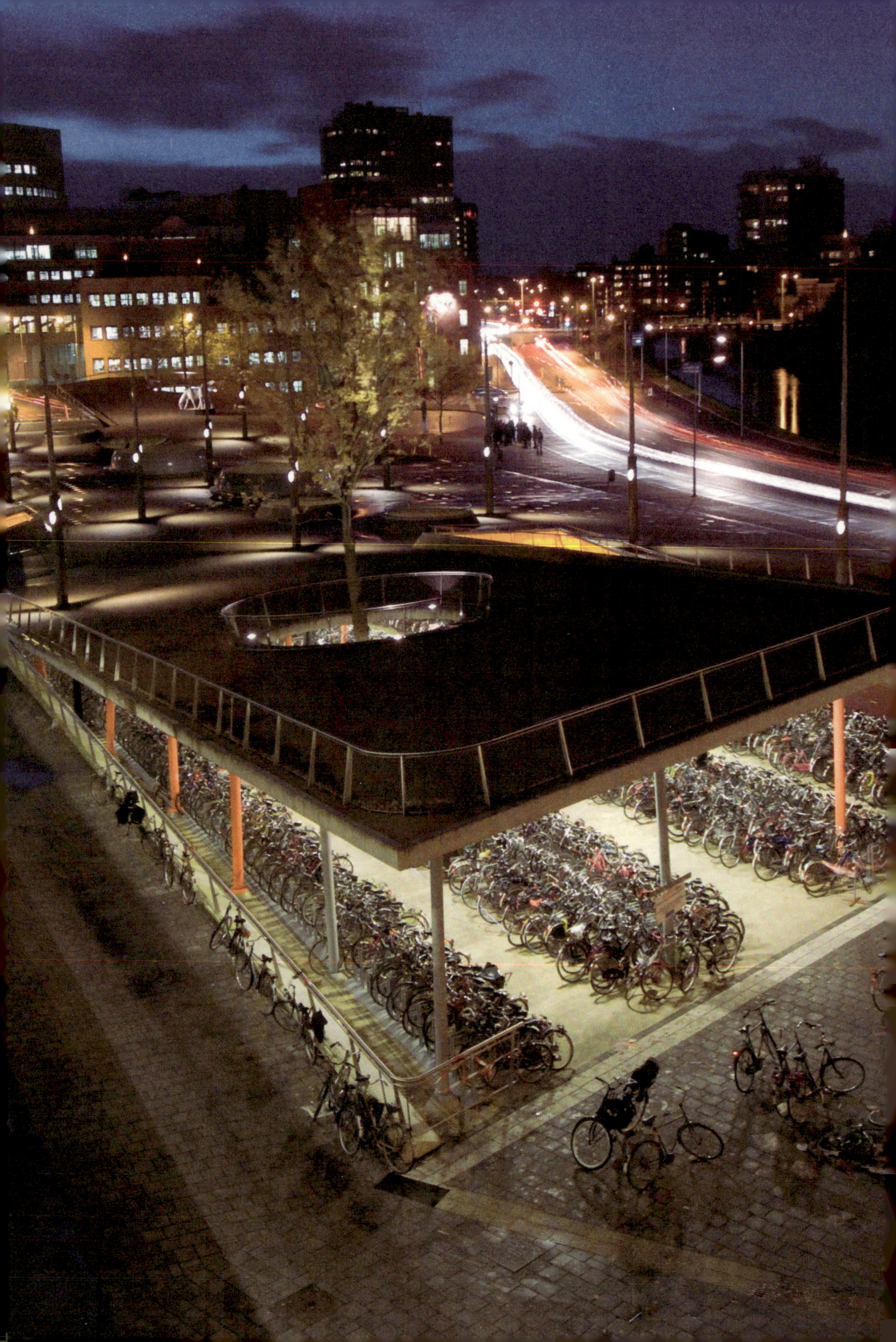

HET STADSBALKON

Initiatief / **initiative**:	gemeente Groningen (opdrachtgever) / **Municipality of Groningen (commissioning client)**
Ontwerp / **design**:	KCAP Architects&Planners / **KCAP Architects & Planners**
Status / **status**:	gerealiseerd (2007) / **realized (2007)**

Het Stadsbalkon is een combinatie van grootschalige fietsparkeergelegenheid met hoogwaardig ingerichte publieke ruimte. Het biedt een geïntegreerde oplossing voor een snel groeiend probleem: (wild) geparkeerde fietsen die de publieke ruimte rond treinstations vervuilen. Ook in Groningen waren de capaciteit en de kwaliteit van de stalling rond het station niet meer toereikend voor de grote hoeveelheden fietsen. De oplossing werd gezocht in de herinrichting van het stationsplein met een benedenniveau voor fietsparkeren en een bovenniveau als balkon van de stad.

De fietsenstalling is ontworpen vanuit het perspectief van de fietser. De fietsroute loopt als een lange hellingbaan onder het plein door, waardoor de parkeerplaatsen goed bereikbaar zijn. Op 6.200 vierkante meter biedt het Stadsbalkon plaats aan 4.000 fietsen. De stalling heeft een kwalitatief hoogwaardige uitstraling, is overdekt en 24 uur bewaakt. Het bovenniveau is aan de zijkanten opengetrokken en heeft in het midden grote openingen, waardoor verbindingen gemaakt worden met het benedenniveau. Hierdoor heeft de fietsenstalling een aangename en lichte sfeer en is ondanks de functionele scheiding goed geïntegreerd in de publieke ruimte van het stationsplein.

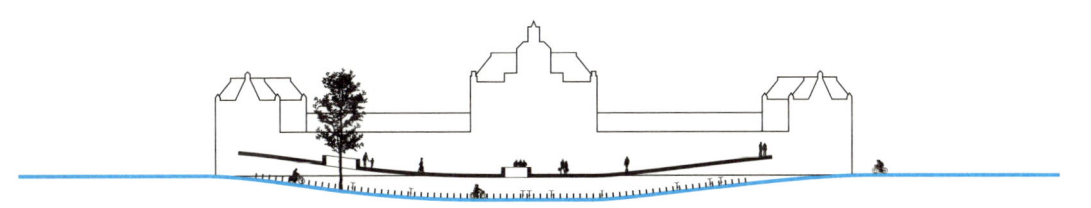

URBAN BALKONY

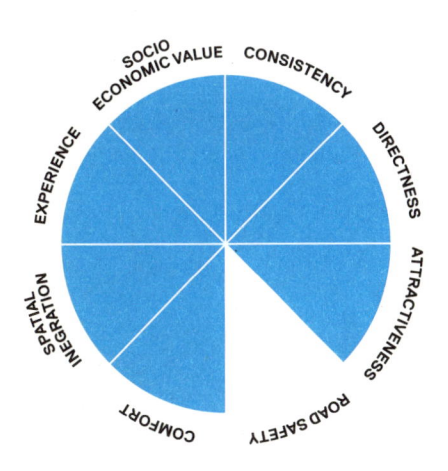

The *Stadsbalkon*, or Urban Balcony, combines a large-scale bicycle parking facility with high-quality public-space design. It provides an integrated solution to a rapidly growing problem: often illegally parked bicycles cluttering the public space around train stations. When the capacity and quality of bicycle storage around Groningen's train station had become insufficient for the great quantities of bicycles in need of storage, the solution was sought through a new design for the station area, featuring a lower level for bicycle parking and an upper one as an 'urban balcony.'

The bicycle parking facility was designed from the perspective of the cyclist. The cycle route runs under the station area like a long ramp, making parking spots easily accessible. With its 6,200 m² of space, the Stadsbalkon can accommodate 4,000 bicycles. The high-quality bicycle parking facility is covered and attended 24/7. The upper level is open on either side and also features large openings in the middle, enabling connections to the lower level. The result is a bicycle shed with a light and pleasant atmosphere, which, despite its functional separation, is well integrated into the public space of the station area.

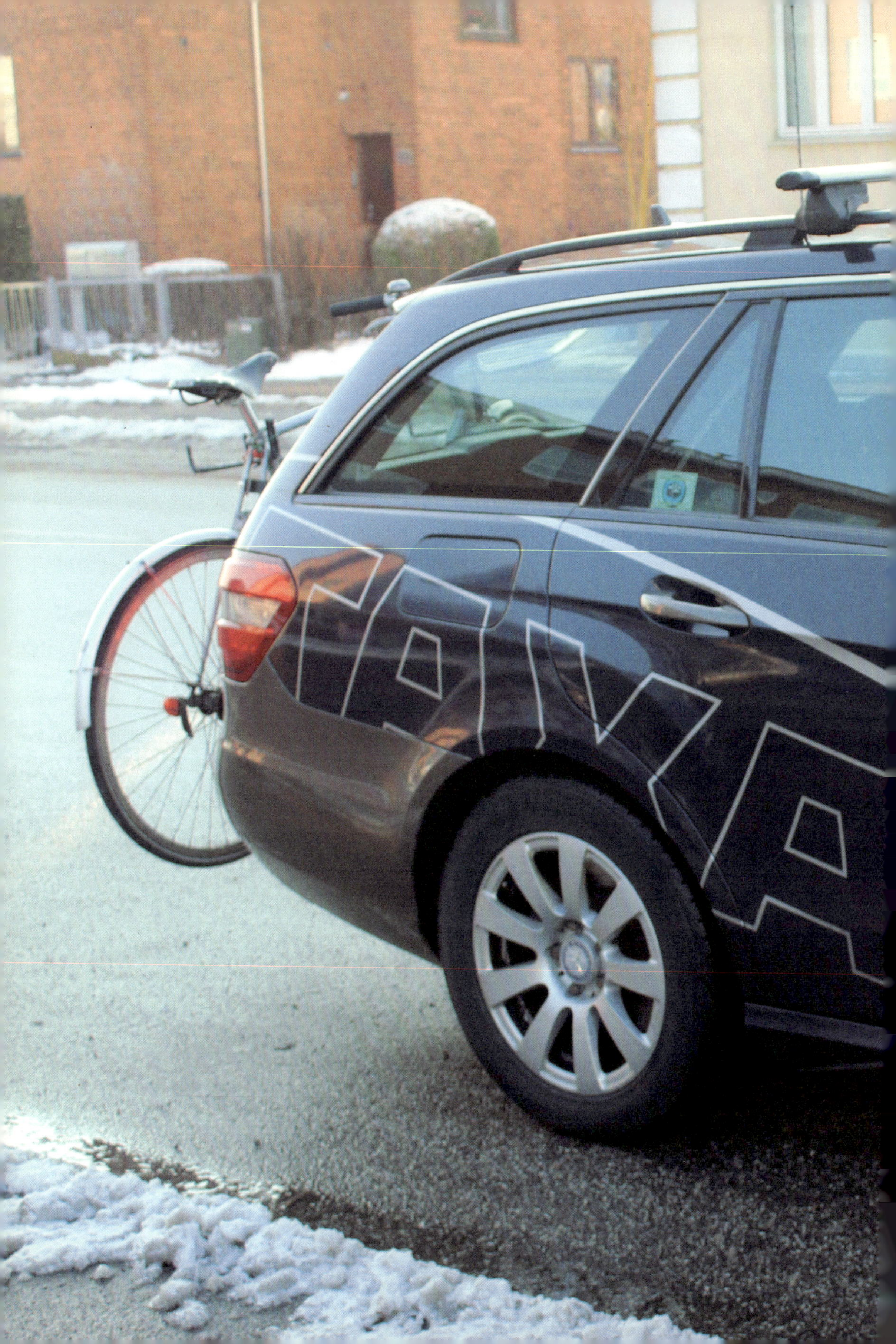

VERPLICHTE FIETSDRAGER VOOR TAXI'S

Elke taxi in Kopenhagen is verplicht uitgerust met een fietsrek. De twee modaliteiten fietsen en taxi worden door deze eenvoudige regeling geïntegreerd, waardoor de mobiliteitsopties worden vergroot. De fietser kan er voor kiezen om een deel van de fietsrit met de taxi af te leggen. Dit is handig bij (onverwacht) slecht weer of te veel alcoholgebruik. Naast de fietsers hebben ook de taxichauffeurs direct voordeel bij deze maatregel: zij krijgen de fietsers als nieuwe klantengroep erbij. Een interessant bijeffect is dat taxichauffeurs en fietsers zich door het wederzijds voordeel positiever tot elkaar verhouden. Taxichauffeurs kregen snel door dat fietsers, die in Kopenhagen vaak geen eigen auto bezitten, betere klanten zijn dan de automobilisten om hen heen. De duidelijk zichtbare fietsdragers achterop de taxi's promoten zowel het gebruik van de taxi als de fiets. De fietsdrager biedt ruimte voor twee fietsen. Het meenemen van een fiets kost de klant tien Deense kronen (1,35 euro) boven op de taxiritprijs.

Initiatief / **initiative:** stad Kopenhagen / **City of Copenhagen**
Ontwerp / **design:** niet van toepassing / **not applicable**
Status / **status:** in gebruik / **in use**

COMPULSORY BICYCLE CARRIERS FOR TAXIS

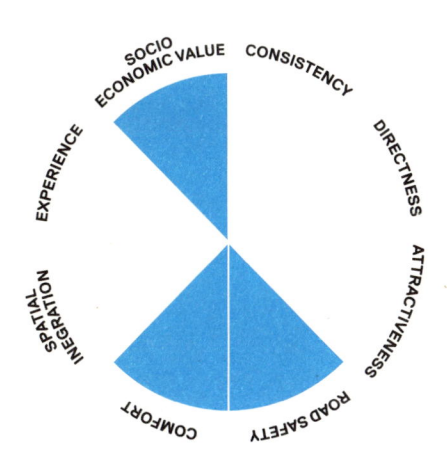

In Copenhagen, all taxis are required to be equipped with bicycle carriers. As a result, the two modes of transport – the bicycle and the taxi – are integrated by means of a simple scheme and, in turn, the number of available mobility options increased. Cyclists can, for example, opt to make part of their journey by taxi, in the event of unexpected inclement weather or excessive alcohol use. Taxi drivers, too, benefit directly from the scheme: they acquire cyclists as a potential new customer group. An interesting by-product of the scheme is that, as a result of their mutual advantage (taxi drivers quickly realized that cyclists, many of whom have no car of their own, are likely to be better customers than the motorists around them), taxi drivers and cyclists now have a more positive approach to one another. The clearly visible bicycle carriers, accommodating two bicycles, and mounted at the rear of the taxi, promote the use of both taxi and bicycle. Taking your bicycle along during a taxi trip costs DKK 10.00 (= € 1.35) in addition to the taxi fare.

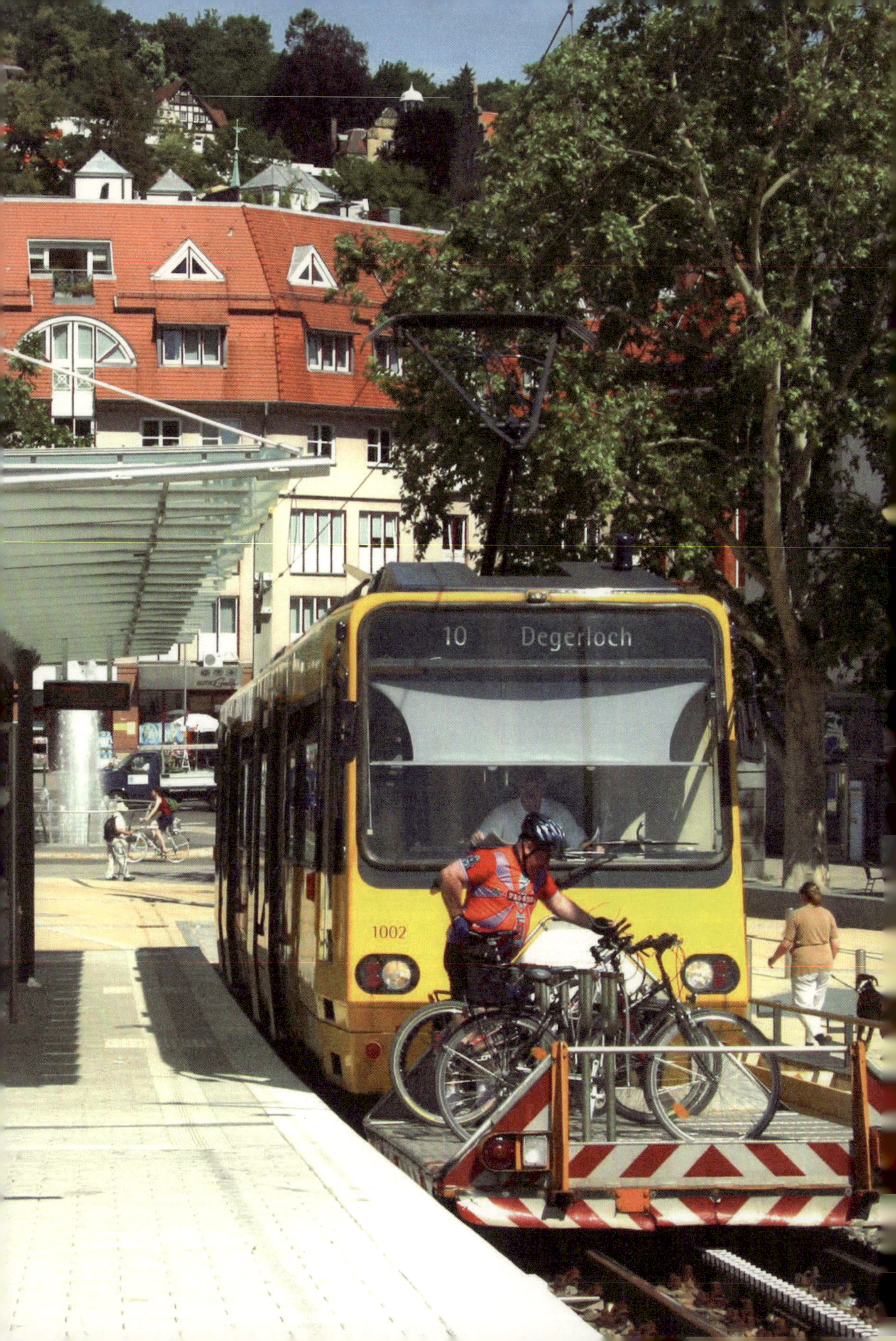
10 Degerloch
1002

DE ZACKE

De Zahnradbahn (tandradbaan) in Stuttgart, ook wel de Zacke genoemd, is voorzien van een speciale wagon, de Vorstellwagen, om fietsen alleen bergopwaarts mee te nemen. In de zeer heuvelachtige stad zijn fiets en spoor een uitstekende combinatie. Zelfs geoefende fietsers maken graag gebruik van de service om de fiets mee te nemen in de trein. De fietsroutes van en naar de haltepunten van de Zacke zijn uitstekend.

De Zacke vertrekt in het centrum van Stuttgart (Marienplatz) en rijdt bergopwaarts naar Degerloch. De 2,2 kilometer lange baan overbrugt 205 meter hoogteverschil met een maximaal stijgingspercentage tot 17 procent. Het meenemen van de fiets is gratis. Laden en lossen van de fiets is de verantwoordelijkheid van de passagiers. Er mogen geen fietsen worden meegenomen in de passagiersruimte.

Een variant op de Zacke zijn de bussen in Vancouver met aan de voorzijde fietsrekken. Dit maakt het aantrekkelijker om langere woon-werkritten (deels) te fietsen: het vergemakkelijkt het voor- en natransport met de fiets en biedt de keuzemogelijkheid om onveilige deeltrajecten niet te hoeven fietsen. Meenemen van de fiets in de bus is kosteloos.

Initiatief / **initiative**:	Stuttgarter Straßenbahnen AG / **Stuttgarter Straßenbahnen AG**
Ontwerp / **design**:	niet van toepassing / **not applicable**
Status / **status**:	gerealiseerd / **realized**

ZACKE

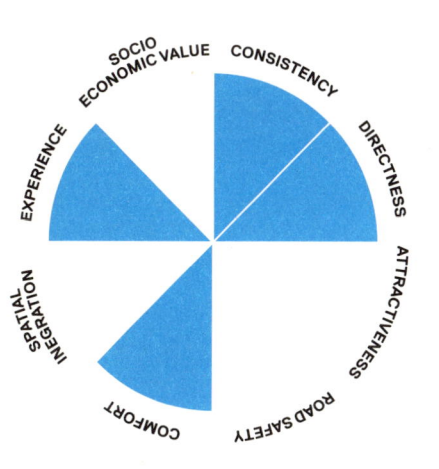

Stuttgart's Zahnradbahn (Rack Railway), also referred to as the *Zacke*, is fitted with a special *Vorstellwagen* (non-motorized carriage), used exclusively to transport bicycles uphill. In the extremely hilly city of Stuttgart, cycle and railway make an excellent combination. The service provided by the Zacke is even popular among experienced cyclists. The cycle routes to and from stops of the Zacke are top-class.

The Zacke departs from Stuttgart's city-centre (Marienplatz) and ascends to Degerloch. The 2.2-kilometre-long railway bridges a difference in altitude of 205 m, with a maximum ascending gradient of 17 per cent. Taking a bicycle along is free of charge. Loading and unloading the bicycle is a passenger's own responsibility. No bicycles may be brought into the passenger area.

The public buses in Vancouver with bicycle carriers fitted at the front represent a similar concept to the Zacke. They make it more appealing to undertake longer journeys between home and work wholly or partly by bicycle, by facilitating the initial or concluding stretch by bicycle, and also providing the option of not having to cycle unsafe stretches. Using the bus's bicycle carrier is free of charge.

Bijlagen

Appendices

lices

VOETNOTEN

Busway Cycleway
CAMBRIDGE

1. In 2011, Cambridgeshire County Council
2. Cambridgeshire County Council 2011a.
3. In 2011, Cambridgeshire County Council
4. Het idee het onderhoudspad te gebruiken als fietsroute is door de *county* ontworpen om de te ontwikkelen *new town* Northstowe te voorzien van een hoogwaardige fietsverbinding met Cambridge, en zodanig het fietsen te bevorderen.
5. Ruiters zijn toegestaan op het traject van St Ives tot Milton Road, Cambridge.
6. Route 51 s.a.
7. Een stedenbouwkundige voorwaarde voor het mogen aanleggen van de busbaan op de voormalige spoorweg was dat er geen verlichting zou komen. Verlichting van de fietsroute zou betekenen dat de vergunningsprocedure opnieuw moet worden doorlopen.

Nørrebrogade en Groene Route
KOPENHAGEN

1. Tegenover de 36% met de fiets staan 29% met de auto, 28% met de bus en 7% te voet. City of Copenhagen, Technical and Environmental Administration, Traffic Department 2011, p. 9.
2. Jørgensen 2004.
3. Jensen 2009.
4. 'Goals for cycling in 2015:
   - At least 50% of people to cycle to their workplace or educational institution in Copenhagen
   - The number of seriously injured cyclists in Copenhagen to be halved compared with 2005.
   - At least 80% of cyclists in Copenhagen to feel safe and secure in traffic.'
   Center for Environment 2012, p. 6.
5. Het plan voor de groene routes is vastgesteld in 2000 en geüpdatet in 2006. De kosten van het plan zijn geschat op 500 miljoen Deense kronen. Københavns Kommune, Bygge- og Teknikforvaltningen, Vej & Park 2000.
6. In totaal zijn er 26 Cycle Super Highways gepland met een totale lengte van 300 kilometer. 22 gemeenten binnen Groot-Kopenhagen werken hier gezamenlijk aan. De eerste Cycle Super Highway is de 22 kilometer lange Route C99 of Albertslund Route. De kosten voor de 22 kilometer lange route zijn 14,2 miljoen Deense kronen. City of Copenhagen 2012.
7. De Cycle Super Highways worden ingezet om het aandeel van fietsritten verder te verhogen. Voor ritten in Kopenhagen zelf is dit nauwelijks meer mogelijk. Vandaar de focus op forensen van buiten de stad die afstanden van vijf tot vijftien kilometer afleggen. Het potentieel hiervoor is enorm: de stad Kopenhagen telt 0,5 miljoen inwoners, Groot-Kopenhagen circa 1,7 miljoen.
8. Voor de komst van de Cycle Super Highways is uit veiligheidsoverwegingen vooral ingezet op een 'back street stategy': het aanleggen van routes in rustigere straten en groengebieden. Deze fietspaden waren hierdoor meestal niet de meest directe route naar de bestemming.
9. Voor de transformatie passeerden dagelijks 17.000 auto's en 26.500 buspassagiers, plus 27.000 voetgangers en 30.000 fietsers de Nørrebrogade. Grimar 2009. De kosten voor de transformatie tot 2012 bedroegen 13 miljoen euro. De drie hoofddoelen van de transformatie waren:
   - De publieke ruimte aantrekkelijker maken en het stadsleven versterken.
   - Condities voor fietsers verbeteren op de overvolle stukken van het fietspad.
   - Het openbaar vervoer versterken om kortere reistijden mogelijk te maken en de stiptheid van bussen te verbeteren.
   Grimar 2009, p. 1.
10. Bij de Nørrebrogade is niet alleen gekeken naar het verbeteren van de fietsinfrastructuur, maar ook de kwaliteit van de publieke ruimte de winkels en het openbaar vervoer. Grimar 2000, p. 7.

Ciclovia Belém–cais do Sodré
LISSABON

1. Van alle landen die bij de Europese Unie aangesloten zijn, had Portugal in 1991 het laagste fietsgebruik. Slechts 2,6% de bevolking fietste regelmatig (minimaal één tot drie keer per week). Ter vergelijking: 7,5% in Griekenland, 28,9% België en 65,8% in Nederland. European Commission 1999, p. 19.
2. Volgens de VN zouden er in 2050 tot 4,5 miljoen mensen in Groot-Lissabon kunnen wonen.
3. De politieke pionier achter het project was de toenmalige wethouder José Sá Fernandes, die de publieke ruimte op de agenda zette en de burgers hier meer bij betrok.
4. De Administração do Porto de Lisboa (APL) en de Câmara Municipal de Lisboa (EDP).
5. De landschapsarchitecten van Global Arquitectura Paisagista in samenwerking met het communicatiebureau P-06 Atelier.
6. Het budget was één miljoen euro bij een

FOOTNOTES

Busway Cycleway
CAMBRIDGE

1. 2011 Census, Cambridgeshire County Council
2. Cambridgeshire County Council 2011a.
3. 2011 Census, Cambridgeshire County Council
4. The idea to use the maintenance path as a cycle route was conceived by the county council as a way of providing the new town of Northstowe with a high-quality cycle connection to Cambridge, and in this way to promote cycling.
5. Horse riders are permitted to ride on the trajectory from St. Ives to Milton Road, Cambridge.
6. Route 51 s.a.
7. An urban-planning prerequisite for laying the busway on the former railway was that there would be no lighting. Illuminating the cycle route would have meant having to repeat the permission procedure.

Nørrebrogade and Green Route
COPENHAGEN

1. As compared to 36 per cent by bicycle: 29 per cent by car, 28 per cent by bus and 7 per cent on foot. City of Copenhagen, Technical and Environmental Administration, Traffic Department 2011, p. 9.
2. Jørgensen 2004.
3. Jensen 2009.
4. 'Goals for cycling in 2015:
   - At least 50 per cent of people cycling to their workplace or educational institution in Copenhagen
   - The number of seriously injured cyclists in Copenhagen to be halved compared to 2005.
   - At least 80 per cent of cyclists in Copenhagen to feel safe and secure in traffic.'
   Centre for Environment 2012, p. 6.
5. The plan for the green routes was adopted in 2000 and updated in 2006. The costs of the plan have been estimated at DKK 500 million. Københavns Kommune, Bygge- og Teknikforvaltningen, Vej & Park 2000.
6. A total of 26 Cycle Superhighways are planned, with a combined length of 300 km. 22 municipalities within Greater Copenhagen are collaborating on the project. The first Cycle Superhighway was the 22-km-long Route C99, or Albertslund Route. The costs for the route came to DKK 14.2 million. City of Copenhagen 2012.
7. The Cycle Superhighways are directed at increasing the share of cycle journeys in traffic. For trips in Copenhagen itself, this is hardly possible. Hence the focus on commuters from outside the city who travel from 5 to 15 km to reach Copenhagen. The potential is enormous: Copenhagen has ca. 0.5 million inhabitants, Greater Copenhagen, ca. 1.7 million.
8. Prior to the advent of the Cycle Superhighways, for safety reasons, the greatest emphasis was placed on a 'back-street strategy': laying routes in quieter streets and green areas. As a result, these cycle paths were usually not the most direct routes to the cyclist's destination.
9. Prior to the route's transformation, 17,000 cars and 26,500 bus passengers used Nørrebrogade daily, plus 27,000 pedestrians and 30,000 cyclists. Grimar 2009. The costs for the transformation up to 2012 were € 13 million. The transformation's three main objectives were:
   - Making the public space more attractive and intensifying urban life.
   - Improving conditions for cyclists on overcrowded portions of the cycle path.
   - Strengthening public transport in order to make shorter journey times possible and to improve the punctuality of buses.
   Grimar 2009, p. 1.
10. In transforming Nørrebrogade, not just improving the cycle infrastructure was looked into, but improving the quality of the public space, shops and public transport as well. Grimar 2000, p. 7.

Ciclovia Belém–cais do Sodré
LISBON

1. In 1991, Portugal had the lowest bicycle use of any EU member state. Only 2.6% of the population cycled regularly (at least one to three times per week). As compared to: 7.5% in Greece, 28.9% in Belgium and 65.8% in the Netherlands. European Commission 1999, p. 19.
2. According to the UN, up to 4.5 million people could be living in Greater Lisbon by 2050.
3. The political pioneer behind the project was the then city councillor José Sá Fernandes, who put the public space on the agenda and succeeded in stimulating greater involvement with it among citizens.
4. The Administração do Porto de Lisboa (APL) and the Câmara Municipal de Lisboa (EDP).

totale oppervlakte van 63.000 vierkante meter, inclusief de aanplanting van driehonderd bomen. Dit komt neer op circa 15 euro per vierkante meter.
7 Kleine stippen zijn toegepast voor het scheiden van de rijbanen, grote voor het aanduiden van verschillend gebruik: fietsen, lopen of zelfs vissen. De stippen zijn gematerialiseerd in verf op asfalt, als asfalt op natuursteen of als stalen ringen op basalt die op kanaaldeksels lijken.
8 De teksten op de route zijn van de Portugese dichter Alberto Caeiro, die een nostalgisch verlangen uit naar de pre-twintigste eeuw. Hij vreest voor het verlies van het natuurlijke. De gedichten, die de relatie tussen mens en rivier beschrijven, staan onder andere op de uitzichtpunten, waar de bezoeker een zicht heeft over het water.
9 Een van deze bijzondere plekken is onder de lawaaiige Tejobrug, waar de letters 'VVVUUUMMM' op het fietspad aan het overweldigende verkeersgeluid van de brug refereren.
10 Calçada is een traditionele Portuguese straatmozaïek waarbij zwarte en witte steensoorten gebruikt worden om voetgangersgebieden bijzonder te maken met figuren en patronen.
11 Het onderhoud van vooral de kwetsbare grafische laag van de route is een kritiekpunt op het ontwerp. Het is zeer de vraag of de stad in staat is en bereid om deze laag te onderhouden. Door de invloed van tijd en gebruik zal de grafische laag langzaam verdwijnen en de route steeds meer onderdeel van het havengebied worden.

Cycle Superhighways
LONDEN

1 Transport for London 2011a, p. 28.
2 Sinds 2010 is het aandeel fietsers op de hoofdroutes met 15% gestegen en sinds 2000 met 150%. Deze cijfers hebben betrekking op het TfL Road Network, de hoofdroutes die door TfL beheerd worden en niet door de verschillende Londense boroughs. Transport for London 2011a, p. 3.
3 London Assembly, Transport for London 2010, p. 16.
4 De vier tot 2012 uitgevoerde routes zijn de CS3 en CS7 in 2010 en CS2 en CS8 in 2011. Zie ook BBC News London 2011.
5 De wijzerplaat configuratie van de 12 cycle superhighways werd herzien tijdens de productie van dit boek.
6 The 'core characteristics [of Cycle Superhighways] are: continuity, visibility, navigability, comfort, safety and value.' Transport for London 2011b, p. 8. De kenmerken zichtbaarheid, bevaarbaarheid en waarde onderscheiden zich van de vijf Nederlandse criteria voor snelfietsroutes volgens het nationale kennisplatform voor infrastructuur, verkeer, vervoer en openbare ruimte CROW: samenhang, directheid, aantrekkelijkheid, verkeersveiligheid en comfort. Crow 2006.
7 Barclays Cycle Superhighway FAQs, TfL, 2012, p8.

Pistes cyclables Canal de l'Ourcq en Canal Saint-Denis
PARIJS

1 Het in 2007 geïntroduceerde Vélib is een van de meest succesvolle fietsverhuursystemen wereldwijd met meer dan 20.000 fietsen, 1.800 verhuurstations (een station alle 300 meter), meer dan 20 miljoen ritten per jaar en tot 120.000 ritten per dag. European Cyclists' Federation 2012b, p. 1
2 Het gemiddelde aantal fietskilometers per inwoner was in 1995 in Frankrijk 87, minder dan een tiende van het aantal in Denemarken (958 kilometer) of Nederland (1019). European Commission 1999, p. 19.
3 Gebouwd tussen 1805 en 1821.
4 'At a time marked by a movement towards inter-municipality and enormous urban changes, new relationships need to be defined between the domain of public waterways, private land and local authority waterside public spaces in order to allow the territories along the canal embankments to "return" to the canal, and to develop the landscape and configuration of its embankments to accommodate all their uses (freight, leisure, travel, source of water) at the centre of new business and residential districts.' Apur 2012.
5 Het beleid van Aubervilliers, Saint-Denis en Plaine Commune streeft ernaar de gebieden langs de kanalen te activeren voor ontspanning en recreatie, met behoud van hun economische betekenis. Plaine Commune s.a.
6 Binnen de Périphérique zijn de kanalen stedelijk ingebed, in direct contact met het wegennet, dat aan beide zijden in open verbinding staat met het kanaal. Buiten de Périphérique wordt het Canal Saint-Denis enkelzijdig begeleid door een weg, zonder dat deze echt een relatie aangaat met het kanaal. Het Canal de l'Ourcq is buiten de Périphérique discreet ingepast en eerder geïsoleerd van zijn omgeving. Apur 2003, p. 11.
7 Het Canal de l'Ourcq is onderdeel van

VOETNOTEN

185

5 The landscape architects of Global Arquitectura Paisagista, in partnership with communication firm P-06 Atelier.
6 The budget was € 1 million for a total surface area of 63,000 m2, including the planting of 300 trees, or ca. € 15 per m2.
7 Small dots were used for separating the lanes; large ones for indicating a different use: cycling, walking or even fishing. The dots were made with paint on asphalt, asphalt on natural stone or steel rings that resemble manhole covers on basalt.
8 The texts on the route are by Portuguese poet Alberto Caeiro, who expresses a nostalgic yearning for the time prior to the twentieth century, as well as a fear of losing the natural. The poems, which describe the relationship between man and river, can be seen, among other places, at the look-out points, which offer a view over the water.
9 One of these special spots is under the noisy Tejo Bridge, where the letters 'VVVUUUMMM' on the cycle path refer to the overpowering noise of traffic on the bridge.
10 Calçada is the name of a traditional Portuguese form of street mosaic featuring figures and patterns in black-and-white stones, which are used to make pedestrian zones special.
11 The difficult task of maintaining the fragile graphic layer of the route, in particular, is a weak point in the design. It is highly questionable whether the city is able or prepared to maintain the layer. The expectation is that it will gradually disappear, through the effects of use and time, while the route increasingly becomes part of the harbour area.

Cycle Superhighways
LONDON

1 Transport for London 2011a, p. 28.
2 Since 2010, the proportion of cyclists on the main routes has risen by 15%; since 2000, by 150%. These figures pertain to the Transport for London Road Network, the main routes administered by Transport for London and not by the different boroughs. Transport for London 2011a, p. 3.
3 London Assembly, Transport for London 2010, p. 16.
4 The four routes realized up to 2012 are: the CS3 and CS7 (2010) and the CS2 and CS8 (2011). See also BBC News London, 2011.
5 The clock-face configuration of the 12 cycle superhighways was revised during the production of this book.
6 The 'core characteristics [of cycle superhighways] are: continuity, visibility, navigability, comfort, safety and value.' Transport for London 2011b, p. 8. The features of visibility, rideability and value are substantially different from the criteria employed in the Netherlands for express cycle routes in accordance with the national knowledge platform for infrastructure, traffic, transport and public spaces, namely: coherence, directness, attractiveness, traffic safety and comfort. Crow 2006.
7 Barclays Cycle Superhighway FAQs, TfL, 2012, p8.

Pistes Cyclables Canal de l'Ourcq and Canal Saint-Denis
PARIS

1 Introduced in 2007, the Vélib system is one of the world's most successful bicycle rental systems, with more than 20,000 bicycles, 1,800 rental stations (one every 300 m), more than 20 million journeys per year and up to 120,000 trips per day. European Cyclists' Federation 2012b, p. 1
2 In 1995, the average number of kilometres cycled per resident in France was 87, less than a tenth of the number in Denmark (958 km) or the Netherlands (1019 km). European Commission 1999, p. 19.
3 Built between 1805 and 1821.
4 'At a time marked by a movement towards inter-municipality and enormous urban changes, new relationships need to be defined between the domain of public waterways, private land and local authority waterside public spaces in order to allow the territories along the canal embankments to 'return' to the canal, and to develop the landscape and configuration of its embankments to accommodate all their uses (freight, leisure, travel, source of water) at the centre of new business and residential districts.' 'The Ourcq Canal, contribution for a shared landscape', Apur, May 2012. (Atelier Parisien d'Urbanisme) http://www.apur.org/en/study/ourcq-canal-contribution-shared-landscape
5 The policy of Aubervilliers, Saint-Denis and Plaine Commune is directed towards activating the areas along the canals for relaxation and recreation purposes, while maintaining their economic significance. Plaine Commune s.a.
6 Within the Périphérique, the canals are embedded in the urban fabric, and thus in direct contact with the road network, which has an open connection to the canal on both sides. Outside the Périphérique, a road runs alongside Canal Saint-Denis on one side, without the road having any

FOOTNOTES

EuroVelo route 3, de pelgrimsroute Trondheim–Santiago de Compostella van 5.122 kilometer. EuroVelo 2012.
8 Opdrachtgevers waren de Communauté de Plaine Commune en de Conseil général de Seine-Saint-Denis in samenwerking met de stad Parijs, die eigenaar van het kanaal is.
9 Op een stuk van enkele honderden meters delen de fietsers de kade met vrachtwagens die bouwmaterialen van schepen laden. Doordeweeks overdag is de kade officieel gesloten voor fietsers en moeten ze omrijden. Buiten de werktijden van het bedrijf mogen fietsers de directe weg langs de kade over het terrein fietsen.

De Vennbahn (RAVeL)
AKEN, ST. VITH, TROISVIERGES

1 Het noordelijke deel van België vormt het bolwerk van het Belgische fietsen: van de ongeveer vijf miljoen Belgische fietsers zijn er ten minste vier miljoen te vinden in Vlaanderen. Het Waalse Gewest boekt eveneens vooruitgang door het opzetten van een netwerk dat gebruikmaakt van jaagpaden langs rivieren en kanalen en oude spoorwegtracés. Hoewel ze ook gebruikt worden voor dagelijkse verplaatsingen, worden de RAVeL-routes (het autonome netwerk van trage wegen) voornamelijk gebruikt voor recreatieve doeleinden. European Commission 1999, p. 31.
2 De Vennbahn werd tussen 1882 en 1889 gebouwd voor het transport van kolen en ijzererts tussen Aken en Luxemburg. Vanuit Aken reden later ook enkele personentreinen. De economische samenwerking tussen de regio's en daarmee ook de Vennbahn had rond 1920 haar hoogtepunt. Na de Tweede Wereldoorlog verliest de route aan betekenis voor het transport. In 1989 werd het laatste deel stilgelegd.
3 De Vennbahn, aangelegd door de Pruisische staatsspoorwegen, werd tijdens de Eerste Wereldoorlog gebruikt voor militaire doeleinden en maakte deel uit van het strategisch spoorwegennet. Als gevolg van de grenswijzigingen na de Eerste Wereldoorlog loopt de route nu deels door Duits en deels door Belgisch grondgebied. Na de Eerste Wereldoorlog eiste België de gehele spoorlijn op waardoor op sommige plekken een smalle strook Belgisch grondgebied het Duitse grondgebied doorkruist.
4 RAVeL staat voor Réseau Autonome des Voies lentes. Op de RAVeL-routes worden ieder jaar onder grote media-aandacht begeleide collectieve fietstochten gehouden: Le Beau Vélo de RAVeL. Het vindt tijdens de zomer iedere weekend plaats en wordt zowel op radio als televisie uitgezonden. Enerzijds is het een gelegenheid om gezamenlijk op de fiets de RAVeLs te (her)ontdekken. Anderzijds genieten de bezochte gebieden, dankzij de uitzendingen, van speciale aandacht en promotie.
5 Van 1841 tot 2012 was in Wallonië de wet 'La prescription trentenaire extinctive' van kracht, waardoor publiek domein waarvan bewijsbaar was dat het dertig jaar niet gebruikt werd (in het geval van wegen betekende dit bij voorbeeld niet meer bewandeld), in privé-eigendom kan worden genomen.
6 Het totale budget is 14,7 miljoen euro, waarvan circa 13,5 miljoen voor aanleg van de infrastructuur. Het resterende bedrag is bestemd voor service (rustplekken), informatie (signalisatie), projectmanagement, communicatie en marketing. 3,7 miljoen euro is gefinancierd door de Europese Unie. Ministerie van de Duitstalige Gemeenschap 2012.
7 'Service Public de Wallonie, StädteRegion Aachen, Ministère luxembourgeois du Développement durable et des Infrastructures, Communauté germanophone, Villes de Aachen, Roetgen, Simmerath, Monschau, Waimes, Prüm, Troisvierges, Eifel-Ardennen Marketing.' Service public de Wallonie 2010.
8 'IV A-programma, Duitsland-Nederland 2007-2013: Ter ondersteuning van grensoverschrijdende samenwerkingsverbanden heeft de Europese Unie het subsidieprogramma INTERREG in het leven geroepen. In totaal 8,7 miljard euro aan EU-gelden vloeit tussen 2007 en 2013 naar innovatieve, grensoverschrijdende projecten.' Euregio Rhein-Waal s.a.
9 Volgens Helmut Etschenberg, directeur van de subprefectuur van Aken. Le Quotidien indépendant luxembourgeois 2009.
10 Gut Reichenstein ligt tussen Monschau en Kalterherberg.

RijnWaalpad
Arnhem-Nijmegen

1 Nijmegen telt 145.000 inwoners en Arnhem 160.000. De gemeenten Wijchen, Zevenaar, Elst, Duiven en Beuningen tellen tussen 25.000 en 40.000 inwoners. Stadsregio Arnhem Nijmegen 2010a, p. 12.
2 Stadsregio Arnhem Nijmegen 2010a, p. 3.
3 Stadsregio Arnhem Nijmegen 2010a, p. 4.
4 Stadsregio Arnhem Nijmegen 2010a, p. 7.
5 'Bekend is dat in de afstand tot 7,5 km 36% van het aantal verplaatsingen in die

real relationship with the canal. Canal de l'Ourcq is discreetly inserted outside the Périphérique and actually quite isolated from its context. Apur 2003, p. 11.
7 Canal de l'Ourcq forms part of EuroVelo Route 3 – the pilgrims' route Trondheim-Santiago de Compostella, 5122 km in length. EuroVelo 2012.
8 The clients were the Communauté de Plaine Commune and the Conseil général de Seine-Saint-Denis, in collaboration with the City of Paris, the owner of the canal.
9 On one stretch measuring a few hundred metres in length, cyclists share the quay with lorries unloading construction materials from ships. On weekdays, the quay is officially closed to cyclists, who have to make a detour as a result. Outside the company's working hours, cyclists are permitted to cycle the direct route along the quay, over the site.

The Vennbahn (RAVeL)
Aachen, St. Vith, Troisvierges

1 The Flemish-speaking northern part of Belgium is the stronghold of Belgian cycling: of the ca. five million cyclists in Belgium, at least four million live in Flanders. But French-speaking Wallonia is also making progress, through the creation of a network that makes use of hunting paths along rivers, canals and disused railway lines. Although they are also used for daily transport, the RAVeL-routes (the autonomous network of slow roads) are primarily used for recreational purposes. European Commission 1999, p. 31.
2 The Vennbahn was constructed between 1882 and 1889 for the transport of coal and iron ore between Aachen and Luxemburg. Later, a few passenger trains also departed from Aachen. The economic partnership among the regions and, as a result, the Vennbahn, experienced its highpoint around 1920. Following the Second World War, the route became less and less important for transport. 1989 witnessed the closing of the last section still in operation.
3 Constructed by the Prussian State Railways, the Vennbahn formed part of the German strategic railway network and was used for military purposes during the First World War. As a result of border changes following the First World War, the route today runs partly through German and partly through Belgian territory. After the First World War, Belgium successfully claimed the entire railway, which is why in some places a narrow strip of Belgian territory still goes through German territory.
4 RAVeL stands for Réseau Autonome des Voies Lentes. Each weekend during the summer, highly publicized collective cycle tours, Le Beau Vélo de RAVeL, are held on the RAVeL-routes, with live television and radio coverage. On the one hand, the event provides an opportunity to collectively discover or rediscover the RAVeLs by bicycle; on the other, it promotes the areas visited by the tours through the special attention they are given.
5 From 1841 to 2012, the law known as La prescription trentenaire extinctive was in effect in Wallonia, under which public land that could be proven not to have been in use for 30 years (for roads, this meant, for example, no longer used for walking) could be privately appropriated.
6 The total budget is € 14.7 million, of which ca. € 13.5 million is earmarked for infrastructure. The remainder is intended for services (resting places), information (signage), project management, communication and marketing. € 3.7 million is financed by the European Union. Ministerie van de Duitstalige Gemeenschap 2012.
7 'Service Public de Wallonie, StädteRegion Aachen, Ministère luxembourgeois du Développement durable et des Infrastructures, Communauté germanophone, Villes de Aachen, Roetgen, Simmerath, Monschau, Waimes, Prüm, Troisvierges, Eifel-Ardennen Marketing.' Service public de Wallonie 2010.
8 'IV A Programme, Germany-Netherlands 2007–2013: To support cross-border partnerships, the European Union has established the INTERREG subsidy programme. Under its auspices, a total of € 8.7 billion in EU funds has been awarded to innovative cross-border projects between 2007 and 2013.' Euregio Rhein-Waal s.a.
9 According to Helmut Etschenberg, chief administrative officer of Aachen District. Le Quotidien indépendant luxembourgeois 2009.
10 Gut Reichenstein is located between Monschau and Kalterherberg.

RijnWaal Path
ARNHEM–NIJMEGEN

1 Nijmegen has a population of 145,000; Arnhem has a population of 160,000. The municipalities Wijchen, Zevenaar, Elst,

afstandsklasse per fiets wordt afgelegd. In afstandsklasse van 7,5 tot 15 km is het aandeel fiets in de verplaatsingen al gezakt tot 16% en op afstanden langer dan 15 km neemt het fietsgebruik verder af.' Stadsregio Arnhem Nijmegen 2010a, p. 23.
6 Fietsroutes s.a.
7 Stadsregio Arnhem Nijmegen 2010b, p. 2.
8 Opening traject Nijmegen-Ressen 2012.
9 Ontwerpuitgangspunten RijnWaalpad:
   – Zo gestrekt mogelijk verloop van de route.
   – Waar mogelijk vrijliggende fietspaden.
   – Bij medegebruik door autoverkeer: fietsstraat.
   – Breedte verharding: 4,00 meter bij tweerichting fietsverkeer, 2,5 meter bij eenrichtings-fietsverkeer. Breedte bermen: 2,5 meter.
   – Indien nodig sloten/greppels voor afwatering, breedte 2,0 meter.
   – Boogstralen ten minste 20 meter, in uitzonderingssituaties minimaal 5 meter.
   – Hellingspercentage afhankelijk van lengte van de helling 1,75% tot maximaal 7%.
   – Verharding: rood asfalt.
   – Kruisingen met autoverkeer: voorrang voor fietsers, met snelheidremmende voorzieningen.'
Royal Haskoning 2010, p. 11.

Dunsmuir en Hornby Separated Bike Lanes
VANCOUVER

1 Translink 2011, p. 18.
2 Vancouver profiteert van het gridstratennetwerk uit het Bartholomew Plan uit 1929, dat neergelegd is voordat kromlijnige wegen in Noord-Amerika in de mode raakten. Brown 2012, p. 12.
3 Met uitzondering van de Highway 1, die door Vancouver heen loopt en deel uitmaakt van de Trans-Canada Highway.

4 Duurzame openbaarvervoersystemen in de stad zijn onder meer bus, metro, trein en waterbus.
5 Vancouver heeft 147 kilometer 'local street bikeways', 39 kilometer 'marked bike lanes' en 13 kilometer straten met 'sharrows'. Het begrip sharrow is een combinatie van share en narrow. Sharrows of shared-lane marking worden toegepast op drukkere wijkontsluitingswegen waar fiets en auto de weg delen. Veel toegepast in de Verenigde Staten, Canada en Australië worden de sharrows vaak bekritiseerd als snel en goedkoop middel om het aantal kilometers fietspad op te schroeven zonder de situatie voor fietsers daadwerkelijk te verbeteren.
6 'Since that [Transportation] plan, Vancouver has seen a 44% increase in walking, 180% increase in cycling, and 50% increase in transit, while the number of cars entering the city has decreased by 10%. The city has also seen a 27% increase in population, 18% increase in jobs, and 23% increase in total trips during the same time period.' City of Vancouver 2010, p. 2.
7 'During the 2010 Olympic Winter Games in Vancouver, walking and cycling trips across the False Creek bridges increased from 5,000 trips per day to over 20,000 trips per day.' City of Vancouver 2010, p. 3.
8 Greenways, zoals de Seawall rond de Stanley Park, zijn autovrije langzaamverkeersroutes voor voetgangers en fietsers.
9 'July, August and September 2011 saw a total of 187,000 bike trips made on Dunsmuir Street, 40% more than the same period in 2010.' City of Vancouver 2011, p. 1.
10 'Construction of the separated bicycle lanes in 2009 and 2010 and monitoring in 2009, 2010 and 2011 was completed on budget at a cost of $ 4.1 million.' City of Vancouver 2012, p. 3.

11 '(…) most of Vancouver's bikeways and greenways have been relatively easy to implement on local streets parallel to the arterial streets, which carry buses and trucks and which are less desirable for cycling and walking.' Brown 2012, p. 12.

Ring-Rund- en Gürtelradweg
WENEN

1 Het aandeel fietsritten aan de modal split is in Wenen met 5,5% beduidend lager dan in vergelijkbare Duitse steden (München 14 procent, Hamburg 12%, Keulen 16%). Dit is mede omdat het aandeel openbaar vervoer in Wenen zeer hoog is (35% tegenover gemiddeld 20 in de Duitse steden). Stadt Wien 2011, p. 72.
2 In 1971 bestond er in Wenen niet meer dan elf kilometer fietsroutes.
3 Thaler & Eder 2010, p. 18.
4 Bike City biedt extra voorzieningen voor fietsers. De totale begane grond is ingericht als een 'fietswereld' met fietsverhuur, een werkplaats en een bewaakte fietsenstalling. Schmauß 2008.
5 Wenen is de pionier in geautomatiseerd fietsverhuur. De City Bike service is gelanceerd in 2003, vroeger dan alle vergelijkbare systemen in Londen, Parijs of Kopenhagen, die inmiddels significant groter zijn. European Cyclists' Federation 2012b.
6 De Velo-city conferentie, die 2013 voor het eerst in Wenen plaatsvindt, legt een geografische en thematische focus op de opkomende fietssteden in Zuid/Oost-Europa.
7 De vestigingswerken werden vanaf 1858 gesloopt. De (slechts deels gerealiseerde) Ringstraße werd in 1865 geopend door Kaiser Franz Joseph I. De nieuwe straat is

187

Duiven and Beuningen have populations of between 25,000 and 40,000. Arnhem-Nijmegen City Region 2010a, p. 2.
2 Arnhem-Nijmegen City Region 2010a, p. 3.
3 Arnhem-Nijmegen City Region 2010a, p. 4.
4 Arnhem-Nijmegen City Region 2010a, p. 7.
5 'In the distance category up to 7.5 km, 36% of journeys are done by bicycle. In the distance category 7.5–15 km, the proportion of cyclists has already decreased to 16%, and for distances longer than 15 km, bicycle use continues to decrease.' Arnhem-Nijmegen City Region 2010a, p. 23.
6 Fietsroutes s.a.
7 Arnhem-Nijmegen City Region 2010b, p. 2.
8 Opening, trajectory Nijmegen-Ressen 2012.
9 Design guidelines, RijnWaal Path:
   - The most expansive course possible for the route
   - Where possible cycle paths should be separated
   - Where paths are also used by cars: cycle street
   - Surfacing width: 4.00 m for two-way cycle traffic, 2.5 m for one-way cycle traffic
   - Verge width: 2.5 m
   - Where necessary, ditches/gullies should be included for drainage; width: 2 m
   - Curve radius: 20 m minimum, in exceptional situations, 5 m minimum
   - Gradient: depending on the length of the gradient, 1.75% minimum to 7% maximum
   - Surfacing: red asphalt
   - Junctions with motor traffic: right of way for cyclists, with speed-inhibiting facilities'
Royal Haskoning 2010, p. 11.

Dunsmuir and Hornby Separated Bike Lanes
VANCOUVER

1 Translink 2011, p. 18.
2 Vancouver still benefits from the gridplan network based on the Bartholomew Plan of 1929, set down before curvilinear roads became fashionable in North America. Brown 2012, p. 12.
3 With the exception of Highway 1, which transects Vancouver and forms part of the Trans-Canada Highway.
4 Sustainable public transport systems in the city include buses, the underground, trains and waterbuses.
5 Vancouver's non-separated bicycle facilities are: local street bikeways (147 km), marked bike lanes (39 km) and streets with sharrows (13 km). The term 'sharrow' is a neologism based on the words 'share' and 'narrow'. Sharrows, or shared-lane marking, are used at the busier district-access roads where bicycles and cars share the road. Frequently used in the US, Canada and Australia, sharrows are often criticized as a quick and cheap way to increase the total number of kilometres of cycle paths without actually improving the situation for cyclists.
6 'Since that [Transportation] plan, Vancouver has seen a 44% increase in walking, 180% increase in cycling and 50% increase in transit, while the number of cars entering the city has decreased by 10%. The city has also seen a 27% increase in population, 18% increase in jobs, and 23% increase in total trips during the same time period.' City of Vancouver 2010, p. 2.
7 'During the 2010 Olympic Winter Games in Vancouver, walking and cycling trips

across the False Creek bridges increased from 5,000 trips per day to over 20,000 trips per day.' City of Vancouver 2010, p. 3.
8 Greenways, such as the Seawall around Stanley Park, are car-free slow-traffic routes for pedestrians and cyclists.
9 'July, August and September 2011 saw a total of 187,000 bike trips made on Dunsmuir Street, 40% more than the same period in 2010.' City of Vancouver 2011, p. 1.
10 'Construction of the separated bicycle lanes in 2009 and 2010 and monitoring in 2009, 2010 and 2011 was completed on budget at a cost of $ 4.1 million.' City of Vancouver 2012, p. 3.
11 'Most of Vancouver's bikeways and greenways have been relatively easy to implement on local streets parallel to the arterial streets, which carry buses and trucks and which are less desirable for cycling and walking.' Brown 2012, p. 12.

Ring-Rund-Radweg and Gürtelradweg
VIENNA

1 The proportion of bicycle trips in Vienna's modal split is, at **5.5%**, substantially lower than that in comparable German cities (Munich: 14%, Hamburg: 12%, Cologne: 16%). This is in part due to the fact that the proportion of public transport in Vienna is extremely high (35% as compared to, on average, 2% in comparable German cities). Stadt Wien 2011, p. 72.
2 In 1971, there were not more than 11 km of cycle routes in Vienna.
3 Thaler & Eder 2010, p. 18.
4 Bike City offers extra facilities to cyclists. The entire ground floor is fitted out as

VOETNOTEN

als representatieve boulevard gepland. Voor zwaardere voertuigen is er een parallelweg aangelegd. Dit systeem bestaat tot heden. De parallelweg voor zware voertuigen is vandaag als de Zweierlinie bekend.

8 Evenals de Wiener Postsparkasse (1906), een van de laatste grote publieke gebouwen langs de Ringstraße, is ook de metro (de Wiener Stadtbahn 1898-1901) ontworpen door architect Otto Wagner (1841-1918).

9 Deze maatregelen zijn onder meer:
   – uitbreiding van het hoofdfietsroutenetwerk
   – betere kwaliteit voor fietsen in gemengd netwerk
   – verbeteren verkeersveiligheid
   – verbeteren fietsparkeervoorzieningen
   – betere integratie met openbaar vervoer.
   Stadt Wien 2011, p. 75.
   Voor de uitbouw van het fietsnetwerk tussen 2003 en 2008 werd een bedrag van 30 miljoen euro voorzien. Stadt Wien 2008.

10 De criteria voor de basisroutes zijn:
   – verkeersveiligheid bij kruisingen
   – kwaliteit van het wegoppervlak
   – leesbaarheid en zichtbaarheid van markeringen op het wegdek en verkeersborden, oriëntatie
   – voldoende breedte van de fietspaden
   – conflictsituaties met andere verkeersdeelnemers vermijden
   – tracé zonder sterke hellingen en scherpe bochten
   – verbinden met (fiets)voorzieningen
   – verlichting binnen bebouwde kom.
   Berger 2009.

11 De Themenradwege zijn:
   – Bernsteinroute
   – Citydurchfahrt
   – Donaukanalradweg
   – Donauradweg
   – Gürtelradweg
   – Ring-Rund-Radweg
   – Wientalradweg.

12 De piekbelastingen van de Ring-Rund-Radweg liggen bij 6000 fietsers per dag. Stadt Wien 2012.

13 In het kader van het Europees voetbalkampioenschap Euro 2008.

Nordbahntrasse
WUPPERTAL

1 Volgens de laatste officiële tellingen van de stad Wuppertal. Volgens schatting van de Allgemeiner Deutscher Fahrrad-Club (ADFC) en de stad is het aandeel vandaag circa 2 tot 3 procent.

2 Het personenvervoer werd in 1991 gestopt, het goederenvervoer eind 1999. BORN-VERLAG s.a.

3 Directe aanleiding voor Carsten Gerhardt, later voorzitter van de burgerbeweging, om het initiatief te nemen om de route te beschermen was de privatisering van een aantal percelen bij de kruising van de route met de straat Am Diek. Direct op het voormalige tracé van de Nordbahn werd hier een tuincentrum gebouwd. De continuïteit van de route is op deze plek hierdoor voorgoed verloren.
   De Wuppertalbewegung werd opgericht begin 2006 en speelde een hoofdrol bij het nemen van het initiatief voor de route en het uitdragen ervan. Nog in 2007 committeert zich de volledige stadsraad aan het project van het Nordbahntrasse. In januari 2009 werd de grond van de Duitse spoorwegen gekocht.

4 Voor het middendeel van de route komt in totaal 14,6 miljoen euro financiering van de deelstaat Nordrhein-Westfalen, en voor de uiteinden van de route 7,2 miljoen euro voor bevordering van het toerisme in de regio, waarvan 4 miljoen uit middelen van de Europese Unie (NRW_EU Ziel-2). Widmann 2012.

5 Direct aan de route zijn meer dan veertig scholen en kinderdagverblijven gelegen, met meer dan 22.000 scholieren die binnen bereik van de route wonen. Om de route aan te sluiten bij de stad zijn er in totaal veertig toegangen voorzien.
   De beoogde doelen van het Nordbahntrasse zijn: bevorderen van de integratie op wijkniveau, verhogen van de levenskwaliteit van de inwoners, economische groei voor midden- en kleinbedrijf en behoud van het cultureel erfgoed. Wuppertalbewegung e.V. 2006, p. 4.

6 De lengte van Ladebühne, van Vohwinkel/Homanndamm tot Schnee is 22 kilometer lang. Het middenstuk van Vohwinkel tot Wichlinghausen is 12 kilometer lang.

7 De oorspronkelijke kostenschatting van 12 tot 16 miljoen euro bleek snel veel te optimistisch te zijn geweest. Men ging hierbij uit van:
   - Acquisitie route 3 tot 4 miljoen euro
   - Aanpassen viaducten, bruggen en tunnels 5 tot 6 miljoen euro
   - Wegdek, beveiligen, faciliteiten en toegangswegen 4 tot 6 miljoen euro.
   Ook de jaarlijkse onderhoudskosten zijn oorspronkelijk te laag ingeschat. Widmann 2012.

8 Aan de Norbahntrasse werken naast professionele bouwbedrijven (de eerste arbeidsmarkt) ook langdurig werklozen in het kader van reïntegratietrajecten (de tweede arbeidsmarkt). Op die manier werken meer dan honderd mensen aan de

188

FOOTNOTES

a 'cycling world,' with a bicycle rental service, a workshop and a secure bicycle parking facility. Schmauß 2008.

5 Vienna is a pioneer in automated bicycle rental. The City Bike service was launched in 2003, earlier than all the other comparable systems in London, Paris or Copenhagen, which, however, are now substantially larger than that in Vienna. European Cyclists' Federation 2012b.

6 Vienna will host the 2013 edition of the Velo-city Congress for the first time, focusing geographically and thematically on the up-and-coming cycling cities of Eastern and South-eastern Europe.

7 Demolition of the fortifications began in 1858. The only partially realized Ringstraße was inaugurated by Emperor Franz Joseph I in 1865. The new street was planned as a boulevard with a representative character. For heavier vehicles, a parallel road, today referred to as the Zweierlinie, or secondary line, was laid. This system continues to exist today.

8 Like the Wiener Postsparkasse (1906), one of the last great public buildings to be erected along the Ringstraße, the elevated metro (the Wiener Stadtbahn, 1898–1901) was also designed by architect Otto Wagner (1841–1918).

9 These measures include:
   - enlarging the main cycle route network
   - improving the quality of cycling in the mixed network
   - improving traffic safety
   - improving parking facilities for bicycles
   - improving the integration of cycling and public transport.
   Stadt Wien 2011, p. 75.
   A sum of € 30 million was earmarked for enlarging the cycle network between 2003 and 2008. Stadt Wien 2008.

10 The criteria for the basic routes are:
   - traffic safety at junctions
   - road-surface quality
   - legibility and visibility of traffic signs and markings on the road surface; orientation
   - sufficient width for cycle paths
   - prevention of conflict situations between cyclists and other traffic participants
   - elimination of steep inclines or sharp curves from routes
   - connection to facilities, including cycle facilities
   - lighting within the built-up area.
   Berger 2009.

11 The themed cycle paths are:
   - the Bernsteinroute
   - the Citydurchfahrt
   - the Donaukanalradweg
   - the Donauradweg
   - the Gürtelradweg
   - the Ring-Rund-Radweg
   - the Wientalradweg.

12 The peak load of the Ring-Rund-Radweg is ca. 6,000 cyclists per day. Stadt Wien 2012.

13 In the context of the European football championship, Euro 2008.

Nordbahntrasse
WUPPERTAL

1 According to the most recent official counts by the City of Wuppertal. As estimated by the Allgemeiner Deutscher Fahrrad-Club (ADFC) and the city, the proportion is now 2-3%.

2 Passenger transport ended in 1991, cargo transport in latew999. BORN-VERLAG s.a.

3 For Carsten Gerhardt, subsequently chair of the citizens' movement, the privatization of a number of plots at the intersection of the route with the street Am Diek was the immediate reason that prompted him to take the initiative to protect the route. A garden centre was built directly on the route of the former Nordbahn, and as a result, the continuity of the route at this location has been lost for good.
   The Wuppertalbewegung was founded in early 2006 and played a leading role in taking the initiative for the route and the realization of the project. As early as 2007, the city council unanimously committed itself to the Nordbahntrasse project. In January 2009, the land was purchased from the German Railways.

4 For financing the middle section of the route, a total of € 14.6 million has been pledged by the state of North Rhine-Westphalia; for its extremities, € 7.2 million – € 4 million of which from EU funds – has been pledged to encourage tourism in the region (NRW_EU Ziel-2). Widmann 2012.

5 More than 40 schools and daycare centres are located directly on the route, with more than 22,000 pupils living nearby. To ensure that it is properly linked to the city, the route is provided with a total of 40 entrance points. The objectives of the Nordbahntrasse project are: promoting integration at the district level, improving the quality of life of the population, ensuring economic growth for small and medium enterprises and preserving cultural heritage. Wuppertalbewegung e.V. 2006, p. 4.

6 Its length from Ladebühne, from Vohwinkel/Homanndamm to Schnee,

route en doen werkervaring op. Tegen een uurtarief van anderhalve euro leggen ze bestrating aan, onderhouden het groen, ruimen op en zorgen voor de beveiliging van de route. Het werk wordt gecoördineerd door het Wichernhaus Wuppertal, een protestantse organisatie. Zij beheren ook een Trassenmeisterei langs de route met een wagenpark voor de bouw en onderhoud van de route, een overdekt skatepark (de Wicked Woods) en het Café Nordbahntrasse.
9 Het 12 kilometer lange centraal gelegen middenstuk is zes meter breed. De uiteinden buiten de stad zijn vier meter breed en geasfalteerd of watergebonden uitgevoerd.
10 Verlichting is voorzien tussen Vohwinkel en Wichlinghausen op een lengte van 14 kilometer.
11 De niet meer gebruikte tunnels bieden perfecte condities voor vleermuizen: vochtig, donker en rustig. In 2009 zijn er meer dan acht verschillende beschermde soorten vleermuizen geteld.
12 De Tescher-Tunnel bij Vohwinkel blijft gesloten voor voetgangers en fietsers om de vleermuizen ruimte te geven. Alle andere tunnels worden opengesteld.

INNOVATIES

De Fietsappel
1 'overall form provides the architectural message; building is sign'. Venturi/Scott Brown/Izenour 1977, p. 65.

De iShop
1 http://www.verkeersnet.nl/4103/fietskar-van-ah-bevalt-goed/

De interactieve fietsroute
1 Strava Cycling, een GPS-gebaseerde *cycling*-applicatie om afgelegde routes te documenteren.
2 www.bikely.com of www.beleefroutes.nl.
3 Foursquare, een website en applicatie om op locaties in te checken en dit te delen met anderen via Twitter en Facebook.
4 In samenwerking met BOVAG Fietsbedrijven is een workshop georganiseerd waarbij samen met verschillende fietsdeskundigen is nagedacht over de vraag hoe de beleving van de fietser verbeterd kan worden door de toepassing van innovatieve ICT.

Het sociale fietspad
1 Zie afbeelding *Socialized Road* van John Körmeling in: Helmer/Körmeling 2003.
2 Deze Innovatie is het resultaat van een workshop met BOVAG Fietsbedrijven, waarbij samen met BOVAG-leden en andere fietsdeskundigen is nagedacht over de vraag hoe de beleving van de fietser verbeterd kan worden door de toepassing van innovatieve ICT.

De Cycle strip
1 Zoals Albert Heijn-filiaal Nachtegaalstraat in Utrecht.
2 Zoals de iShop van Albert Heijn en Gazelle.
3 Zoals winkelketen Jumbo. Jumbo supermarkten s.a.
4 Zoals Seat2meet. Seats2meet s.a.
5 Zoals de Strip in Las Vegas. Las Vegas Strip s.a.
6 Deze innovatie is het resultaat van een workshop met BOVAG Fietsbedrijven, waarbij samen met BOVAG-leden en andere fietsdeskundigen is nagedacht over de vraag hoe de beleving van de fietser verbeterd kan worden door de toepassing van innovatieve ICT.

VOETNOTEN

is 22 km. The middle section, from Vohwinkel to Wichlinghausen, is 12 km long.
7 The original cost estimate of € 12 to 16 million quickly turned out to have been far too optimistic. The basis for the estimate had been:
- Acquisition of route: € 3 to 4 million
- Converting (railway) viaducts, bridges and tunnels: € 5 to 6 million
- Road surface, safety measures, facilities and access roads: € 4 to 6 million.
The original estimates for annual maintenance costs were also too low. Widmann 2012.
8 In addition to professional construction firms (the First Jobs Market), long-term unemployed people also worked on the Nordbahntrasse project, in the context of reintegration trajectories (the Second Jobs Market). Ultimately more than 100 non-professionals worked on the route and gained work experience in the process. They laid paving for a remuneration of 1½ euro per hour, tended the green areas, did cleaning tasks and provided security for the route. These activities were coordinated by the Wichernhaus Wuppertal, a Protestant organization, which also manages a Trassenmeisterei (route maintenance depot) along the route with a fleet of vehicles for the construction and maintenance of the route, a roofed skating park (The Wicked Woods) and the Nordbahntrasse Café.
9 The 12-km-long centrally located middle section is 6 m wide. The extremities, located outside the city, are 4 m wide and have either an asphalt or water-bound surface.
10 Lighting will be provided between Vohwinkel and Wichlinghausen, a section of ca. 14 km.
11 The tunnels no longer in use provide perfect conditions for bats: dampness, darkness and quiet. As of 2009, eight or more different protected bat species had been identified.
12 The Tescher Tunnel, near Vohwinkel, remains closed to pedestrians and cyclists, in order to provide sanctuary to the bats. All the other tunnels have been opened to the public.

INNOVATIONS

Bike Apple
1 'overall form provides the architectural message; building is sign.' Venturi/Scott Brown/Izenour 1977, p. 65.

iShop
1 http://www.verkeersnet.nl/4103/fietskar-van-ah-bevalt-goed/

Interactive Cycle Route
1 Strava Cycling, a GPS-based cycling application for documenting routes travelled.
2 www.bikely.com or www.beleefroutes.nl.
3 Foursquare, a website and app for checking into locations as well as for sharing relevant information with others via Twitter and Facebook.
4 In cooperation with BOVAG, a workshop was organized where cyclists and bicycle experts reflected on how the cycling experience can be improved through the use of innovative IT.

189

De Cycle strip
1 E.g. the Albert Heijn supermarket in Nachtegaalstraat, Utrecht.
2 E.g. the iShops of both Albert Heijn and Gazelle.
3 E.g. supermarket chain Jumbo. Jumbo Supermarkten s.a.
4 E.g. Seats2meet. Seats2meet s.a.
5 E.g. the Las Vegas Strip. Las Vegas Strip s.a.
6 This innovation was the result of a workshop held in cooperation with BOVAG, where, together with BOVAG members and other bicycle experts, the question was considered as to how the cycling experience can be improved through the application of innovative IT technology.

Social cycle path
1 See the illustration by John Körmeling entitled *Socialized Road* in: Helmer/Körmeling 2003.
2 This innovation was the result of a workshop held in cooperation with BOVAG, where, together with BOVAG members and other bicycle experts, the question was considered as to how the cycling experience can be improved through the application of innovative IT technology.

FOOTNOTES

OVER DE AUTEURS
Stefan Bendiks en Aglaée Degros zijn de partners van het interdisciplinair bureau Artgineering uit Rotterdam. In diverse projecten herinterpreteert Artgineering de verhouding van infrastructuur, landschap en stedelijke ontwikkeling. Uitgaand van de nauwkeurige observatie van bestaande territoriale realiteiten werkt Artgineering toe naar de sociale en culturele productie van ruimte. Aglaée Degros en Stefan Bendiks streven daarbij naar vernieuwing van het stedenbouwkundige instrumentarium voor hybride hedendaagse gebieden. In verschillende onderzoeks- en ontwerpprojecten adresseert Artgineering de ruimtelijke en sociale dimensie van infrastructuur.
Sinds 2009 onderzoekt en ontwerpt Artgineering fietsinfrastructuur. Deze wordt opgevat als integrale ontwerpopgave op de grens van verkeerskunde, stedenbouw, landschap, architectuur en kunst. In 2011 heeft Artgineering in samenwerking met Goudappel Coffeng en in opdracht van het Stimuleringsfonds voor creatieve industrie, het interdisciplinaire onderzoek 'Van A naar F' afgerond.

Stefan Bendiks is architect, afgestudeerd aan de Technische Universiteit van Karlsruhe. Aglaée Degros is architect en stedenbouwkundige, afgestudeerd aan de het Sint-Lucas Architectuur Brussel. Beiden onderwijzen en geven lezingen over architectuur, stedenbouw en design aan verschillende instellingen in Nederland en in het buitenland. Stefan Bendiks is momenteel coördinator van de specialisatie 'Context' aan de Artez Academie van Bouwkunst in Arnhem. Aglaée Degros was tot voor kort SKUOR gastprofessor aan de Technische Universiteit van Wenen.

Artgineering
Stefan Bendiks, Laurens Boodt, Hilde Clemens, Aglaée Degros, Marie Goyens, Alexandre Libersart, Sven van Oosten, Detlef Prince, Corrie-Ann Rounding, Frank van Wijngaarden
www.artgineering.nl

ABOUT THE AUTHORS
Stefan Bendiks and Aglaée Degros are partners of the interdisciplinary office Artgineering based in Rotterdam. Their work re-interprets the relation of infrastructure, landscape and the built environment. Moving between the social and cultural production of space and the careful observation of contemporary territorial realities, Aglaée Degros and Stefan Bendiks have devoted themselves to both experimentation and a renewal of the tools of the disciplines. In various research and design projects Artgineering has addressed the spatial and social dimensions of infrastructure.
Since 2009 Artgineering has been researching and designing cycle infrastructure. Crossing the borders between traffic engineering, urban planning, landscape, architecture and art they understand cycle infrastructure as an integral design task. In 2011 they completed the interdisciplinary research project 'Van A naar F' together with Goudappel Coffeng, commissioned by the Dutch Creative Industries Fund NL.

Stefan Bendiks is an architect, graduated at the Karlsruhe Institute of Technology. Aglaée Degros is an architect/urban planner, graduated at the Ecole d'architecture Saint Luc in Brussels. They both have been teaching and lecturing on architecture, urban planning and design at various institutions in The Netherlands and abroad. Stefan Bendiks is currently course director of the specialisation 'Context' at the Artez academy of architecture in Arnhem Aglaée Degros was until recently guest professor at the SKUOR at the TU Vienna.

Artgineering
Stefan Bendiks, Laurens Boodt, Hilde Clemens, Aglaée Degros, Marie Goyens, Alexandre Libersart, Sven van Oosten, Detlef Prince, Corrie-Ann Rounding, Frank van Wijngaarden
www.artgineering.nl

Deze publicatie kwam mede tot stand dankzij een bijdrage van Stimuleringsfonds Creatieve Industrie, BOVAG fietsbedrijven, Fiets Filevrij en de Stadsregio Arnhem Nijmegen.

STIMULERINGSFONDS CREATIEVE INDUSTRIE

Het Stimuleringsfonds verstrekt projectsubsidies om binnen architectuur, stedenbouw, landschap; productvormgeving, grafische vormgeving, mode; en e-cultuur – de inhoudelijke kwaliteit te versterken, innovatie en crosssectoraal werken te bevorderen en ondernemerschap te professionaliseren. Een belangrijk thema is het verbeteren van de keten tussen ontwerpers/makers en opdrachtgevers/producenten. In opdracht van OCW en BZ en met steun van EZ wordt een programma opgezet dat focust op internationale marktverruiming.
www.stimuleringsfonds.nl

BOVAG FIETSBEDRIJVEN

BOVAG Fietsbedrijven behartigt de belangen van ondernemers die actief zijn op het gebied van verkoop, onderhoud en reparatie van (elektrische) fietsen. Het beleid van de afdeling is afgestemd op de profilering van het marktsegment (elektrische) fiets enerzijds en anderzijds belangenbehartiging richting overheid en andere belanghebbenden. BOVAG Fietsbedrijven stimuleert kennisontwikkeling rondom de fiets. De workshops die zijn georganiseerd in het kader van deze publicatie zijn daar een voorbeeld van.
www.bovag.nl/fiets

FIETS FILEVRIJ

Fiets filevrij ondersteunt de realisatie van nieuwe routes inhoudelijk en biedt procesondersteuning aan. Daarnaast organiseert Fiets filevrij periodieke platformbijeenkomsten om vertegenwoordigers van nieuwe routes bijeen te brengen, ervaringen uit te wisselen en kennis te delen. Fiets filevrij organiseert in 2013 een aantal rondetafels met experts uit diverse disciplines en stelt op basis daarvan een toekomstagenda voor snelfietsroutes op.
www.fietsfilevrij.nl

STADSREGIO ARNHEM NIJMEGEN

De Stadsregio is gericht op het efficiënt oplossen van bovenlokale, regionale vraagstukken in een verstedelijkt gebied, met als primaire focus mobiliteit, wonen, werken en ruimte. Hierbij wordt nauw samengewerkt met overheden, maatschappelijke organisaties en marktpartijen. De Stadsregio Arnhem Nijmegen werkt namens en voor twintig gemeenten aan een aantrekkelijke, goed bereikbare en internationaal concurrerende regio, bestemd voor inwoners, bedrijven en bezoekers.
www.destadsregio.nl

This publication was partially made possible through the financial support from Creative Industries Fund NL, BOVAG Bicycle Companies, Fiets filevrij and Arnhem Nijmegen City Region

CREATIVE INDUSTRIES FUND NL

The Creative Industries Fund NL issues project grants in architecture, urbanism, landscape, product design, graphic design, fashion and e-culture. The objectives of the Fund are to reinforce the substantive quality of the design disciplines, foster innovation and cross-sector cooperation and professionalize entrepreneurship. An important theme is the improvement of the chain linking designers/makers and clients/manufacturers. Under the authority of the Ministry of Education, Culture and Science and the Ministry of Foreign Affairs, and with support from the Ministry of Economic Affairs, a programme focusing on expansion of the international market is being devised.
www.stimuleringsfonds.nl

BOVAG BICYCLE COMPANIES

BOVAG Bicycle Companies represents the interests of entrepreneurs who are active in the area of sales, maintenance and repair of bicycles, including electric models. The branch's policy is twofold: it is geared to generating a distinct profile for the bicycle market segment and it represents the interests of its members in dealings with the government and other stakeholders. BOVAG Bicycle Companies promotes the development of knowledge about the bicycle, for instance by organizing workshops relating to this publication.
www.bovag.nl/fiets

FIETS FILEVRIJ

Fiets filevrij (Cycle Traffic-Jam-Free) assists with the realization of new routes in terms of content and provides process support. In addition, Fiets filevrij organizes periodic platform events to bring together representatives of new routes, to exchange experiences and to share knowledge. Fiets filevrij is organizing a series of round-table conferences in 2013 with experts from various disciplines and will formulate an agenda for the future of rapid cycle routes, based on the outcome of these events.
www.fietsfilevrij.nl

THE ARNHEM NIJMEGEN CITY REGION

The Arnhem Nijmegen City Region is situated at the heart of a vast metropolitan area in the east of the Netherlands. Consisting of twenty municipalities, its aim is to promote regional cooperation. The Arnhem Nijmegen City Region works hard to encourage regional development. It does so by investing in spatial planning, housing and employment. The Arnhem Nijmegen City Region presents itself as an attractive, easily accessible region with a strong competitive position worldwide.
www.destadsregio.nl

MET DANK AAN / ACKNOWLEDGEMENTS

Interviews
Kopenhagen / **Copenhagen:** Pia Preibisch Behrens, Klaus Grimar, Niels Jensen
Londen / **London:** Nick Chitty, Robert Semple
RijnWaalpad: Sjors van Duren, Jaap Modder,
Wuppertal: Lorentz Hoffmann, Klaus Lang, Rainer Widmann

Routes
Parijs / **Paris:** Camille Danré, Han Grooten-Feld, Martine Jover
Wenen / **Vienna:** Wolfgang Dvorak, Anne Fellhofer, Martin Blum
RijnWaalpad: Sjors van Duren
Londen / **London:** Philip Goodman
Kopehagen / **Copenhagen:** Klaus Grimar
Vennbahn: Christoph Hendrich, Julia Keifens, Leo Kreins, François Leruth
Vancouver: Lacey Hirtle, Paul Krueger, Lisa Slakov, John Leung
Cambridge: Patrick Joyce
Wuppertal: Klaus Lang, Christa Mrozek
Lissabon / **Lisbon:** Catarina Raposo

Quotes
Parijs / **Paris:** Elsa Deconchat
Wenen / **Vienna:** Patrick Jaritz, David Lakacs
RijnWaalpad: Marcel Koot, Nico Nijenhuis
Londen / **London:** Jack Thurston, Yusuke Tsutsui
Kopehagen/Copenhagen: Kristine Liljenberg, Nielsine Otto
Vennbahn: Achim Bartoschek, Tom Mijer
Vancouver: Jennifer Fix, Paul Sluimers
Cambridge: Jonathan Headland
Wuppertal: Christoph Grothe, Tobias Uhl
Lissabon / **Lisbon:** Antonio Pedro

Innovaties / Innovations
Annelies den Besten (Van der Veer designers), Wim Bot (Fietsersbond), Bas Breman (Alterra), Guus van der Burgt (IT&T), Niels Degenkamp (ipv Delft), Wolfgang Forderer (City of Stuttgart), Ellen Hermann (Biesieklette), Niels Hoé (HOE360 Consulting), Annette Jensen (TAXA 4x35), Niels Jensen (City of Copenhagen), Claus Köhnlein (City of Stuttgart), Els Kwaks (KuiperCompagnons), Claire Laeremans (LAMA landscape architects), Thomas Maierhofer (Königlarch architekten), Anuja Navare (Pasadena Museum of History), Jacqueline Pieters (Gemeente Den Haag), Paul van der Rhee (Movares), Jens Richard Olsen (Ramboll), Marijke De Schutter (Firma Verhofsté), Jaap Valkema (Gemeente Groningen), Peter van der Veer (Van der Veer designers), Bert Zinn (Ministerie van Infrastructuur en Milieu)

BOVAG Workshops
Stefan Bendiks (Artgineering), Wim Bot (Fietsersbond), Willem Goedhart (Fiets Filevrij), Niels Hansen (BOVAG Fietsbedrijven), Rob Oosterhout (Van Oosterhout Bikes & Sport / BOVAG Fietsbedrijven), Detlef Prince (Artgineering), Leon Slijkerman (De Fietsenmaker / BOVAG Fietsbedrijven), Herbert Tiemens (Bestuur Regio Utrecht), Eugen Uppelschoten (Bikeshop Amersfoort / BOVAG Fietsbedrijven), Peter van der Veer (Van der Veer Designers), Rob van der Wal (De Pedaleur / BOVAG Fietsbedrijven), Frank van Wijngaarden (Artgineering)

'Van A naar F' Onderzoeksteam / Research team
Stefan Bendiks, Aglaée Degros, Lilith van Assen, Massimo Peota (Artgineering), Richard ter Avest, Ron Bos, Viviane de Groot (Goudappel Coffeng)
www.vananaarf.nl

en/and Tilo Nikita en Josef Koba

FOTO VERANTWOORDING / Photo Credits

Alle fotografie door Artgineering, tenzij anders vermeld / **All photography by Artgineering unless stated otherwise.**

Cover: Jeroen Musch
p.18 foto/photo 02: Bas Princen
p.49 foto/photo 07: Troels Heien / © Monoline
foto/photo 08: Troels Heien / © Monoline
p.51 foto/photo 04: Troels Heien / © Monoline
foto/photo 05: Troels Heien / © Monoline
p.57 foto/photo 02: P-06 Atelier
p.59 foto/photo 05: P-06 Atelier
p.89 foto/photo 01-06: Paul Krueger
p.90 foto/photo 01-03: Paul Krueger
p.91 foto/photo 01-03: Paul Krueger
p.105 foto/photo 02: Mark Tykwer
foto/photo 04: Wuppertalbewegung
p.106 foto/photo 02: Wuppertalbewegung
foto/photo 03: Mark Tykwer
p.136 foto/photo: Rupert Steiner
p.138 foto/photo: Pasadena Museum of History
p.140 foto/photo: Mikael Colville-Andersen
p.144 foto/photo: KuiperCompagnons
p.146 foto/photo: Alterra / E.A. van der Grift
p.150 foto/photo: Peter Arno Boer
p.156 foto/photo: HOE 360 Consulting
p.160 foto/photo: Jeroen Musch
p.164 foto/photo: VanderVeer Designers
p.166 foto/photo: dienst mobiliteit stad Brugge
p.176 foto/photo: Henk Koster
p.178 foto/photo: Annette Jensen
p.180 foto/photo: Stuttgarter Straßenbahnen AG